Tanja Rudež

ZNANOST JEDNOSTAVNO – JEDNOSTAVNO ZNANOST
Razgovori sa znanstvenicima

Dragoj prijateljici Nuši
i ljudima i poštovanjem

Tuye

Zagreb, 22. 9. 2016.

CIP zapis dostupan u računalnom katalogu

Nacionalne i sveučilišne knjižnice u Zagrebu pod brojem 000914821

ISBN 978-953-6463-95-4

ZNANOST JEDNOSTAVNO – JEDNOSTAVNO ZNANOST

Razgovori sa znanstvenicima

Tanja Rudež

KruZak

Zagreb, studeni 2015.

Sadržaj

I. EUROPSKA ZNANSTVENA NOVINARKA GODINE – NOMINIRANI ČLANCI

U srcu epidemije

Situacija u Liberiji sada je zbog ebole uistinu dramatična. Svi apeli međunarodnih organizacija, kao što su Liječnici bez granica, koji se u Liberiji bore na prvoj liniji fronte liječeći oboljele, više su nego opravdani. Mnoge su bolnice zatvorene jer je medicinsko osoblje zaraženo ebolom. Neke su zrakoplovne kompanije obustavile letove za Liberiju, a predstavništva niza tvrtki su zatvorena. Rastu cijene hrane i prijevoza pa strahujemo da bi moglo doći do nemira u ovoj siromašnoj zemlji, priča mi u telefonskom razgovoru brigadir Predrag Mikulić koji je, kao pripadnik Misije UN-a u Liberiji (UNMIL), od studenoga prošle godine.

Mikulićev glas zvuči pomalo umorno. Od ranoga jutra pa do večeri taj je Splićanin, koji je kao vojni promatrač boravio u Sijera Leoneu, zatim bio stožerni časnik u Afganistan, te stožerni časnik u NATO u Bruxellesu, sada je posvećen samo jednom cilju: zauzdati dosad najveću i najdugotrajniju epidemiju ebole, jedne od najsmrtonosnijih bolesti za koju čovječanstvo nema ni cjepiva ni lijeka. I ne samo brigadir Mikulić. Više tisuća pripadnika UN-a kao svoj prioritetni zadak postavili su zaustavljanje epidemije ebole u Liberiji.

Lažna nada

Teško devastirana krvavim građanskim ratom, Liberija posljednjih mjeseci vodi strašnu bitku s virusom ebole, koji je u toj zemlji već odnio živote 572, od ukupno 972 zaražene osobe.

– Ebola se u Liberiji pojavila u ožujku ove godine, nakon što su već zabilježeni slučajevi u Gvineji i Sijera Leoneu. I baš kad je izgledalo da smo epidemiju zaustavili, jer su prošla 42 dana od izbijanja posljednjeg slučaja, bolest je ponovno buknula – priča mi Mikulić, a zatim pojašnjava kako se ebola ponovno počela širiti u svibnju.

– Jedna je žena bila na sprovodu u udaljenom kraju zemlje, gdje se zarazila i prenijela virus do okruga Montserrado, kojem pripada i Monrovija. Jedan od najčešćih načina na koji se ebola širi u Liberiji je upravo na sprovodima jer je u ovdašnjoj tradiciji fizički kontakt s mrtvom osobom – pojašnjava Mikulić.

Da su fizički dodiri s oboljelim osobama bili ključ širenja bolesti, nekoliko sati prije razgovora s hrvatskim brigadirom naglasila je i dr. Linda Rahal, liječnica iz Freetowna, glavnoga grada susjedne države Sijera Leone, u kojoj je dosad preminulo 374 od 907 zaraćenih ljudi. Školovana u SAD-u, Linda Rahal radi za Svjetsku zdravstvenu organizaciju (WHO) pri Ministarstvu zdravlja Sijera Leonea. U srijedu je boravila na ebolom pogođenim područjima, a u četvrtak ujutro telefonski je razgovarala sa mnom, netom prije konferencije za novinare u Freetownu.

Bez informacija

– Borimo se svim snagama, no epidemija ebole ima golemi utjecaj na društvo i gospodarstvo naše zemlje – rekla je L. Rahal.– Ključ za prevenciju epidemije ebole su informacije. Problem je to što informacije o eboli naši ljudi ne razumiju i ne znaju kako ih pretvoriti u sredstva zaštite od te bolesti. Također, u Sijera Leoneu dominira zatvorena kultura u kojoj se ljudi često dotiču kako bi izražavali uzajamnu bliskost, a to samo pospješuje širenje bolesti. To je razlog zašto se ebola tako širi – pojasnila je afrička liječnica.

Iako se siromašne zemlje zapadne Afrike već mjesecima bore s tom smrtonosnom zaraznom bolešću, čini se da je razvijeni svijet postao svjestan ebole tek kada je u jednoj madridskoj bolnici preminuo svećenik Miguel Pajeras, prvi Europljanin koji se ove godine zarazio pomažući oboljelima. Mnogi su se suočili s činjenicom da u globaliziranom svijetu virusi i bolesti više nisu ograničeni na izoliranim područjima uz džungle, nego zahvaljujući gustom zračnom prometu, mogu otputovati s ljudima s jednog na drugi kraj svijeta.

Ebola je dosad bila ograničena samo na izolirana područja u Africi. Pojavila se krajem kolovoza 1976. godine u katoličkoj misiji Yambuku, duboko u tropskoj šumi, oko 1000 kilometara sjeverno od Kinshase, glavnoga grada Demokratske Republike Kongo (tadašnji Zair). Prvi slučajevi oboljenja zabilježeni su u jednom selu na obali rijeke Ebola: svi oboljeli iznenada su dobili visoku temperaturu, glavobolju, povraćali su, imali proljev, patili od jakih bolova u mišićima, obilno krvarili, a naposljetku su im otkazali svi organi. Smrtnost je bila visoka, od 318 slučajeva zaraze 280 završilo je fatalnim ishodom. U maloj bolnici, koju su vodile flamanske časne sestre, ubrzo je preminulo 11 od 17 članova medicinskog osoblja. Riskiravši vlastiti život, belgijski liječnik i znanstvenik dr. Piter Piot hrabro se s kolegama uputio u Yambuku. Ubrzo su otkrili da su ključ širenja zaraze bile loše sterilizirane igle u bolnici te bliski kontakti zdravih osoba s umrlima tijekom pripremanja pokopa. Piot i njegovi kolege napravili su karantenu, a mikrobiološka analiza pokazala je kako je uzročnik ubojite zaraze novi virus. Nazvali su ga Ebola.

– Intelektualno najuzbudljivije, ali istodobno najviše zastrašujući aspekt bila je činjenica da mi tada nismo znali kako se virus prenosi: zrakom, hranom, komarcima, spolnim odnosom, krvlju ili vodom, koji su uobičajeni putovi širenja virusa. Nije stoga bilo jasno kako bismo se trebali zaštititi – prisjetio se Piot u razgovoru za Jutarnji list prije dvije godine.

Od te prve pojave nove i zastrašujuće bolesti dosad, zabilježeno je 20 epidemija ebole. Kako su epidemije izbijale u izoliranim afričkim selima u blizini tropskih šuma i daleko od urbanih središta, žrtve su se uglavnom brojale u desecima, ponekad u nekoliko stotina ljudi. Kada su u ožujku ove godine svjetski mediji izvijestili o prvim slučajevima ebole u prefekturi Gueckedou u južnoj Gvineji, činilo se da će i ova epidemija biti ograničena na usko područje. Pogrešno. Danas znamo da se ebola u Gvineji pojavila još krajem prošle godine, a da je njezina prva žrtva bio dvogodišnji dječačić iz sela Meliandou u Gueckedou, koji je preminuo 6. prosinca 2013. godine. Ubrzo su se razboljeli i njegova trogodišnja sestra i majka te umrli, a seljani koji su bili s njima u kontaktu raširili su zlokobni virus u druga sela.

Već krajem ožujka Svjetska zdravstvena organizacija (WHO) izvijestila je o epidemiji ebole u četiri distrikta južne Gvineje te prvim slučajevima u susjednim zemljama Sijera Leoneu i Liberiji.

– Ova je epidemija počela u jugoistočnoj Gvineji, na granici s Liberijom i Sijera Leoneom, gdje je mnogo cesta te gust prekogranični promet u kojem sudjeluje mnogo ljudi. Žarište je epidemije blizu urbanih centara pa je kontakt s čovjeka na čovjeka bio time znatno povećan u odnosu na prijašnje epidemije koje su zabilježene u izoliranim selima, čiji stanovnici nisu bili previše mobilni – ustvrdio je Srđan Matić, koordinator za okoliš i zdravlje u Regionalnom uredu Svjetske zdravstvene organizacije (WHO) za Europu.

Od svibnja ove godine, Liberija i Sijera Leone preuzele su neslavni primat u broju žrtava, a tijekom ljeta zabilježeni su i prvi slučajevi ebole u Nigeriji.

– Do sada je u zapadnoj Africi zabilježeno 2473 slučaja ebole, od kojih je 1350 rezultiralo smrću – kaže mi Nyka Alexander, zadužena za odnose s javnošću u koordinacijskom centru WHO-a za ebolu, koji je smješten u Conakryju, glavnom gradu Gvineje.

Smrt liječnika

Razloge za ozbiljnost sadašnje epidemije ebole, koja brojem žrtava, dužinom trajanja i veličinom teritorija koji je zahvatila, višestruko nadmašuje sve dosadašnje, stručnjaci WHO-a vidi i u tome što su u najteže pogođenim zemljama javnozdravstvene službe skromne ili ne postoje, pa su uvjeti za izbijanje bilo koje zarazne bolesti dramatično veći nego drugdje. Gvineja, Liberija i Sijera Leone među najsiromašnijim su državama na svijetu, a godine krvavih sukoba i građanskih ratova uništile su njihov obrazovni i zdravstveni sustav. Tako u Liberiji na 100.000 stanovnika dolazi jedan liječnik, a u Sijera Leoneu dva.

– Najpogođeniji u Sijera Leoneu su oblast Makeni, prema granici s Gvinejom i tromeđa između Gvineje, Sijera Leonea i Liberije. Taj je kraj gusto naseljen i jako nerazvijen, iako se tamo kopa najviše dijamanata – priča mi Ivica Stanković, nogometni menadžer iz Johannesburga, koji je od 1997.do 2003.godine živio u Sijera Leoneu, a u više navrata je boravio i u Liberiji.

– Radio sam za humanitarnu organizaciju World Vision i moja stalna baza je bio Freetown, ali često sam bio u distriktima koji su sada pogođeni ebolom. Tamo imam mnogo prijatelja s kojima sam u kontaktu i za koje strahujem. Teško je ljudima u tim zemljama inače, a pogotovo u ovako izvanrednoj situaciji jer nemaju ni ljudske resurse ni infrastrukturu da se nose s ebolom – ustvrdio je Stanković. On je poznavao i dr. Sheikha Umara Khana, voditelja stručnog tima za suzbijanje ebole u Sijera Leoneu koji je i sam nedavno podlegao u borbi s tom zastrašujućom bolešću. Jedno od obilježja ove epidemije upravo je i vrlo veliki broj zaraćenih i umrlih medicinskih djelatnika: dosad ih se zarazilo 160,a njih 80 je umrlo.

Ispod standarda

– Ebola je nova u ovom dijelu Afrike, tako da stanovništvo i zdravstveni djelatnici nisu upoznati sa simptomima bolesti, kao ni kako ih prevenirati. Mnogi su zdravstveni djelatnici bili uplašeni i nisu znali na koji se način mogu zaštititi od zaraze. Zdravstveni sustavi u tim zemljama bili su slabi i na početku epidemije, a ebola ih je još oslabila. Bilo je nužno zatvoriti neke od medicinskih centara kako bi ih se temeljito dezinficiralo – naglasila je glasnogovornica Svjetske zdravstvene organizacije u Conakriju Nyka Alexander.

Da u bolnicama u zemljama Zapadne Afrike vladaju standardi daleko ispod onih na koje smo navikli u nas, svjedoči i iskustvo splitske liječnice dr. Marijane Geets-Kesić koja je početkom 2000-ih gotovo dvije godine volontirala u lokalnoj klinici u Freetownu.

– To se teško može opisati: klinika je bila s krovom od lima, bez prozora, a po njoj su se šetale životinje. U bolnici je bilo kreveta, ali samo su neki pacijenti ležali na njima, dok su drugi ležali na podu. Naime, većina tih ljudi bila je toliko siromašna da nikad nisu spavali na krevetu – prisjetila se Marijana Geets-Kesić.

– Žene su rađale dok su oko njih hodale kokoši. Malarija i AIDS bili su svakodnevica. Svaki dan sam u ordinaciji imala barem jednog ili dva pacijenta s kliničkom slikom infekcije HIV-om. U bolnici nije bilo ni ultrazvuka ni magnetske rezonancije, i bilo je nesigurno zbog pobunjenika. Unatoč svemu, za mene je bio veliki izazov pomagati tim pacijentima – dodala je M. Geets-Kesić.

Kako epidemija ni nakon šest mjeseci nije stavljena pod kontrolu, WHO je ebolu proglasio međunarodnom prijetnjom. Uveden je niz mjera predostrožnosti, ali među njima nisu preporuke za ukidanje zračnog prometa s pogođenim zemljama. Susjedne države uvele su specijalne mjere, o čemu svjedoči i Marko Škreb, bivši guverner Narodne banke koji sada radi u Gani kao dužnosnik Međunarodnog monetarnog fonda (MMF).

– Gana je uvela dosta mjera, iako nema niti jedan slučaj ebole. Među tim mjerama je i zabrana bilo kakvih međunarodnih konferencija i skupova u iduća tri mjeseca. Već je oformljeno nekoliko centara za izolacije pacijenata, a na aerodromu u Akri postoje sanitetske službe koje navodno gledaju ljude koji dolaze, a imaju simptome – rekao je Škreb. – Posebno su osigurali sve liječnike i medicinsko osoblje i ograničili putovanja u pogođene zemlje. Po javnim ustanovama, pa tako i kod mene u uredu, postavljeni su edukativni plakati o eboli i uređaji za dezinfekciju ruku. Također, mediji stalno prenose upute o prevenciji zaraze – dodao je Škreb.

Plan za ebolu

Dok se u cijelom svijetu diže razina opreza kako se zaraza ne bi proširila, u pogođenim zemljama vode se nadljudski napori da se smrtonosni virus zauzda.

– Za nas je sada izazov da otkrijemo svaki novi sumnjivi slučaj i sve njegove kontakte te ih pratimo 21 dan kako bismo osigurali zdravstvenu skrb odmah čim se osoba razboli – rekla je Nyka Alexander.

Za to vrijeme hrvatski brigadir Predrag Mikulić, zajedno s tisućama ostalih pripadnika UN-a koji brinu o miru i sigurnosti u Liberiji, pokušava pomoći lokalnom stanovništvu da suzbije opasnu bolest.

– Ljudi su u Liberiji neinformirani i needucirani, i često slijede tradicije koje samo pomažu širenju zaraze.

I dr. Linda Rahal i njezini suradnici pokušavaju edukativno djelovati na ljude kako ne bi prikrivali znakove ebole jer se boje stigme.

– Naša zemlja donijela je plan za ebolu koji sada pokušavamo implementirati. Jedna od strategija je izolacija sumnjivih slučajeva i kada se oni potvrde, smještaj oboljelih u medicinske centre. U Sijera Leonu sada su i neka sela u karanteni kako bismo spriječili širenje bolesti, a njihove stanovnike opskrbljujemo hranom i potrebnim lijekovima – rekla je L. Rahal.

– No, nama je potrebna pomoć WHO-a i Liječnika bez granica jer imamo problem s ljudskim potencijalom, ali i kapacitetom naših medicinskih ustanova – naglasila je L. Rahal.

– Trajanje epidemije ovisit će o tome kako će ljudi reagirati na informacije o eboli i količini pomoći koju ćemo dobiti u borbi sa zarazom. Budemo li imali pomoć, a naši se ljudi budu pridržavali mjera prevencije, epidemija bi se mogla okončati za nekoliko mjeseci, odnosno do kraja ove godine – zaključila je Linda Rahal.

10 činjenica koje morate znati o eboli

Što je ebola?
Riječ je o zaraznoj, tropskoj bolesti koju Liječnici bez granica nazivaju jednom od najsmrtonosnijih bolesti na svijetu.

Što je uzrok bolesti?
Uzrok je istoimeni virus nazvan prema rijeci Eboli u Demokratskoj Republici Kongo, gdje se bolest prvi put pojavila 1976. godine.

Kako se bolest širi?
Ebola se ne širi zrakom, nego direktnim kontaktom s tjelesnim tekućinama bolesne osobe, poput krvi, sline, fekalija i sperme.

Tko je izložen najvećem riziku od zaraze?
Najvećem su riziku izloženi članovi obitelji oboljelih, osobe koje su bile u kontaktu s tijelima umrlih te osobe koje ih njeguju, uključujući i zdravstvene djelatnike koji ne nose zaštitnu odjeću i opremu.

Koliko je razdoblje inkubacije?
Od dva do 21 dan. Tijekom toga razdoblja, ako je pacijent zaražen, ali nema nikakve simptome bolesti, nema izlučivanja virusa i ti su pacijenti nisko zarazni.

Koji su simptomi ebole?
Rani simptomi su slični gripi i uključuju slabost, bol u mišićima, glavobolju, visoku temperaturu i kašalj. Kod nekih se pacijenata pojavljuju i osip, štucanje, bolovi u prsima, otežano disanje i gutanje, a oči postaju crvene. Kako se bolest razvija, javlja se povraćanje, proljev, unutarnje i vanjsko krvarenje te zatajenje bubrega i jetre.

Što je izvor virusa ebole?
Podrijetlo virusa nije do kraja poznato, ali su najvjerojatniji "prirodni rezervoar" voćni šišmiši. Do sada su slučajevi ebole potekli iz kontakta s krvlju, organima ili drugim tjelesnim tekućinama zaraćenih čimpanza, gorila, voćnih šišmiša, šumskih antilopa i drugih vrsta.

Koliko je sojeva virusa ebole?

Postoji pet sojeva virusa, od kojih je najsmrtnosniji soj Zair koji se prvi pojavio 1976. godine.

Uzročnik ove epidemije je soj ebole vrlo srodan soju Zair. Na početku ove epidemije tijekom ožujka i travnja smrtnost je bila vrlo visoka, ali se sada stabilizirala na 64 posto.

Postoji li cjepivo i lijekovi protiv ebole?

Zasad ne postoje registrirana cjepiva ili lijekovi protiv ebole iako je određen broj proizvoda u razvoju.

Kako se ebola suzbija?

Jedine raspoložive učinkovite mjere jesu one preventivne, s ciljem da se spriječi dalji prijenos virusa s osobe na osobu. To uključuje izolaciju zaraćenih i oboljelih, upotrebu zaštitnih odijela i opreme, pranje i dezinfekciju ruku, propisno rukovanje tijelima umrlih, održavanje aseptičnog okoliša u prostorima u kojima se provodi skrb o oboljelima itd.

JL, 23 . kolovoza 2014.

Zašto obrazovani odlaze?
I treba li ih zbog toga kazniti?

Smatram da bi bilo razumno da se studentima koji se školuju na račun države uvede obveza da ostanu neko vrijeme u Hrvatskoj ili da vrate novac ako odu van, izjavio je nedavno ministar znanosti, obrazovanja i sporta Vedran Mornar.

Naglasio je da obrazovanje košta, što je mjerljivo i skupo.

– Meni se čini da je etično da čovjek u kojega se uložilo 200, 300, 400, 500, 600 tisuća kuna, koliko košta prosječni studij, da bar kroz porez vrati dio tog novca. Ja bih da se svakom studentu izda račun koliko košta godina i da na računu piše da je sto posto platila država – rekao je ministar Mornar. Istaknuo je da prosječna godina u osnovnoj ili srednjoj školi državu košta 2000 eura, ako tome pridodamo 30 tisuća za studij, tada jedan diplomant državu košta 50.000 eura.– Jesmo li mi dovoljno bogati da investiramo 50.000 eura u njemačku ekonomiju? – zapitao se Mornar.

Očekivano, njegove su riječi izazvale burne reakcije, ali i pravu bujicu kritika niza visokoobrazovanih ljudi koji žive i rade u inozemstvu.

Stara pojava

Bez obzira na to što se mnogi od nas ne slažu s ministrovom idejom "plati pa izađi iz zemlje", Mornar je ponovno upozorio na problem *brain draina* (odlazak mozgova), s kojima se Hrvatska, u većoj ili manjoj mjeri, suočava već desetljećima. No, odljev visokoobrazovanih stručnjaka nije hrvatska specifičnost jer se s time suočava niz zemalja. Uostalom, termin brain drain skovao je britanski Royal Society kada se nakon Drugoga svjetskog rata cijela Europa suočavala s masovnim egzodusom stručnjaka koji su odlazili u SAD.

– *Brain drain* je jedan od fenomena globalizacije i sve zemlje, i visoko razvijene, a pogotovo ove srednje i niže razvijene, pate od gubitka visokoobrazovanih stručnjaka. To nije nova pojava, praktički se strukturirala 50-ih godina kad je počelo masovno iseljavanje visokoobrazovanih. Hrvatska je tradicionalno emigracijski prostor i uvijek je imala kontingent radne snage koji je odlazio u inozemstvo – rekla je dr. Mirjana Adamović iz Instituta za društvena istraživanja.

Privlačna Njemačka

– Visokoobrazovana radna snaga uvijek ima viša očekivanja u pogledu sigurnosti radnog mjesta, karijernog napredovanja i boljih radnih uvjeta. Mnogi visokoobrazovani ljudi danas vežu migracije s kvalitetom života, a u budućnosti će i klimatske promjene utjecati na izbor odredišnih zemalja. No, činjenica jest da su visoko razvijene zemlje bile i ostale magnet za naše stručnjake. Bitno je napomenuti da je brain drain dinamična pojava ovisna o društvenim i ekonomskim okolnostima. Stoga nema stalno uzlaznu putanju, nego oscilira. Sada je našim mladim ljudima teško naći posao i normalno je da razmišljaju o odlasku – dodala je dr. Adamović.

Iako se desetljećima suočava s odljevom visokoobrazovanih ljudi, u Hrvatskoj nema mnogo istraživanja o tom problemu, posebice ne novijeg datuma. Stoga i u ovom tekstu baratamo studijom Svjetske banke iz 2007. godine prema kojoj je, sa stopom migracije od 29,4 posto, Hrvatska prva u Europi po odlasku visokoobrazovanih ljudi. Nadalje, u Zborniku "Migracije i razvoj Hrvatske", koji će biti predstavljen u ponedjeljak u Hrvatskoj gospodarskoj komori, dr. Silva Mežnarić iznosi procjene Svjetske banke iz 2011. godine, prema kojima je diljem svijeta registrirano 753.529 emigranata iz Hrvatske. Našim je ljudima, ne samo visokoobrazovanim, najprivlačnija Njemačka gdje živi i radi 359.367 emigranata, dakle gotovo polovica ukupnog broja. Na drugom je mjestu Australija sa 74.104 i Austrija sa 52.160 emigranata iz Hrvatske, dok je u SAD emigriralo 46.499 Hrvata. Kada je riječ o visokoobrazovanim, studija njemačkih istraživača s IAB-a (Institut für Arbeitsmart und Berufsforschung) pokazala je kako je 2010. godine u EU 15 (starih članica) plus Češka, Norveška, Australija, SAD, Kanada i Novi Zeland registriran 152.331 visokoobrazovani useljenik rođen u Hrvatskoj. Među njima je gotovo polovica žena, njih čak 72.937.

Kako je od ljeta 2013.godine Hrvatska punopravna članica EU, idućih godina suočit ćemo se s novim migracijskim izazovima. Primjerice, Njemački državni zavod za statistiku objavio kako je prošle godine u Njemačku emigriralo 24.845 hrvatskih državljana, od čega 17.997 muškaraca. Naš Državni zavod za statistiku, pak, barata brojkom od 2069 osoba.

Nemobilni Hrvati

– Unutar EU postoji 'cirkulacija' ljudskog kapitala, jednosmjerni 'brain drain', 'brain gain' i 'brain waste'.A postoji, prije svega, tržište radne snage i mobilnost koju to tržište zahtijeva i pretpostavlja da bi uopće funkcioniralo. Hrvatski će građani – počevši sa 2017.godinom – dobiti otvoreno tržište rada u većini članica EU – rekla je dr. Silva Mežnarić, koordinatorica i predavačica na doktorskom studiju humanističkih znanosti Filozofskog fakulteta u Splitu.

– S obzirom na jednu od najnižih (osim Albanije) stopa unutarnje mobilnosti u zemlji, ništa se neće promijeniti u sljedeće tri godine. To znači, nemobilni građani, pa i većina visokoškolovanih, ostat će 'doma' i neće masovno odlaziti. Sjedilačka matrica jedan je od razloga i visoke nezaposlenosti u nas. U Hrvatskoj jednostavno ne postoji niti jedna od mobilnosti visokoobrazovane radne snage poznate u razvijenom svijetu – pojasnila je dr. Mežnarić koja smatra da će nakon 2017. godine uvećati jednosmjerni "brain drain" i time pogoršati ionako dramatični postojeći "brain waste" (rasipanje mozgova).

Je li kriva kriza?

– Visokoobrazovani trebaju mobilnost, nastoje li biti na zahtjevnoj razini zvanja. Bez toga, i cjeloživotnog učenja, niti jedan stručnjak više ne može preživjeti niti dvije godine u zvanju, bez obzira na to radi li se o 'tehničarima', medicinarima ili humanistima. Oni zahtjevni prema sebi i okolini uvijek će odlaziti, pa i čak da nema krize u našem društvu – rekla je dr. Mežnarić.

– Zapadna Europa gubi na godišnjoj bazi tisuće talenata i visokoobrazovanih koji odlaze u SAD i Kanadu. Iskustva novih članica EU pokazuju visoke brojke odlazaka po tzv. slobodnim koridorima (Velika Britanija, Irska), ali i vraćanja, dijelom uvjetovana krizom. Građani Hrvatske slijede i slijedit će taj obrazac ako glavne destinacije – koje su za Hrvatsku zasad zatvorene – ne pooštre kriterije ulaska. A sve ukazuje na to da će se imigracijske politike u sljedećim izbornim rokovima ponegdje i drastično mijenjati – istaknula je dr. Mežnarić.

Naše sugovornice osvrnule su se i na Mornarovu ideju plaćanja školarine putem uvođenja radne obaveze u Hrvatskoj ili otkupljivanja iste u slučaju preranog odlaska u inozemstvo.

– Mjere bi trebale biti pozitivnog, a ne restriktivnog karaktera. Nijedna demokratska zemlja ne bi smjela ograničavati odlazak visokoobrazovanih, ali bi trebala pametno razmišljati kako kapitalizirati znanje i sposobnosti ljudi koji su otišli i najvjerojatnije se neće vratiti. Trebalo bi raditi na izgradnji mreža s njima, što znači da bi Hrvatska trebala osmišljavati programe u koje bi uključivala naše vrhunske znanstvenike i stručnjake iz inozemstva – rekla je dr. Adamović koja smatra da se u Hrvatskoj s vremena na vrijeme stvara stanje "moralne panike" oko brain draina.

Problem ravnoteže

Slično misli i dr. Mežnarić.

– Bijeg i odlazak ljudskog kapitala doista je opasan, ključni problem ravnoteže društva, a rješenje za to, ono 'odmah i pri ruci' tradicionalno, a uvijek neuspješno, traži se u nadoknadi tzv. troškova školovanja. Svi sustavi koji se suoče s problemom odlaska talenata i školovanih na prvu loptu reagiraju s takvom idejom – rekla je dr. Mežnarić.

– Istu ideju lansirao je prof. dr. Ivo Vinski, poznati ekonomist, a prilikom masovnog odlaženja generacije diplomiranih 60-ih godina. Izračunao je da visokoobrazovana osoba košta državu oko 20.000 dolara te da bi to trebalo vratiti.

Ta se mantra o gubitku ljudskog kapitala ponavljala otprilike svako desetljeće – dodala je dr. Mežnarić, istaknuvši da se takva mjera ne može operacionalizirati iz barem dva razloga.

– Prvi je – sloboda kretanja i pravo na izbor kvalitete življenja. Drugi je – struktura 'troškova'. Kod ministra Mornara i sličnih, to je trošak obrazovanja. A odgoj? Čiji je to trošak? Naš, roditeljski i ničiji više, u ovom pa i svakom drugom društvu. Neophodne ingrediente za mobilnost 'mozga' naše djece financijski, vremenski i informacijski snosimo mi, roditelji – istaknula je dr. Mežnarić. Naglasila je kako postoje i uspješne mjere povratka stručnjaka, odnosno reverzibilni brain drain.

– Te mjere svode se na jedno: za one najbolje, koji su na vrhu znanosti i struke, uspješna je jedino politika suradnje. Dakle, neka vrsta virtualne cirkulacije; primjer za to je profesor Ivan Đikić. Ostale dugoročno uspješne mjere uvjetovane su isključivo statusom znanosti i struke u nas. Mjere za drastičnu reformu tog statusa poznate su, to nije samo budžet. A na to se nadograđuju 'bajke' povratka, kao što su kvaliteta življenja, sigurnost, 'najljepša zemlja' i slično. No postoje, kao odbijajuća sile za povratak, nebajkoviti rasizam, seksizam, korupcija, nacionalizam i vjerska isključivost – zaključila je dr. Mežnarić.

Tri priče onih koji su odlučili otići. I nisu požalili

Lada Krilov

Rođena: 1978.
Što radi: Znanstveni pisac u Washingtonu
Diplomirala: Prirodoslovno matematički fakultet (PMF) u Zagrebu
Otišla iz Hrvatske: 2002.
Posao u Hrvatskoj: Ne. Odmah nakon diplome otišla u Ameriku
Plaća u Americi: Između 20.000–30.000 kuna mjesečno
Koliku bi plaću imala u Hrvatskoj: Zanimanje znanstveni pisac u Hrvatskoj praktički ne postoji, ali ljudi s doktoratom biologije zarađuju od 7000 do 10.000 kuna mjesečno
Koliko radi: U SAD-u radi oko 40 sati tjedno
Koliko bi radila u Hrvatskoj: Ne zna
Uvjeti rada: Odlični. Sva tehnologija neophodna za rad joj je dostupna
Kakve bi uvjete imala u Hrvatskoj: Vrlo loše

Poput mnogih molekularnih biologa, i Lada Krilov (35) je nakon diplome otišla u inozemstvo.

– Za sve znanstvenike uobičajeno je da po završetku dodiplomskog studija odu na stručno usavršavanje na drugu instituciju. Budući da je hrvatska znanstvena zajednica jako mala, odlazak na postdiplomski studij u inozemstvo je normalna stvar. Mislim da je više od polovice mojih kolega s godine odmah po završetku studija otišlo na doktorat u inozemstvo, uglavnom u Švicarsku i Njemačku. Tako sam i ja otišla kako bih stekla nova iskustva i znanja te se bavila znanošću u boljim uvjetima – prisjetila je Lada Krilov koja je doktorirala na Sveučilištu George Washington.

– Po završetku doktorata, radila sam u Washingtonu i okolici za jedan državni istraživački institut, a zatim za jednu veliku liječničku udrugu. Sada radim kao 'znanstveni pisac', odnosno pišem o medicinskim istraživanjima i dostignućima iz područja onkologije za American Society of Clinical Oncology. To je najveća svjetska udruga onkologa s više od 35.000 članova – rekla je Lada Krilov.

Istaknula je kako je za molekularne biologe u Hrvatskoj već godinama veliki problem pronaći posao.

– Naprosto nema stalnog posla u struci niti za polovicu ljudi koji završe studij, čak ni za one koji doktoriraju u Hrvatskoj. Općenito, uvjeti znanstvenog rada su u Hrvatskoj sve teži jer država relativno malo izdvaja za znanost. Stoga i oni koji imaju sreće da nađu stalan posao na sveučilištu ili znanstvenom institutu, jer industrije praktički nema, znatno sporije napreduju nego kolege u inozemstvu i teško konkuriraju na razini svjetske znanosti. To je poražavajuća i razočaravajuća situacija za naše pametne i visokoobrazovane mlade ljude – ustvrdila je Lada Krilov. Osvrnula se i na ideju uvođenja naplate školarine za stručnjake koji odlaze u inozemstvo.

– Mislim da je to razumno samo ako država koja plaća studij osigura i radno mjesto na kojem takvi pojedinci mogu ostati poslije završetka studija ili adekvatno mjesto na koje se mogu vratiti nakon rada ili stručnog usavršavanja u inozemstvu. Moja kolegica iz Kuvajta imala je obavezu da se nakon doktorata u Americi vrati na nekoliko godina raditi u svoju domovinu ili da vrati novac za školarinu za magisterij i doktorat – ispričala je Lada Krilov.

– No, mojoj kolegici je domovina platila studij vani i nije bilo govora o vraćanju novca za dodiplomski studij koji je završila u Kuvajtu. Druga ključna razlika je da joj je nakon završenog doktorata bila garantirana akademska pozicija u domovini. Hrvatska nema takve financijske uvjete, pa nije pošteno da ih se onda kažnjava obavezom da se vrate u domovinu ili vrate novac. Mislim da je to apsurdno – dodala je Lada Krilov.

– Nedostaju mi obitelj i prijatelji, europska kultura i vrijednosti. Da imam ponudu za dobar i siguran posao u Hrvatskoj, iz osobnih razloga bih se vratila već sutra. Istina je, plaće su puno manje nego u Americi, ali i neka izdavanja su neusporedivo manja, npr. za zdravstveno osiguranje, vrtić i studij – zaključila je Lada Krilov.

Roman Lipovski

Rođen: 1984.
Što radi: Programer u Münchenu
Diplomirao: Fakultet elektrotehnike, strojarstva i brodogradnje (FESB) u Splitu
Otišao iz Hrvatske: 2013.
Posao u Hrvatskoj: Prije odlaska radio 3,5 godina u jednoj softverskoj tvrtki u Splitu
Plaća u Njemačkoj: Oko 50.000 eura bruto godišnje Koliku bi plaću imao u Hrvatskoj: Oko 6000 kuna neto mjesečno
Koliko radi: 40 sati tjedno
Koliko bi radio u Hrvatskoj: 40 sati tjedno
Uvjeti rada: Tehnološka opremljenost ovisi od tvrtke do tvrtke
Kakve bi uvjete imao u Hrvatskoj: Različite, ovisno o tvrtki, ali generalno nešto lošije nego u Njemačkoj

Mladi programer Roman Lipovski (30) u Njemačkoj živi od prošle godine. Kao razlog svog odlaska navodi radoznalost.

– Moju radoznalost potpirivale su i razne priče iz prve ruke o korporacijskom IT biznisu, kojega kao takvog u Hrvatskoj baš i nema. Kako nisam vidio mogućnosti za takvim poslom i okruženjima, odlučio sam otići u inozemstvo. Budući da sam rođen u Njemačkoj i dio djetinjstva proveo tamo, bilo je nekako prirodno otići raditi baš u tu zemlju – govori Roman Lipovski.

Rodom s otoka Čiova, Lipovski je diplomirao računarstvo na Fakultetu elektrotehnike, strojarstva i brodogradnje (FESB) u Splitu. Za razliku od mnogih mladih visokoobrazovanih ljudi u Hrvatskoj nije bio bez posla.

– Prije odlaska sam radio 3,5 godina u jednoj softverskoj tvrtki u Splitu. Tu sam 'ispekao' svoj zanat i naučio što to znači biti profesionalni software developer. Tim se poslom sada bavim i u Münchenu – rekao je Lipovski, a zatim se osvrnuo na prednosti njegova posla u inozemstvu.

– Postoje prednosti moga rada u Njemačkoj, ali ih ne treba dizati u nebesa. Po meni, najvažniji aspekti prednosti na poslu su plaća, stručno usavršavanje, profesionalnost te rad koji se cijeni. Mislim da je trenutno u Hrvatskoj teško naći posao koji bi zadovoljio te kriterije – rekao je Lipovski.

Osvrnuo se i na zadovoljstvo životom u novoj sredini.

– Što se tiče privatnog života, prednosti ovise o tome kako se tko snađe u novoj sredini. Ja sam trenutno u Münchenu i sa mnom živi moja djevojka, te mogu reći da se pomalo snalazimo. Često idemo na večere, koncerte i putovanja, koje si u Hrvatskoj ne bismo mogli priuštiti – rekao je Lipovski.

– No treba navesti problem koji pogađa svakog iseljenika – usamljenost. Govorim na primjeru Münchena, gdje nije lako naći društvo, posebno ne s domaćim kolegama i stanovnicima. Doseljenici su ovdje mnogo otvoreniji, jer dijele isto iskustvo. Koliko god ponuda za posao bila primamljiva, neke stvari u životu ne može zamijeniti i najbolji posao – govori Lipovski.

On se osvrnuo i na kontroverznu izjavu ministra Mornara koja je, čini se, najviše razbjesnila mlade hrvatske stručnjake i znanstvenike u inozemstvu.

– Mislim da bi se gospodin ministar trebao sramiti takve izjave. Problem nije u ljudima, kao da se njima ide u inozemstvo u nepoznato. Problem leži u sustavu koji onemogućava ostanak tih ljudi, ali to je kompleksna tema, koju je teško sažeti. Bolja opcija bila bi da se ministrima koji ne ispune obećanje naplati nekakva vrsta novčane kazne – ustvrdio je Lipovski.

Mladi programer smatra da je glavni razlog visoke stope odlaska naših stručnjaka nemogućnost pronalaženja posla u Hrvatskoj.

– Oni, pak, koji imaju posao u Hrvatskoj često nisu zadovoljni jer su, u odnosu na neke europske zemlje, plaće i razina profesionalnosti na jako niskoj razini – rekao je Roman Lipovski. Smatra da je teško na kratki rok zaustaviti odlazak stručnjaka iz Hrvatske i osigurati povratak onih koji se žele vratiti.

Suzana Čufer

Rođena: 1966.
Što radi: Glavni i odgovorni direktor velikih državnih investicijskih projekata u Švicarskoj
Diplomirala: Fakultet građevinarstva u Zagrebu
Otišla iz Hrvatske: 1992.
Posao u Hrvatskoj: Bez posla je bila godinu dana
Plaća u Švicarskoj: Početna plaća diplomiranog inženjera u Švicarskoj je oko 80.000 do 90.000 švicarskih franaka godišnje
Koliku bi plaću imala u Hrvatskoj: Ne zna, nikad nije radila u Hrvatskoj
Koliko radi: Radni tjedan je 42,5 sati minimum, u praksi je to uvijek više, a u prosjeku 50 satni tjedno
Koliko bi radila u Hrvatskoj: Ne zna
Uvjeti rada: Odlični
Kakve bi uvjete imala u Hrvatskoj: Ne zna, pretpostavlja da bi bili lošiji

Otkako je prije 22 godine napustila Hrvatsku, Suzana Čufer (48) živjela je u sedam zemalja na četiri kontinenta.

– Otišla sam jer u to ratno doba nije bilo perspektive za mene. Dobre poslove se dobivalo preko veze, što znači zahvaljujući rodbinskim vezama, ali i političkoj opredijeljenosti – prisjetila se Suzana Čufer.

Svoju karijeru počela je bez veza i poznanstava, isključivo na osnovi vlastitog znanja i sposobnosti.

– Karijeru sam počela u Austriji, kao potrčko u jednom malom lokalnom inženjerskom birou, što je bilo daleko ispod mog nivoa obrazovanja.

U Austriji sam nostrificirala diplomu i specijalizirala tunelogradnju – kazala je Suzana Čufer.

Sedam godina radila je na projektima Svjetske banke u Aziji i Južnoj Americi. Također je radila na projektima u Austriji, Turskoj, Slovačkoj, Francuskoj, Njemačkoj, SAD-u, Nizozemskoj i Švicarskoj.

– Na New York University Business Coaching – Team Training and Company Organisation specijalizirala sam Project and Contract Management, Procurement and Negotiation. Zatim sam u Švicarskoj završila studij za Business Coacing, Team Training and Company Organization. U Švicarsku, u kojoj živim 13 godina, pozvana sam kao specijalist za tunelogradnju. Ponuđeno mi je da radim na Gotthard Basis Tunnelu, najdužem željezničkom tunelu u svijetu. Nakon toga sam dobila još nekoliko ponuda na projektima prometnica u Švicarskoj, da bih nakon toga, s obzirom na moju specijalizaciju i dugogodišnje iskustvo u Project Managementu, dobila ponudu raditi za državne ustanove u Švicarskoj na kompleksnim investicijskim projektima niskogradnje – ispričala je Suzana Čufer koja sada radi u Ministarstvu graditeljstva.

Među glavne uzroke visoke stope odljeva hrvatskih stručnjaka ubraja neravnopravnu podjela rada i nekorektno natjecanje na tržištu rada.

– U Hrvatskoj se posao dobiva preko veze i pritom je važna politička opredijeljenost. No, razlog sve većeg odlaska stručnjaka su i niske plaće te stalno rastući životni troškovi – rekla je Suzana Čufer koja smatra da su za ublažavanje *brain drain*a potrebne reforme i niz mjera.

– Nužna je reforma obrazovnog sustava koja bi omogućavala da se stečeno znanje i vještina u potpunosti može koristiti. Važno je uvesti korektno natjecanje na tržištu rada, tj. suzbijati zapošljavanja preko veze. Nužno je i poboljšavanje radnih uvjeta tako da se suzbije rad na crno, a zaposlenima omogući dobro osiguranje i adekvatno radno mjesto, kao i adekvatne uvjete za istraživački rad. Nadalje, nužno je i povećati plaće osobama s posebnim profesionalnim sposobnostima te otvoriti mogućnost daljnjeg usavršavanja. Država bi trebala uvesti sustav obaveznog investiranja u obrazovanje za privatno gospodarstvo – iznijela je Suzana Čufer.

Kritički se osvrnula i na izjavu ministra Mornara.

– Prema toj ministrovoj logici o vraćanju uloženog novca za školovanje, država bi morala platiti odštetu svakom mladom čovjeku za 'izgubljeno vrijeme' beznadnog školovanja koje mu ne daje nikakvu perspektivu za budućnost u državi u kojoj je stekao to obrazovanje – istaknula je Suzana Čufer.

JL, 6. prosinca 2014.

Podivljalo vrijeme
Hoće li nam se ljeto ikada više vratiti?

Prijatelj iz Berlina mi kaže kako je tamo kolovoz bio sunčan i topao. Drugi je došao iz Amsterdama. Kad ga je ovdje dočekala kiša, zaključio je da se klima u Zagrebu mijenja i postaje slična tamošnjoj oceanskoj, s blagim zimama, ali hladnijim ljetima uz obilje kiše – rekao je kolega, inače glazbeni kritičar, za jutarnjom kavom dok smo na neformalnom kolegiju dogovarali teme za Magazin.

– Došao sam do zaključka da norveški meteorolozi daju najtočnije prognoze za ovaj prostor. Te prognoze sada prati puno ljudi kod nas. Norveške prognoze su točnije od onih koje daje Državni hidrometeorološki zavod ili onih koje su na Yahoou – tvrdi glazbeni kritičar. Vrijeme je ovoga ljeta bilo među top-temama: ne samo da je zadavalo brige turističkim djelatnicima, a time i ministru financija Lalovcu koji s mukom puni proračun, nego su obilne kiše svakodnevno otežavale život i nama, običnim smrtnicima. Nakon vrlo blage zime i u mnogim krajevima rekordno toplog prvog tromjesečja, svi smo se nadali dugom, suhom i vrelom ljetu, na što su upućivale i dugoročne vremenske prognoze. No, dogodilo se suprotno. Obilne kiše, koje su u svibnju poplavile Slavoniju, nastavile su padati i tijekom ljeta te posebice prvih 15 dana rujna. Stoga su izazvale i novi niz poplava diljem Hrvatske. Što se dogodilo s ljetom, pitali su se mnogi, a u medijima i na društvenim mrežama krenula je serija rasprava o klimatskim promjenama. Naravno, opet su "uskrsnuli" i neizbježni proroci dolaska novog ledenog doba.

Doba ekstrema

– Ekstremne oborine u zadnjih šest mjeseci, kao i rekordno topla zima 2014. godine posljedica je sve češćih tzv. blokirajućih sinoptičkih situacija u atmosferi. Blokirajuća situacija znači da se određeni uzorak ekstremnih odstupanja od prosjeka odvija u bitno duljem razdoblju nego prije. Blokirajuća situacija je učestalija zbog pojačanog meridionalnog prijenosa energije, a prijenos je pojačan zbog zagrijavanja atmosfere. To znači da su ovi ekstremi direktna posljedica klimatskih promjena – pojasnio je dr. Ivica Vilibić, znanstveni savjetnik Instituta za oceanografiju i ribarstvo u Splitu.

– Zanimljivo je da se pojedini ekstremi obično javljaju u ograničenom po-
dručju, tako su ove poplave ograničene na područje radijusa od oko tisuću
ili malo više kilometara, dok je u drugim dijelovima Europe i svijeta sasvim
druga situacija. Primjerice, kod nas je zima 2014.bila izuzetno topla dok
je u središnjem i istočnom SAD-u bila izuzetno hladna. Zima 2012. godi-
ne bila je poznata po rekordnom snijegu u Dalmaciji dok je istovremeno
bila jedna od najtoplijih u SAD-u itd. Pojačavanje blokirajućih situacija u
atmosferi i pripadajućih ekstrema direktna su posljedica klimatskih pro-
mjena – dodao je Vilibić.

Slično tvrdi i prof. Mirko Orlić s Geofizičkog odsjeka Prirodoslovno-mate-
matičkog fakulteta (PMF) u Zagrebu.

– Za goleme razine kiša koje su pale kod nas proteklih mjeseci možemo
okriviti globalno zagrijavanje. Naime, iako je zatopljenje na Zemlji global-
nog karaktera, ono nije jednoliko na svim dijelovima planeta. Zatopljenje je
jače u polarnom području, posebice oko Arktika, nego oko ekvatora. Zbog
toga se mijenja atmosferska cirkulacija, a posljedica toga su temperaturni
poremećaji koji se povećavaju i dugo traju – rekao je Orlić.

– I ranije su ljeti bile ciklone, ali su brzo prolazile. No, sada su sporije i
mjesecima nadolaze. Istodobno, dok je kod nas obilje oborina, Kalifornija
se suočava sa stoljetnom sušom. Zimi je, pak, bilo obrnuto. Kod nas je zima
bila vrlo topla i praktički bez snijega dok je primjerice u Kanadi, gdje su
inače zime jake, bila abnormalno hladna – dodao je Orlić, koji je bio jedan
od recenzenata 5.klimatskog izvještaja Međuvladina panela za klimatske
promjene (IPCC).

Porast razine mora

Orlić je, zajedno s dr. Zoranom Pasarićem, autor članka o rastu morske
razine, jednog od niza radova na kojima se zasniva izvještaj IPCC-ja. Tu
međunarodnu organizaciju, koja okuplja oko 3000 znanstvenika iz cijelog
svijeta, 1988.godine utemeljili su Ujedinjeni narodi i Svjetska meteorološka
organizacija. Tada su mnogi znanstvenici diljem svijeta počeli upozoravati
kako globalna temperatura zraka raste, a taj su porast povezali s ljudskom
aktivnošću, odnosno učinkom staklenika. U prirodi se zbiva proces sličan
onome u stakleniku: ugljični dioksid, metan, dušikovi oksidi i drugi plinovi
u atmosferi upijaju toplinsko zračenje i usmjeravaju ga prema Zemlji. Bez
postojanja tih plinova život u današnjem smislu ne bi bio moguć. Primjeri-
ce, sa smanjenom količinom ugljičnog dioksida u atmosferi Zemlja bi bila
negostoljubivo hladna kao na Marsu (minus 20 Celzijevih stupnjeva), a kada
bi taj plin dominirao u atmosferi, naš bi planet poput Venere dostigao zvjez-

danih 500 Celzijevih stupnjeva. No, prirodni je učinak staklenika pojačan čovjekovom aktivnošću pa je tako od početka industrijske revolucije količina ugljičnog dioksida u zraku narasla sa 280 ppm (ppm – udio molekula stakleničkog plina u milijun molekula suhog zraka) na oko 400 ppm, što je porast od 43 posto. U posljednjih 100 godina globalna temperatura zraka narasla je za oko 0,8 Celzijevih stupnjeva, a glavnina toga porasta, čak 0,6 Celzijevih stupnjeva, zabilježena je nakon 1950.godine.Također, u posljednjih 100 godina globalna razina mora narasla je za oko 17 centimetara.

Promjene na Grenlandu

– I porast temperature i porast morske razine ubrzali su se u zadnjih pedesetak godina. Prema, novom, petom izvješću, veći dio zagrijavanja od sredine 20.stoljeća može se pripisati čovjekovu djelovanju, i to uz vjerojatnost veću od 95 posto. Kako je u prethodnom izvješću IPCC-ja granična vjerojatnost bila nešto niža, oko 90 posto, zaključak je kako se danas s još većom sigurnošću može govoriti o čovjekovu utjecaju na klimu – pojasnio je Orlić.

– Kad je riječ o budućnosti, u slučaju podvostručenja koncentracije stakleničkih plinova očekuje se daljnji porast temperature u rasponu od 1,1 do 2,6 Celzijevih stupnjeva. Takvo zagrijavanje pratit će podizanje morske razine u rasponu od 32 do 63 centimetra. Projekcije temperature vrlo su slične onima iz prethodnog izvješća. No, projekcije za morsku razinu veće su od prethodnih i to zato što su u novom izvješću u obzir uzete moguće promjene u dinamici Grenlanda i Antarktike, koje su eksplicitno isključene iz prethodnog izvješća – dodao je Orlić.

IPCC-jevi klimatski izvještaji važna su podloga za političke pregovore na razini država o smanjenju emisije ugljičnog dioksida i ostalih stakleničkih plinova. Ta je respektabilna međunarodna organizacija 2007. godine, zajedno s bivšim američkim predsjednikom Alom Goreom, nagrađena Nobelovom nagradom za mir. No, IPCC se suočio i s nekoliko skandala od kojih je najozbiljniji bio Climategate. U studenome 2009.godine,uoči klimatske konferencije u Kopenhagenu, hakeri su na internetu objavili više od tisuću privatnih mailova IPCC-jevih klimatologa. Neke od hakiranih mailova klimatski su skeptici, kao i poricatelji globalnog zagrijavanja, u javnosti predstavili kao dokaz da se manipuliralo podacima. Ipak, nekoliko neovisnih znanstvenih istraga ne samo da je oslobodilo IPCC-jeve klimatologe optužbi za znanstveno nepoštenje, nego su i potvrđene njihove studije o opasnostima od globalnog zagrijavanja. No, taj je skandal pomogao jačanju klimatskih skeptika kao i onih koji prijete globalnim zahlađenjem, štoviše novim ledenim dobom.

Usporeno zagrijavanje

Mirko Orlić ističe kako IPCC ne bježi od kontroverznih tema kao što je fenomen usporavanja globalnog zagrijavanja koji se zapaža od 1998. godine, koja je ušla u povijest kao jedna od najtoplijih u posljednjih 150 godina.

– Prvo moram naglasiti da nije došlo do hlađenja, nego se samo usporila brzina porasta temperature. To nije iznenađujuće jer se to već dva puta dogodilo otkad imamo kontinuirana mjerenja temperature zraka. Prvi put početkom 20.stoljeća, a drugi put 50-ih i 60-ih godina. Jedno od objašnjenja jest da je riječ o prirodnom ciklusu koji ima 60-godišnji period, a mi smo sada u silaznoj fazi – pojasnio je Orlić.

– U sažetku IPCC-ja se kaže da je došlo do usporavanja zagrijavanja zbog tri faktora: prirodnog procesa koji ima period od oko 60 godina, pada intenziteta Sunčeva zračenja te povećane količine aerosola u zraku zbog vulkanskih emisija. No, staklenički plinovi su nastavili rasti i kada za 10-20 godina završi prirodni ciklus, doći će ponovno do ubrzavanja zagrijavanja – naglasio je Orlić koji smatra da prosječan čovjek ima često pogrešnu percepciju o globalnom zagrijavanju.

– Neki ljudi misle da će s globalnim zagrijavanjem biti svaki dan toplije i da neće biti godišnjih doba. No, dok god je Zemljina os nagnuta prema ravnini ekliptike, bit će godišnjih doba – rekao je Orlić.

Poimanje prostora

– Nadalje, ljudi imaju problem s poimanjem prostora i vremena. Globalno znači za cijeli svijet, pa ako je kod nas ljeto bilo ekstremno vlažno i hladnije, u mnogim zemljama je bilo sušno i ekstremno vruće. Također, u klimatologiji se govori o 30-godišnjim prosjecima. Dakle, ako se u 30 godina suočimo sa 20 sušnih i 10 ljeta kao ovogodišnje, prosjek je i dalje sušno, a ne vlažno – dodao je Orlić.

Što se tiče buduće klime u Hrvatskoj, Orlić ističe kako simulacije pokazuju kako će temperatura porasti, ali zagrijavanje neće biti jednako tijekom godine.

– Zatoplenje bi trebalo biti jako tijekom ljeta, a zimi manje izraženo. Ljeti će biti dramatično manje oborina, ali u sjevernoj Hrvatskoj zimi bi moglo biti više oborina nego sad – rekao je Orlić.

I Ivica Vilibić smatra da je scenarij novog ledenog doba nemoguć osim ako ne dođe do erupcije supervulkana ili udara asteroida u Zemlju.

– Globalno zahlađenje je nemoguće sve dok čovjek djeluje na atmosferu ispuštanjem stakleničkih plinova. A kad bi sad to prestali raditi, zagrijavanje bi se još neko vrijeme nastavilo zbog tromosti sustava. No, lokalno je moguće da klima bude hladnija.

Klimatske simulacije

Netko bi mogao pomisliti da će se to možda dogoditi na Sredozemlju, no sve klimatske simulacije kao i dosadašnja mjerenja pokazuju da će stopa porasta temperature u našim krajevima biti viša od stope globalnog zagrijavanja, te da će učestalost tzv. flashflood događaja, izrazitih oborinskih ekstrema, biti veća u budućoj klimi – rekao je Ivica Vilibić.

– Ovo je, naravno, izazov za sve one koji bi trebali definirati i implementirati mjere prilagodbe i mjere ublažavanja posljedica takvih događaja. Vilibić smatra kako ćemo se u budućnosti na razne načine prilagođavati vremenskim ekstremima.

– Rješavanje problema koje nose ekstremne vremenske situacije trebalo bi biti zadaća društva i odgovarajućih službi. Neke službe to i rade jer se stvari pokreću na razini Europe: primjerice, Državni hidrometeorološki zavod je u posljednjih nekoliko godina uveo sustav upozoravanja na ekstremne pojave – Meteoalarm – rekao je Vilibić.

– No, neke službe i ne rade: primjerice, trebalo bi zabraniti gradnju na potencijalnim klizištima i u području plavljenja rijeka i mora, trebalo bi imati planove za produžena sušna razdoblja i za valove vrućine. Sjetimo se samo da je prije nekoliko godina tijekom ljeta gotovo presušila retencija koja je napajala vodom cijelu Istru. Malo nas je dijelilo od katastrofe. Spas je stigao u zadnji čas s neba što u budućnosti neće biti slučaj – zaključio je Vilibić.

Meteorologinja Dunja Plačko-Vršnak o pouzdanosti vremenskih prognoza: dolaze nam toplija jesen i zima. Ali, uz dosta oborina. Ne može se dati pouzdana dugoročna prognoza. Mi prognoziramo trend

Kako nastaju prognoze vremena kod nas?

– Prognoze vremena rade se na temelju prognostičkih modela, i to u DHMZ-u prvenstveno iz dva izvora: globalnog modela Europskog centra za srednjoročnu prognozu vremena (ECMWF) u Readingu u Engleskoj te lokalnog modela ALADIN razvijenog kroz suradnju više europskih meteoroloških službi uključujući i našu. Početni parametri modela su izmjereni podaci prikupljeni s postaja diljem svijeta, te podaci s meteoroloških satelita, radiosondažni podaci s meteoroloških balona, podaci s brodova i plutača, radarski podaci i slično.

Na temelju analize trenutačnog stanja atmosfere pomoću podataka mjerenja, rezultata prognostičkih modela i poznavanja fizikalnih procesa koji se u atmosferi odvijaju, prognostičar stvara sliku o sadašnjem i budućem stanju atmosfere i očekivanim promjenama i na temelju nje izrađuje vremensku prognozu. Vrlo kratkoročne prognoze (do 2 sata unaprijed) bazirane su i na satelitskim i radarskim podacima te prognostičkim produktima dostupnim u realnom vremenu na temelju kojih se može procijeniti kretanje i razvoj npr. kišonosnih oblaka jakog vertikalnog razvoja.

Globalni modeli

Kolika je pouzdanost vremenskih prognoza?

Pouzdanost kratkoročnih prognoza je velika – oko 90 posto. Što se tiče prognoza za dulje prognostičko razdoblje, pouzdanost je manja i ovisna o stanju atmosfere. Kod nestabilnog vremena najpouzdanije su vrlo kratkoročne prognoze. Procesi u atmosferi tada su vrlo intenzivni, događaju se najčešće u relativno kratkom vremenu i lokalnog su karaktera. Za dulje vremensko razdoblje, osobito globalni modeli iznad nekog područja daju sinoptičku situaciju koja određuje tip vremena.

Kolika je pouzdanost mjesečnih i sezonskih prognoza?

Mjesečne i sezonske prognoze na DHMZ-u se izrađuju za posebne korisnike i interpretacija tih prognoza je drugačija od uobičajenih prognoza za kraće vremensko razdoblje. Kod takvih se prognoza ne može reći kakvo će vrijeme biti npr. 25.dan prognostičkog razdoblja (iako su na nekim stranicama dostupne prognoze po točkama tj. gradovima i za mjesec dana unaprijed),već se najčešće gleda odstupanje nekog prognostičkog parametra (temperature, oborine...) s obzirom na srednju vrijednost za neko određeno područje. Dakle, prognozira se trend, odnosno da li se očekuje toplije ili hladnije od prosjeka, hoće li biti kišovitije ili se očekuje manjak oborina. Takve se prognoze izdaju s pripadajućim vjerojatnostima ostvarenja prognoze (mala, umjerena, velika) i nisu baš upotrebljive u svakodnevnom životu. Teško je govoriti o pouzdanosti takvih prognoza jer, na primjer, u prognozi stoji da će mjesec biti topliji od prosjeka, a u stvarnosti imate dva tjedna hladnijeg vremena, a dva tjedna puno toplijeg. Prognoza je pritom bila točna, ali ćete zasigurno u prva dva tjedna čuti komentare korisnika kako je prognoza loša. To je jedan od razloga što takve prognoze nisu namijenjene javnosti.

Kome vjerovati?

Kakve su prve sezonske prognoze za nadolazeću jesen i zimu?

Sredinom rujna napravljena je prognoza za razdoblje listopad-prosinac 2014.Prema njoj, tijekom razdoblja, srednja mjesečna temperatura predviđa se malo višom od klimatološkog srednjaka uz veliku vjerojatnost ostvarenja prognoze. Što se oborina tiče, predviđa se količina oko prosječne ili malo veća od nje uz umjerenu vjerojatnost ostvarenja prognoze. Dakle, prema dugoročnim prognozama, pred nama je razmjerno toplo razdoblje, a i oborina bi i dalje moglo biti više od prosjeka. Naravno, imajmo na umu da je to dugoročna prognoza za cijelu Hrvatsku.

Posljednjih mjeseci u Hrvatskoj je jako popularna norveška vremenska prognoza i mnogi ljudi tvrde kako je ona pouzdanija nego DHMZ-ova. Kako to komentirate?

– I ja često čujem da se spominju norveške prognoze, ali moje iskustvo nije tako isključivo. Naime, ta prognoza također je rezultat globalnog modela za srednjoročnu prognozu vremena ECMWF, dakle izvor je isti, no vjerojatno postoje neki detalji koji su 'dodani'. No, nisam stručnjak za modele i razvoj modela tako da zapravo ne znam o čemu se radi.

JL, 20. rujna 2014.

II. BAKTERIJE I VIRUSI
– VIRTUALNE & ZBILJSKE POŠASTI

Peter Piot
Ispovijest lovca na viruse: "Mislio sam da sam zaražen, za dlaku sam izbjegao smrt"

Mikrobi će imati posljednju riječ, davno je ustvrdio slavni francuski mikrobiolog **Louis Pasteur** koji je otkrio cjepivo protiv bjesnoće. Dr. **Peter Piot**, direktor London School of Hygiene and Tropical Medicine, cijeli se život borio kako se Pasteurove proročanstvo ne bi obistinilo.

– Vodimo utrku s mikrobima – tvrdi Piot, belgijski barun te osnivač i bivši direktor UNAIDS, UN-ova programa za borbu protiv HIV/AIDS infekcije. Istodobno, Peter Piot (63) jedan je od najpoznatijih svjetskih lovaca na viruse koji je 1976. otkrio ubojitu ebolu. O svom uzbudljivom životu Piot je nedavno napisao knjigu "No Time to Lose: A Life in Pursuit of Deadly Viruses".

Dječački san

Zaintrigirana knjigom početkom tjedna javila sam se Piotu s molbom za intervju. Iako na putu, ne samo da je pristao na intervju nego mi je preko svoje tajnice poslao svoje memoare u PDF-u tako da već nekoliko dana uživam u toj zanimljivoj kombinaciji medicine, avanture i putovanja.

– Kao dječak bio sam fasciniran epidemijama, mikrobima i lokalnim svecem, ocem Damianom koji je umro od gube kojom se zarazio vodeći brigu o gubavcima na Havajima u 19. stoljeću – priča mi Peter Piot. Odgajan u katoličkom duhu u flamanskom selu Keebergen, Piot je kao dječak odlučio studirati medicinu. Tijekom studija na Sveučilištu Gent, gdje je diplomirao 1974. godine, pokazivao je veliki interes za zarazne bolesti. No, jedan ga je profesor upozorio kako u budućnosti neće biti zaraznih bolesti jer će sve biti iskorijenjene. Piot ga srećom nije poslušao nego je odlučio ostvariti svoj dječački san: putovati Afrikom i pomagati ljudima u borbi sa zaraznim bolestima.

Priliku je dobio već u rujnu 1976. godine kada je kao 27-godišnji specijalizant iz Instituta za tropske bolesti u Antwerpenu poslan u Kinshasu, glavni grad tadašnjeg Zaira, danas Demokratske Republike Kongo. Liječnici u

Kinshasi izvijestili su ga o tajanstvenoj epidemiji koja se zadnjih dana kolovoza pojavila u katoličkoj misiji Yambuku duboko u tropskoj šumi, oko 1000 kilometara sjeverno od Kinshase.

Visoka smrtnost

Prvi slučajevi oboljenja pojavili su se u jednom selu na obali rijeke Ebola: svi oboljeli iznenada su dobili visoku temperaturu, glavobolju, povraćali su, imali proljev, patili od jakih bolova u mišićima, obilno krvarili, a naposljetku su im otkazali svi organi. Smrtnost je bila visoka, od 318 slučajeva zaraze 280 završilo je fatalnim ishodom. U maloj bolnici, koju su vodile flamanske časne sestre, ubrzo je preminulo 11 od 17 članova medicinskog osoblja. Riskiravši vlastiti život, Piot se hrabro s kolegama uputio u Yambuku. Ubrzo su otkrili da su ključ širenja zaraze bile loše sterilizirane igle u bolnici te bliski kontakti zdravih osoba s umrlima tijekom pripremanja pokopa. Piot i njegovi kolege napravili su karantenu, a mikrobiološka analiza pokazala je kako je uzročnik ubojite zaraze novi virus. Nazvali su ga ebola.

– Intelektualno najuzbudljivije, ali istodobno najviše zastrašujući aspekt bila je činjenica da mi tada nismo znali kako se virus prenosi: zrakom, hranom, komarcima, spolnim odnosom, krvlju ili vodom... To su uobičajeni putovi širenja virusa. Nije stoga bilo jasno kako bismo se trebali zaštiti – prisjetio se Piot koji se jednom prilikom uplašio da se zarazio.

– Prvi simptomi ebola hemoragične groznice nisu specifični nego su to groznica i proljev. Kako sam ih u jednom trenutku i ja imao, pomislio sam da sam pokupio virus. Srećom, simptomi su nestali nakon 24 sata. Iz današnje perspektive teško je zamisliti kako nam je bilo teško komunicirati jer to je bilo doba bez mobitela i satelitskih telefona, a o internetu da i ne govorimo – rekao je Piot koji je izbjegao Ebolu, ali je zamalo poginuo u helikopterskoj nesreći. Naime, kao pomoć liječničkom timu tijekom obilaska sela poslana su dva helikoptera. Jedan od njih trebao je prebaciti Piota u grad Bumba na sastanak s američkim veleposlanikom. No, Piot, koji inače ne voli letjeti, nije želio ići jer se spremala oluja, a umjesto njega u helikopter se ukrcao jedan lokalni stanovnik čija je obitelj bila u Bumbi. Helikopter se ubrzo srušio u džungli.

Nakon dva mjeseca borbe sa zastrašujućim virusom Ebole, Piot se vratio u Antwerpen gdje ga je čekala trudna supruga Greta. Nekoliko godina kasnije, kada je već doktorirao mikrobiologiju na Sveučilištu Antwerpen, Piot se suočio s novom pošasti, HIV/AIDS infekcijom.

– Od početka osamdesetih u Antwerpenu je bio sve veći broj pacijenata pristiglih iz Centralne Afrike koji su imali kliničke simptome koje nitko dotad nije vidio. Svi su bili na samrti. Pomislio sam, ako mi vidimo 100 pacijenata, onda ih u njihovoj domovini mora biti na tisuće jer tko si može priuštiti put u Europu zbog liječničke skrbi? Tako smo otputovali u Kinshasu kako bismo, zajedno s Amerikancima, pomogli našim kolegama. Tamo smo otkrili glavnu epidemiju AIDS-a, ali heteroseksualnu, za razliku od epidemije među homoseksualcima u Sjevernoj Americi i Europi – ispričao je Piot.

Spomenula sam mu knjigu "Tinderbox" čiji autori Craig Timberg i Daniel Halperin tvrde da je širenje AIDS-a posljedica kolonizacije Afrike tijekom 19. i 20. stoljeća. – Kolonizacija, apartheid i urbanizacija su svakako doprinijeli u pojavi epidemije AIDS-a, no jednostavna objašnjenja nisu dovoljna u slučaju HIV-a – rekao je Piot, koji je od 1995. do 2008. godine bio na čelu UNAIDS-a, UN-ova programa za borbu protiv te bolesti.

– U početku, za nas je najveći izazov bilo odsustvo i pomanjkanje terapije diljem svijeta. Kasnije se pojavio problem cijene antivirusne terapije, pa negiranje ozbiljnih epidemija te odsustvo liderstva što je dovelo do nedostatnog financiranja programa. Naposljetku smo uspjeli djelomično nadvladati te probleme pa sada preko sedam milijuna ljudi u zemljama u razvoju prima antivirusnu terapiju. No, teško je to nazvati uspjehom jer svake godine imamo dva milijuna novih slučajeva zaraze. Također, od AIDS-a godišnje umire oko dva milijuna ljudi. AIDS definitivno nije pobijeđen! – ustvrdio je Piot koji se na čelu UNAIDS-a družio s nizom svjetskih lidera. U "No Time To Lose" Piot opisuje i svoje poznanstvo s kubanskim vodom Fidelom Castrom s kojim se susreo jedne večeri u Havani u doba kad su jake tropske oluje rezultirale katastrofalnim poplavama na tom karipskom otoku. – Činio se opsjednut brojkama, detaljima oko hektolitara vode koji su pali po četvornom metru svake provincije. No, onda sam mu rekao: Oprostite Commandante, suosjećam s vašim ljudima koji pate zbog poplave, ali ja sam ovdje zbog AIDS-a – rekao je Piot Castru. – Ha! Da, ti taj AIDS momak – odgovorio je Castro upitavši Piota što će popiti. Ovaj je zatražio čašu vode, ali Castro nije dopustio pa su nekoliko sati ugodno pričali uz mojito. A onda je Commandante oko ponoći probudio nekoliko ministara i naredio da se pripremi večera koja je potrajala do dva ujutro.

Zanimalo me tko ga je političara najviše dojmio.

– Na mene najdublji utisak ostavio predsjednik Nelson Mandela, on je uistinu jedinstvena osoba – rekao je Piot koji i u knjizi ističe svoju zadivljenost legendarnim borcem protiv apartheida i prvim crnačkim predsjednikom Južnoafričke Republike. No, s Mandelinim nasljednikom Thabom Mbekijem bilo je mnogo problema. – Peter, znaš li što je naš stvarni problem? Zapadnjačke farmaceutske kompanije pokušavaju otrovati nas Afrikance

– rekao mu je Mbeki koji je tvrdio da HIV ne uzrokuje AIDS. Mbeki je svojim sunarodnjacima u borbi s AIDS-om preporučivao lokalni lijek na bazi češnjaka i mrkvina soka. To je samo pogoršalo ionako dramatičnu situaciju u Južnoafričkoj Republici koja je jedna od zemalja najteže pogođenih HIV/AIDS infekcijom. Istraživanje harvardskih znanstvenika čak pokazalo je da je Mbekijeva negatorska politika rezultirala smrću 330.000 njegovih sunarodnjaka od AIDS-a.

Kako se tijekom Piotove izvanredne karijere Piot osim Ebole i HIV-a pojavilo još 38 novih virusa, zanimalo me koji je po njegovom mišljenju najsmrtonosniji na našem planetu.

– Novi će virusi bez sumnje nastaviti "izranjati", primjerice novi oblici virusa gripe. No, najveća zdravstvena prijetnja danas nije neki virus, nego pretilost, dijabetes i kardiovaskularne bolesti koje su rezultat pušenja, loše prehrane i sjedilačkog načina života – zaključio je Peter Piot.

JL, 15. srpnja 2012.

Carl Zimmer
Prijete nam smrtonosne epidemije podivljalih bakterija!

Carl Zimmer, ugledni znanstveni novinar, očekivao je pošast E. coli, ali ga je iznenadilo to što se radi o novom tipu bakterije

Pojava *patogene bakterije E. coli u povrću u Europi* za mene nije iznenađenje. Slične epidemije zabilježene su u SAD-u, Japanu i još nekim zemljama, i to na različitom povrću. Ono što me iznenadilo jest činjenica da sadašnja epidemija u Europi nije bila izazvana sojevima koji su izazvali prijašnje epidemije. Zapravo, ona je uzrokovana sojem E. coli koji se sve dosad činio bezopasnim – rekao mi je **Carl Zimmer**, poznati američki publicist, novinar i bloger kojega je New York Times nazvao "najistančanijim znanstvenim esejistom u Americi".

Zimmer, autor deset knjiga u kojima se bavi evolucijom te svijetom virusa i mikroba, posljednjih je dana bio jako angažiran. U San Franciscu je predstavljao svoju novu knjigu "Planet of viruses", dok je o smrtonosnoj bakteriji Escherichiji coli pisao u Newsweeku i govorio za BBC. Kada sam naposljetku uspjela doći do Zimmera, ispričala sam mu o panici zbog koje mnogi ljudi u Europi ne kupuju povrće. E. coli jedna je od njegovih fascinacija, pa je toj bakteriji 2008. godine posvetio knjigu "Microscosm: E. coli and the New Science of Life".

Dobra bakterija E. coli

– Prije stotinjak godina znanstvenici su počeli istraživati E. coli kako bi shvatili pravila života. E. coli je živi organizam koji danas najbolje razumijemo na planetu, a za istraživanja bakterije podijeljeno je više desetak Nobelovih nagrada. Želio sam napisati knjigu o tome što to znači biti živ pa je E. coli bila logičan subjekt moje knjige – ispričao je Zimmer.

Ono što vrijedi za E. coli, to vrijedi i za slona, govorio je slavni francuski biolog **Jacques Monod**. Ova se bakterija nalazi u crijevima ljudi i drugih

41

sisavaca, a nekoliko njezinih sojeva genetski je modificirano kako bi radilo za dobrobit čovječanstva.

U laboratorijima diljem svijeta E. coli koristi se kao mikrotvornica: kad joj se daju odgovarajuće instrukcije, bakterija može brzo proizvoditi stotine gena ili specifičnih proteina. E. coli je idealni živi stroj: lako raste, ne zahtijeva mnogo energije niti traži sofisticirane životne uvjete.

Jedan od prvih uspjeha te bakterije u službi čovječanstva jest njezina uloga u proizvodnji ljudskog inzulina. Sedamdesetih godina znanstvenici su u E. coli umetnuli gene odgovorne za kodiranje inzulina. Dotad su dijabetičari ovisili isključivo o inzulinu životinjskog porijekla.

Upitala sam Carla Zimmera je li stoga E. coli naš prijatelj ili neprijatelj.

– To je kao da me pitate jesu li ljudska bića dobra. Moj odgovor je da, nemam čak ni ali. Mnogi su sojevi E. coli bezopasni i mogu se lako istraživati u laboratoriju. Ono što smo naučili od E. coli imalo je goleme pozitivne učinke na medicinu i biotehnologiju. Osim toga, postoje neki sojevi koji su jako blagotvorni u našim tijelima. Oni se daju djeci koja pate od crijevnih bolesti – pojasnio je.

Epidemija u Japanu

No, s druge strane, neki sojevi E. coli nisu nimalo bezazleni te mogu dovesti do hemolitičko-uremičkog sindroma (HUS) praćenog razaranjem crvenih krvnih stanica i zatajenjem bubrega te, u najgorim slučajevima, smrću. Tako je 1996. godine u jednoj školi u japanskom gradu Sakai izbila epidemija izazvana patogenim sojem E. coli, koji dotad nije bio zabilježen u Japanu. Zaraženo je 9000 djece, od kojih je 12 preminulo, a istraga je pokazala da je zaraza potekla iz klica rotkvice uzgojenih na farmi koje su dodavane u obrok od piletine.

Prijetnja čovječanstvu

Prije četiri godine, pak, izbila je epidemija istog soja E. coli u SAD-u. Zaraženo je 276 osoba, od kojih su tri preminule, a laboratorijska je analiza pokazala da je toksična bakterija potjecala iz špinata. No, sadašnja epidemija E. coli, koja je buknula u okolici Hamburga te u protekla dva tjedna usmrtila 31 osobu u Njemačkoj i jednu u Švedskoj, izazvana je novom genetskom varijantom. Dok pišem ovaj tekst, znanstvenici još tragaju za izvorom zaraze. Možemo li slične smrtonosne epidemije E. coli očekivati i u budućnosti, upitala sam Zimmera.

– Novi sojevi patogene E. coli svakako će evoluirati, to je neizbježno. Hoće li oni prouzročiti epidemije velikih razmjera dijelom ovisi o tome što radimo kao društvo – tvrdi.

Carl Zimmer (45), sin bivšeg američkog republikanskog kongresnika iz New Jerseyja Dicka Zimmera, diplomirao je 1987. godine engleski jezik na Sveučilištu Yale. Dvije godine kasnije počeo je raditi u magazinu Discover te surađivati u New York Timesu, Timeu, National Geographicu i Scientific Americanu. Zimmerove knjige u pravilu su bestseleri, a u jednoj od njih, "Parasite Rex", bavio se nekim od najopasnijih parazita na Zemlji.

– Paraziti su jedna od najvećih prijetnji opstanku mnogih organizama. Prema tome, svaka prilagodba koja omogućava otpornost mora biti snažno favorizirana prirodnom selekcijom. Mnogo toga u našem genomu oblikovano je parazitima. I mnogo toga u našem genomu sastoji se od parazita. K tome, seks je sam po sebi mogao evoluirati kao obrana od parazita – istaknuo je Zimmer. Jedna od Zimmerovih teza jest da su i neke dramatične epidemije mijenjale tijek svjetske povijesti.

– Velike boginje su vjerojatno najveća pokora među virusima u ljudskoj povijesti. Ubile su milijarde ljudi. Narodi Novog svijeta mogli su se mnogo efikasnije obraniti od europskih osvajača da ih nisu desetkovale velike boginje – rekao je.

Virusi iz laboratorija

Virus velikih boginja iskorijenjen je 1979. godine, no posljednji uzorci zloglasne variole čuvaju se u laboratorijima centara za kontrolu i prevenciju bolesti (CDC) u Atlanti i Novosibirsku. Već se 15 godina vode žučne rasprave o tome treba li ih uništiti.

– Mislim da ne trebamo uništiti te uzorke. Smatram da o tom virusu još ne znamo dovoljno da bismo se mogli odlučiti za tako radikalan korak i uništiti postojeće uzroke. Jer, što ako postoje rezervoari virusa velikih boginja za koje ne znamo?.

Nije zaplašen mogućnošću da se u laboratorijima stvore novi supervirusi ili superbakterije koji bi se koristili kao oružja masovnog uništenja.

– Priroda je imala nekoliko milijardi godina da kreira sve sojeve takvih čudesnih organizama. U usporedbi s prirodnim, životni oblici koje bi dizajnirali ljudi bili bi prilično pitomi. Zasad – zaključio je Zimmer.

JL, 12. lipnja 2011.

Ron Fouchier
Znanstvenik koji je stvorio najubojitiju gripu

Donedavno dr. **Ron Fouchier**, nizozemski virolog iz Medicinskog centra Erasmus u Rotterdamu, u svom je laboratoriju neometano istraživao viruse HIV-a, SARS-a i gripe. A onda je uslijedila senzacija: na konferenciji o gripi održanoj na Malti krajem rujna 2011. godine, Fouchier je objavio kako je kreirao dosad potencijalno najopasniji oblik virusa ptičje gripe H5N1.

– Stvorili smo vjerojatno jedan od najopasnijih virusa koje možete napraviti – priznao je tada Fouchier. Istaknuo je kako je svega pet mutacija na dva gena bilo dovoljno kako bi se H5N1 među afričkim tvorovima počeo širiti znatno brže od dosad poznatih sojeva. Afrički tvorovi često se koriste u istraživanjima gripe jer na virus infleunce reagiraju na sličan način kao ljudi.

– Virus se među laboratorijskim životinjama širi jednako efikasno kao sezonska gripa – upozorio je Fouchier koji se godinama bavio istraživanjem HIV-a, a onda se zainteresirao za virus ptičje gripe H5N1.

Ptičja gripa poznata je više od 100 godina i sve do 1997. od nje su obolijevali samo perad i ptice. No, prije 15 godina virus H5N1 prvi put je prešao i na čovjeka te ubio 18 ljudi u Hong Kongu. U jesen 2003. godine H5N1 ponovno je počeo harati peradarskim farmama u jugoistočnoj Aziji odnoseći živote ljudi koji su bili u kontaktu sa zaraženom peradi. Kako bi suzbile širenje bolesti, vlade pogođenih zemalja naredile su masovno ubijanje peradi. Iako je ubijeno na stotine milijuna pilića, purana i ostale peradi, bolest nije stavljena pod kontrolu. U jesen 2005. godine opasni virus "probio" se najprije do Rumunjske i Turske, a zatim i do naše zemlje, no srećom kod nas je zarazio samo perad i ptice koji su odmah ubijeni.

Od 2003. godine dosad H5N1 zarazio je 573 ljudi koji su došli u izravan dodir s peradi, od čega je 336 preminulo, što znači da je smrtnost od toga virusa gotovo 60 posto. Usporedbe radi, smrtnost od virusa španjolske gripe, čija je pandemija 1918. godine ubila desetke milijuna ljudi diljem svijeta, iznosila je oko jedan posto. Stoga znanstvenici već desetak godina strahuju da bi H5N1 mogao mutirati u oblik koji se lako prenosi međuljudskim kontakt.

A onda je Ron Fouchier u laboratoriju kreirao sličan virus te izazvao lavinu oprečnih reakcija među znanstvenicima i u javnosti. Nazvavši novi oblik H5N1 "Armageddon virus", neki su kritičari upozorili kako takav virus uopće nije trebalo stvarati jer postoji opasnost da ga zloupotrijebe bioteroristi ili da "pobjegne" iz laboratorija. Kako se polemika oko "Armageddon virusa" s nesmanjenom žestinom vodi već četiri mjeseca, prije nekoliko dana intervjuirala sam Rona Fouchiera.

Zašto ste kreirali tako opasan virus ptičje gripe, upitala sam Fouchiera.

– Napravio sam to iz tri razloga. Prvi je kako bismo upozorili javnost da je nužno biti mnogo agresivniji kako bi se H5N1 virusi iskorijenili u Aziji, na Srednjem istoku i u Africi – rekao je Ron Fouchier. – Također, željeli smo identificirati genetske promjene koje uzrokuju prenošenje u zraku raspršenjem što bi nam pomoglo tijekom izbijanja

H5N1 epidemije te djelovati kao signal upozorenja – dodao je Fouchier.

– Naposljetku, stvorili smo novi soj H5N1 kako bismo mogli kreirati potencijalna cjepiva i antivirusne lijekove – obrazložio je Fouchier ciljeve svoga kontroverznog istraživanja. – Naš rad može povećati šanse da se spriječi nova pandemija gripe. Čak i ako je ne bismo uspjeli spriječiti, naša istraživanja dala bi nam više vremena za izbor najboljeg cjepiva i najučinkovitijih strategija tretmana – naglasio je Fouchier.

Budući da mnogi strahuju kako bi spoznaje o "Aramageddon virusu" mogle dospjeti u neželjene ruke, upitala sam Fouchiera kako su šanse da bioteroristi kreiraju taj oblik H5N1. – Gotovo jednake nuli.

Bioteroristi nemaju vještine i tehničke uvjete koji su nužni kako bi se ponovio naš rad. Njima bi bilo mnogo jednostavnije da se dočepaju nekih jednostavnijih virusa, kojih nose divlje životinje, a zatim ih u velikim količinama proizvedu u svojim garažama – pojasnio je Fouchier.

U međuvremenu, skupina pod vodstvom dr. Yoshihire Kawaoke sa Sveučilišta Wisconsin-Madison, također, je genetski modificirala H5N1. Iako je Kawaokino istraživanje različito od Fouchierova, stvorio je jednako smrtonosan i lako prenosiv oblik H5N1. Kada su u prosincu prošle godine vodeći svjetski znanstveni časopisi Nature i Science najavili kako će objaviti Fouchierovo i Kawaokino istraživanje, razvila se prava drama. Oglasio se i američki Nacionalni znanstveni savjetodavni odbor za biosigurnost (NSABB).

– Ne mogu zamisliti nijedan drugi patogeni organizam koji bi bio toliko zastrašujući kao ovaj. Mislim da u usporedbi s tim ni antraks nije strašan – izjavio je Paul Kelim, predsjednik NSABB-a i stručnjak za biološko oružje. Spoznavši da se bliži objava Fouchierova i Kawaokina istraživanja, NSABB je zatražio od Science i Naturea da cenzuriraju ključnih dijelova tih studija.

To je podijelilo znanstvenu zajednicu: neki istraživači složili su se da je u ovom slučaju nužna cenzura, no bilo je mnogo onih koji su branili načela znanstvenih sloboda.

– Bio sam razočaran nastojanjima da se naša istraživanja cenzuriraju.

NSABB smatra kako su rizici koji proizlaze iz naših istraživanja važniji od prednosti. S druge strane, ja tvrdim kako su rizici minimalni, a da su beneficije našeg rada od goleme važnosti za javno zdravlje – ustvrdio je Fouchier. Zatim je opovrgnuo tvrdnje nekih kritičara koji kažu kako smo u laboratoriju kreirali buduću pandemiju gripe. – Virusi su kompletno sigurni u našem laboratoriju – odlučno je rekao Fouchier.

Ipak, neki znanstvenici upozoravaju kako se u nekoliko navrata virusi pobjegli iz laboratorija. Tako je u kolovozu 1994. godine iz laboratorija na poznatom sveučilištu Yale pobjegao ubojiti virus Sabia. Prenose ga glodavci, a za njega se prvi put saznalo 1990. godine kada je usmrtio jednu ženu u blizini Sao Paula. Nesreća na Yaleu dogodila se u trenutku kada je iskusan istraživač, čije ime nikad nije otkriveno javnosti, razbio spremnik sa smrtonosnim virusom.

Kako je odmah višestruko dezinficirao laboratorijske uređaje, nije nikoga obavijestio o akcidentu nego je otputovao u Boston.

Nakon povratka na Yale shrvala ga je groznica pa se tako saznalo za nesreću. Prije nego što je smješten u bolnicu, neoprezni je znanstvenik zarazio još sedamdesetak osoba, ali se srećom svi izvukli bez većih posljedica. Iz laboratorija je jednom prilikom pobjegao i virus gripe. Bilo je to 1977. godine kada je blagi soj virusa H1N1 izoliran u sjevernoj Kini, a zatim se proširio diljem svijeta. Treba li stoga istraživanja s "Armageddon virusom" obavljati u laboratoriju najviše, 4. razine biosigurnosti (BSL-4) u kakvom se eksperimentira sa smrtonosnim virusima poput ebole i Marburga, upitala sam Fouchiera.

– Ne, tijekom mnogo godina istraživanja H5N1 u laboratorijima 3. razine biosigurnosti (BSL-3) u nizu zemalja, nije bilo incidenata.

Zdanje u kome vodimo naša istraživanja ima uvjete biološke sigurnosti koji daleko iznad običnog BSL-3 laboratorija, pa su šanse za bijeg virusa zanemarive. S druge strane, u svijetu ima malo BSL-4 zdanja pa bi istraživanja sporo napredovala – rekao je Fouchier. On najsmrtonosnijim poznatim patogenom smatra velike boginje koje su 1979. godine iskorijenjene, ali se uzorci toga virusa čuvaju pod specijalnim sigurnosnim mjerama u hladnjacima Centra za kontrolu bolesti (CDC) u Atlanti te u ruskom laboratoriju u Novosibirsku.

Iduća dva mjeseca Ron Fouchier i Yoshihira Kawaoka suzdržat će se od istraživanja jer su pristali na moratorij dok najugledniji svjetski stručnjaci za gripu ne odluče kojim putem dalje. Također, Nature i Science pristali su objaviti redigirani oblik istraživanja u kome se neće otkriti "recept" za stvaranje "Armageddon virusa".

– Šteta što je to bilo potrebno. Naša su istraživanja, posebice u SAD-u, stvorila golemu kontroverzu. Javnost, mediji, znanstveno polje i vlade trebaju malo vremena kako bi o svemu promislili te na pravi način baratali s mogućnostima i izazovima koji proizlaze iz našeg rada. Svima dajemo malo vremena – zaključio je Fouchier.

JL, 29. siječnja 2012.

Luc Montagnier
Znanstvenik koji je otkrio HIV vjeruje da se virus može pobijediti

Postignut je veliki napredak u liječenju AIDS-a, ali to nije dostatno. Naš cilj je pronaći tretman koji će omogućiti da HIV pozitivna osoba nakon nekoliko mjeseci postane negativna – rekao mi je Luc Montagnier, ovogodišnji dobitnik Nobelove nagrade za medicinu i fiziologiju, kada sam ga prije tri godine u Veneciji intervjuirala za Jutarnji list. Kao i svake godine, počevši od 1901., glasoviti Nobelov komitet prvog tjedna u listopadu priopćava dobitnike najvećeg svjetskog znanstvenog priznanja.

Luc Montagnier (76) i njegova kolegica Françoise *Barré-Sinoussi* (61) nagrađeni su za otkriće HIV-a (virus humane imunodeficijencije), uzročnika AIDS-a, dok je njemački znanstvenik Harald zur Hausen (72) Nobelov laureat postao jer je otkrio da human papiloma virus (HPV) uzrokuje rak grlića maternice.

Kada sam jučer na internetu vidjela da je Montagnier jedan od dobitnika najvećeg znanstvenog priznanja, bila sam vrlo radosna, ne samo zato što je Nobelov komitet nakon 25 godina spoznao važnost otkrića HIV-a nego i zato što sam Luca Montagniera dva puta intervjuirala za Jutarnji list: prvi put u siječnju 2001. godine u Parizu, a drugi put krajem rujna 2005. godine u Veneciji.

Fatalna bolest

Luc Montagnier i Françoise Barré-Sinoussi izolirali su HIV u veljači 1983. godine u Institutu Pasteur u Parizu. Bilo je to svega godinu i pol nakon što su u New Yorku i San Franciscu zabilježeni prvi slučajevi smrtonosno narušenog imunološkog sustava homoseksualaca. Fatalna bolest nazvana je AIDS (engleska kratica za Acquiered Immunodeficiency Sindrome, sindrom stečenog nedostatka imuniteta) i ubrzo se proširila diljem svijeta, u početku odnoseći živote homoseksualaca, hemofiličara i intravenoznih narkomana, a zatim su sve češće, posebice u Africi, žrtve bile žene i djeca.

Dok je nova i smrtonosna bolest tada svakodnevno zaokupljala pozornost medija i zastrašivala ljude, znanstvenici u laboratorijima diljem svijeta tragali su za njezinim uzročnikom. Luc Montagnier i Françoise Barré-Sinoussi, iz poznatog pariškog Instituta Pasteur što je ime dobio po Louisu Pasteuru koji je čovječanstvo zadužio otkrićem cjepiva protiv bjesnoće, prvi su otkrili da je uzročnik AIDS-a HIV. Spoznaja da mali, primitivni i perverzni biološki stroj, koji vrlo brzo mutira što onemogućava stvaranje cjepiva, bila je veliko znanstveno otkriće.

'Ukradeno' otkriće

– Nikada prije znanost i medicina nisu tako brzo otkrili i identificirali porijeklo neke bolesti te ponudili tretman kao u slučaju AIDS-a – priopćili su jučer iz Nobelova komiteta. No, otkriće HIV-a bilo je i predmet jedne od najvećih znanstvenih svađa 20. stoljeća. Naime, nekoliko mjeseci nakon što je Montagnier otkrio HIV, virus je izolirao i poznati američki istraživač Robert Gallo koji je zatim drsko prisvojio otkriće.

Izbio je skandal koji je vjerno prikazan i na filmu "A glazba i dalje svira". Ipak, nakon cijelog desetljeća polemika, svađa i sudskih procesa Robert Gallo je Montagnieru priznao prvenstvo otkrića. Dvojica znanstvenika su se nakon toga pomirila, što mi je priznao i Montagnier tijekom intervjua u njegovu uredu u Institutu Pasteur u siječnju 2001. godine.

– Taj je sukob završen i mi smo u dobrim odnosima, čak smo dobili i nekoliko nagrada zajedno – rekao mi je tada Montagnier. Zanimljivo je, međutim, da Nobelov komitet u svom priopćenju nije uopće spomenuo Roberta Galla.

Tijekom našeg prvog susreta Montagnier je bio loše volje jer je noć prije došao s puta, a saznao je i tužnu vijest da mu je umro jedan prijatelj. Ipak, malo se "otkravio" kad sam ga zamolila da mi potpiše knjigu "Des virus et des homes" ("Virusi i ljudi") u kojoj je na više mjesta citirao pokojnog hrvatskog znanstvenika Mirka Dražena Grmeka. Tada mi je rekao da je iznimno cijenio prof. Grmeka koji je preminuo 2000. godine u Parizu.

Mogli bismo živjeti 120 godina

Moj drugi susret s Lucom Montagnierom, koji za sebe tvrdi da je agresivni borac protiv virusa, dogodio se na prekrasnom otoku San Giorggio Maggiore u Veneciji tijekom Prve konferencije o budućnosti znanosti. Tada sam napravila paralelni intervju sa šest poznatih svjetskih znanstvenika, među kojima je bio i Luc Montagnier, tada professor emeritus i direktor Svjetske zaklade za istraživanje i prevenciju AIDS-a.

Odgovarao je na različita pitanja pa mi je tako rekao da smatra da je naj-veća prijetnja našem planetu demografski rast, da bi želio da se smanji jaz između znanstvenika i javnog mnijenja te da vjeruje kako bi ljudi mogli živjeti 120 godina. Tada je Montagnier bio dobre volje pa je priznao da je u mladosti mnogo čitao Julesa Vernea i ruske pisce znanstvene fantastike, što je utjecalo na njegovu odluku da se bavi i znanošću. Bio je čak i duhovit.

– Bilo bi super kada bi fizičari izmislili nove vidove putovanja, primjerice let brzinom svjetlosti – rekao je u šali kad sam ga pitala hoće li ljudi kolo-nizirati druge planete u 21. stoljeću. Nije mu manjkalo optimizma jer je baš kao i četiri godine ranije bio uvjeren u pobjedu znanosti nad AIDS-om, protiv kojega još nema efikasnog cjepiva, ali zahvaljujući kombinaciji razli-čitih lijekova (nažalost skupih i nedostupnih siromašnima) oboljeli mogu voditi relativno normalan život.

Od 'upoznavanja' HPV-a do cjepiva

Harald zur Hausen (72), professor emeritus Njemačkog centra za istraži-vanje raka u Heidelbergu, nagrađen je za svoje otkriće da human papiloma virus (HPV) izaziva rak grlića maternice. Otkriće prof. zur Hausena omo-gućilo je drugim znanstvenicima da razviju cjepivo protiv HPV-a koje se danas u nizu zemalja preventivno daje tinejdžericama da bi se prevenirao rak grlića maternice. Harald zur Hausen dobio je polovicu od 1,4 milijuna dolara nagrade, a drugu polovicu dijele Montagnier i *Barré-Sinoussi*.

JL, 7. listopada 2008.

Craig Timberg
Pogrešno je sve što znamo o AIDS-u. Tu užasnu bolest stvorile su kolonijalne sile koje su porobile Afriku

Kolonijalizam koji su europske sile nametnule Africi odgovoran je za **početak širenja HIV/AIDS infekcije još prije 100 godina**, temeljna je poruka knjige "Tinderbox: How the West Sparked AIDS Epidemic and How the World Can Finally Overcome It" objavljene prošli tjedan.

Ova provokativna knjiga zajedničko je djelo epidemiologa **Daniela Halperina**, stručnjaka za AIDS sa Sveučilišta North Carolina i novinara **Craiga Timberga**, bivšeg dopisnika Washington Posta iz Južnoafričke Republike, jedne od zemalja koje su najviše pogođene HIV/AIDS infekcijom.

Početak epidemije

Kako me AIDS intrigira od mojih prvih novinarskih dana krajem osamdesetih godina, javila sam se **Craigu Timbergu** koji je od 2004. do 2008. godine vodio dopisništvo u Johannesburgu te pratio događaje u dvadesetak afričkih zemalja. Spomenula sam mu kako sam i ja 2002. godine boravila u Johannesburgu gdje me duboko dirnula spoznaja kako AIDS tamo odnosi živote mladih ljudi, posebice žena i djece. Na početku, upitala sam Timberga znamo li danas kako se pojavio AIDS.

– Vjerojatno nikad nećemo znati sve detalje o tome kako je počela epidemija AIDS-a. No, danas znamo da je ishodište te bolesti u južnom Kamerunu, gdje su znanstvenici našli čimpanze koje nose virus praktički identičan HIV-u – rekao mi je Timberg, navodeći studiju objavljenu 2006. godine u Scienceu.

To su istraživanje vodili Beatrice Hahn sa Sveučilišta Alabama i Paul Sharp sa Sveučilišta Edinburgh koji su strpljivo skupljali izmet čimpanzi u džunglama južnog Kameruna. Upravo je analiza toga izmeta pokazala da je HIV direktni potomak virusa SIV koji je stoljećima mirno živio u kamerunskim čimpanzama. A onda je taj virus prešao na čovjeka i počeo svoj smrtonosni pohod.

– Gotovo je sigurno da se prvi čovjek zarazio HIV-om loveći čimpanzu kako bi je pojeo. Zaklao je čimpanzu, a njezin virus SIV vjerojatno je ušao u čovjeka preko neke posjekotine, možda na ruci. Kao što znamo, klanje životinja obiluje krvlju, a posjekotine su česte. Nakon što je ušao u ljude, virus je mutirao i postao HIV – pojasnio je Timberg.

On smatra da se prijelaz virusa s čimpanzi na čovjeka dogodio više puta tijekom proteklih stoljeća, ali područje južnog tada Kameruna bilo je potpuno izolirano od vanjskog svijeta. Sve do kraja 19. stoljeća kada su europske sile krenule u brutalnu kolonizaciju Afrike.

– **Genetičari smatraju da se pretvorba SIV-a u HIV dogodila između 1884. i 1924. godine,** najvjerojatnije 1908. godine. To je bila kulminacija kolonijalističkih osvajanja na tim područjima, doba kada su parobrodi, ceste i željezničke pruge doveli do golemog novog kretanja kroz mjesta koja su ranije bila izolirana od svijeta.

Velika je šansa da su među prvim osobama zaraženim HIV-om bili radnici koji su nosili slonovaču, gumu i druga dobra kroz džunglu. Njih su na taj mukotrpni rad tjerali dobro naoružani pripadnici kolonijalnih vojski – rekao je Timberg.

Sifilis iz Europe

Trgovinu gumom u južnom Kamerunu pratile su pošasti poput velikih boginja, bolesti spavanja i raznih kožnih infekcija, a ubrzo su afrički radnici, praktički robovi, bili zaraženi sifilisom koji su im donijeli Europljani.

Istodobno, HIV, kojim su se u džunglama južnog Kameruna zarazili neki od radnika, a zatim ga prenijeli svojim partnericama, parobrodom se preko rijeka Sanghe i Konga prikrao hektičkom i gusto naseljenom gradu punom vreve i energije. Bila je to Kinshasa, tadašnji Leopoldville. Kinshasa je bila "ground zero" za HIV/AIDS epidemiju, tvrde autori knjige "Tinderbox".

– Bio je to prvi veliki grad u bazenu rijeke Kongo, a beligijski kralj Leopold II. po kome je dobio ime, naredio je njegovu gradnju 1881. godine. HIV je putovao od južnog Kameruna i stigao do Leopoldvillea početkom 20. stoljeća.

Tamo je kombinacija napučenosti stanovništva, modernog prometa i prostitucije naveliko pomogla širenju brojnih spolno prenosivih bolesti. Primjerice, duž glavnih trgovačkih ruta kolonijalnog Konga harale su epidemije gonoreje i sifilisa. Nitko nije znao u to doba, ali HIV se također širio duž istih ruta – rekao je Timberg.

Dolazak na Zapad

Prvi slučajevi infekcije na Zapadu zabilježeni su u ljeto 1981. godine u New Yorku i San Franciscu kod homoseksualaca čiji je imunološki sustav bio smrtonosno narušen. Fatalna bolest nazvana AIDS (engleska kratica za Acquiered Immunodeficiency Sindrome, sindrom stečenog nedostatka imuniteta) ubrzo se proširila diljem svijeta, u početku odnoseći živote homoseksualaca, hemofiličara i intravenoznih narkomana, a zatim su sve češće, posebice u Africi, žrtve bile žene i djeca. U veljači 1983.godine francuski znanstvenici Luc Montagnier i Francoise Barre Sinoussi u Institutu Pasteur u Parizu otkrili su da je uzročnik AIDS-a virus humane imunodeficijencije (HIV), a za to otkriće nagrađeni su Nobelovom nagradom za medicinu 2008. godine. Kasnije su znanstvenici uočili da je HIV sličan SIV-u koji nose afričke čimpanze, ali sve do studije Beatrice Hahn i Paula Sharpa nisu sa sigurnošću mogli reći gdje je i kako virus skočio na čovjeka i postao zloglasni ubojica koji je dosad odnio živote više od 25 milijuna ljudi. Dugo je bila omiljena teorija zavjere da je HIV rezultat američkih i europskih medicinskih intervencija u Africi sredinom 50-ih godina. Prije 12 godina britanski novinar Edward Hooper, bivši dopisnik BBC-a iz Afrike, objavio je intrigantnu knjigu "The River" u kojoj je ustvrdio kako je fatalni virus s majmuna na čovjeka prešao 1958. godine kada su tisuće ljudi uz rijeku Kongo primile eksperimentalno cjepivo protiv dječje paralize u čijem su pripremanju korišteni bubrezi majmuna. Prema Hooperovoj teoriji, koja je 2003. godine odbačena, čimpanze su nosile SIV, koji je zatim putem cjepiva ušao u čovjekov organizam, mutirao i postao zloglasni HIV. Upitala sam Timberga što misli o knjizi "The River", koja je tako dobro napisana da sam je prije desetak godina pročitala u jednom dahu.

– To je vrlo zanimljiva knjiga, ali je također pogrešna na nekoliko krucijalnih načina. Hooperov vremenski okvir i predložena metoda prijenosa virusa tijekom kampanja cijepljenja u Africi, naravno, nisu točni. No, Hooper je napravio izvanredan istraživački posao koji je doveo do nekih novijih otkrića koje smo Daniel Halperin i ja iznijeli u našoj knjizi 'Tinderbox' – rekao je Timberg.

Zašto je kolonijalizam odgovoran za širenje HIV/AIDS infekcije u Africi, upitala sam Timberga.

– Kolonijalizam je bio ključni čimbenik u rađanju epidemije AIDS-a u Africi, iako ne samo on. Virus je već postojao među čimpanzama u južnom Kamerunu. No, kolonijalizam je donio gusto naseljena mjesta i promet dugog dometa, što je bilo esencijalno za širenje HIV-a – rekao je Timberg.

– Nadalje, kolonijalizam je potkopao tradicionalna društvena i bračna pravila te potaknuo stvaranje seksualne kulture koja posebice pomaže u širenju bolesti. Kada ljudi u isto vrijeme imaju više od jednog seksualnog partnera, stvara se mreža koja je neobično učinkovita u širenju HIV-a. Upravo to se dogodilo tijekom društvenog potresa koji je kolonijalizam izazvao u Africi – dodao je Timberg.

Promjena ponašanja

Subsaharska Afrika i danas je najpogođenija HIV/AIDS epidemijom koja tamo svake godine odnese milijun života. Ipak, neke su afričke zemlje bile uspješne u borbi s tom bolešću.

– Najpoznatiji je uspjeh Ugande čiji su lideri pravilno okarakterizirali AIDS kao smrtonosnu i neizlječivu bolest koja se prenosi seksualnim putem. Uganda je spoznala da je najbolji način borbe s bolešću promjena seksualnog ponašanja te je lansirala kampanju "Zero Grazing" u kojoj je apelirala na ljude da se vežu za svoje glavne partnere i odustanu od promiskuitetnog ponašanja. Mnogi su poslušali. To ne znači odustajanje od seksa, nego jednostavno imati manje seksualnih partnera. Kada se to dogodi u cijelom društvu, seksualna mreža koja širi bolest slabi i HIV-om se zarazi manji broj ljudi – pojasnio je Timberg.

– Neke afričke zemlje imaju programe u kojima se muškarcima nude usluge sigurnog obrezivanja. To je jako važno jer je vjerojatnost da obrezani muškarci zaraze svoje partnerice HIV-o mnogo manja. Epidemija AIDS-a poprimila je najgore razmjere u onim sredinama gdje se obrezivanje muškaraca, drevna tradicija u većini dijelova Afrike, više ne prakticira – zaključio je Timberg.

JL, 11. ožujka 2012.

III. MOLEKULARNA BIOLOGIJA I GENETIKA

Craig Venter
Ludo me zanimaju hrvatske bakterije

Godinama razmišljam o tome što je život i može li ga se stvoriti ni iz čega. Sada je moj tim na korak do stvaranja prvih sintetskih oblika života – obratio se novinarima Craig Venter, jedan od najpoznatijih i najkontroverznijih znanstvenika današnjice.

Bilo je to u nedjelju popodne u otmjenom ambijentu bivšeg samostana na otoku San Giorgio Maggiore u Veneciji. "Čovjek koji se igra Boga", kako Ventera često opisuju u medijima, došao je u Veneciju na otvaranje 5. konferencije o budućnosti znanosti posvećene DNK revoluciji. Iako su na konferenciju stigli mnogi ugledni znanstvenici, sva pažnja novinara bila je usmjerena na **Craiga Ventera**.

'Deblji nego na slikama'

– Izgleda deblji nego na slikama – prokomentirao je moj talijanski kolega dok nam se Venter približavao u društvu svoje glasnogovornice i sadašnje partnerice Heather Kowalski (iza njega su dva braka) te Kathleen Kennedy, kćerke Roberta Kennedyja, koja je jedan od organizatora konferencije.

– Stigao sam danas iz Barcelone gdje je sada usidren moj brod Sorcerer II koji je prethodno plovio Sjevernim morem. Ostajem nekoliko sati u Veneciji, a zatim letim u Los Angeles. No, idućeg proljeća Sorcerer II uplovit će u Jadran u potrazi za specifičnim bakterijama koje žive ovdje – ukratko je opisao Venter svoj frenetični životni ritam koji bi teško slijedili i mnogo mlađi ljudi. Ipak, taj 63-godišnji Amerikanac nije pokazivao ni trunke umora.

Izdržljivost je oduvijek bila osobina Johna Craiga Ventera. Rođen je u Salt Lake Cityju u vojničkoj obitelji, ali je odrastao u San Franciscu. Škola ga nije osobito zanimala pa je, umjesto učeći, većinu vremena provodio na jedrenju i surfanju. No, izrazito inteligentan, Venter je s lakoćom svladavao školske prepreke te se sredinom šezdesetih godina prijavio u mornaricu gdje je pohađao medicinski tečaj.

Onda mu se život izmijenio iz temelja. Razočarao se u ljubavi, a zatim odbio izvršiti naredbu časnika, zbog čega je završio na vojnom sudu. Poslan je u Vijetnam gdje je godinu dana radio kao bolničar u poljskoj bolnici u Da Nangu. Bilo je to traumatično iskustvo: oko njega su svakodnevno umirali vojnici, a i sam je jedva izbjegao smrt kada je raketa pala blizu njegove spavaonice. U svojoj autobiografiji "A Life Decoded" Venter je priznao da je u Vijetnamu bio duboko depresivan te je odlučio počiniti samoubojstvo. Jednog jutra otišao je na plivanje s namjerom da se više ne vrati.

– Koga vraga ja to činim – zapitao sam se i odlučio vratiti natrag da bih nastavio život – zapisao je Venter. Shvativši da je "život poklon", nakon povratka u SAD diplomirao je, a zatim doktorirao fiziologiju i medicinu na Sveučilištu California u San Diegu. Posvetio se znanstvenom radu, a sredinom osamdesetih zaposlio se na Nacionalnom institutu za zdravlje (NIH) gdje su tada počele pripreme za pokretanje projekta Ljudski genom, čiji je cilj bio očitati čovjekov genetski kod. No, početkom devedesetih Venter je ogorčen napustio projekt i utemeljio svoj institut.

Akademska zajednica

– Moj tim razvio je metodu koja omogućava vrlo brzo sekvencioniranje genoma, tzv. shotgun sequencing. No, u akademskoj zajednici nisu prihvatili moju metodu i nisam mogao dobiti državna sredstva za financiranje istraživanja – ispričao nam je Venter. Kada je 1995. godine prvi sekvencirao genom bakterije Haemophilus influenzae, pojavio se interes za njegovu metodu.

– Jedna mi je tvrtka dala 300 milijuna dolara kako bih sekvencirao ljudski genom brže od akademskih istraživača. Bio sam uvjeren da to možemo učiniti za tri godine, umjesto za 15 godina koliko je trebao trajati projekt Ljudski genom. No, trebalo nam je devet mjeseci – prisjetio se Venter povijesnih trenutaka iz travnja 2000. godine, kada je njegova bivša biotehnološka tvrtka Celera Genomics prva sekvencirala ljudski genom. Bila je to pljuska vojsci više od 1000 akademskih istraživača koji su još od 1989. godine radili na projektu Ljudski genom. Pobijedio ih je znanstvenik čiju su metodu prezrivo ismijali.

U Clintonovu društvu

– To je problem svuda u svijetu i ni Amerika nije imuna. Imate novu ideju, ali ne možete dobiti sredstva za njezin razvoj. No, srećom, u Americi imamo privatni sektor koji je spreman investirati i riskirati. Ponekad se i previše riskira, što smo uvidjeli tijekom sadašnje funancijske krize – rekao je Venter nasmijavši se.

Zvjezdani trenuci koje je proživljavao, nakon što je u društvu tadašnjeg predsjednika Clintona i svoga rivala Francisa Collinsa predstavio nacrt "Knjige života", nisu ga uspavali.

– Mnogi su me tada željeli vidjeti u mirovini. Ali, ja sam razmišljao o uzbudljivim područjima istraživanja gdje bismo mogli primijeniti naše metode.

Kako sam moreplovac cijeli život, a moja je radoznalost prema životu u oceanima uvijek bila velika, s brodom Sorcerer II krenuo sam istraživati genome mikroorganizama. Sekvenciranje DNK je ekvivalent Galilejevu teleskopu, omogućava vam da vidite ono što nitko prije vas nije vidio – ispričao je Venter koji je poput novovjekog Darwina gotovo pet godina plovio svjetskim morima otkrivajući nove gene. – Tijekom nekoliko godina ekspedicije Sorcerer II otkrili smo 20 milijuna novih gena – naglasio je Venter koji je 15 godina zaokupljen stvaranjem života u laboratoriju.

Softver života

– Prije nekoliko godina kreirali smo prvi virusni genom, a nakon toga smo dokazali da je DNK softver života. Sada imamo sposobnost razvijati taj softver kako bismo dobili stanice koje će za nas raditi ono što želimo. Primjerice, sintetski oblici života mogli bi se koristiti za dobivanje biogoriva, za pročišćavanje vode ili za proizvodnju antibiotika pomoću kojih će se suzbiti nove infekcije na planetu – ispričao je Craig Venter. Nedavno je s naftnim divom Exxonom započeo projekt razvoja biogoriva iz genetski modificiranih algi. Upitala sam ga mogu li se sintetski organizmi koristiti u borbi protiv globalnog zagrijavanja.

– To je važno pitanje i posvetili smo mnogo vremena njegovu rješavanju. Naš cilj je da uz pomoć sintetskih bakterija zarobimo suvišni ugljični dioksid iz atmosfere, ali i iz velikih izvora tog plina, poput rafinerija nafte. Željeli bismo zatim zarobljeni ugljični dioksid pretvoriti natrag u gorivo – objasnio je Venter koji je prošle godine kreirao sintetski kromosom. Nedavno je Venterov tim, koji ima 400 znanstvenika, uspješno transferirao genom jedne vrste bakterije u stanicu kvasca, modificirao ga i zatim transplantirao u drugu bakteriju.

– Optimistično vjerujem da bismo prvi sintetski oblik života mogli kreirati do kraja godine – rekao je Venter i zatim u šali dodao: – Ali, to sam rekao i prošle godine.

Korist i za siromašne

Craig Venter naglasio je da će korist od novih tehnologija imati cijeli svijet, a ne samo bogati.

– Naša je nada da će utjecaj novih tehnologija na globalnoj razini biti vrlo brz te da će možda zemlje u razvoju imati čak i više koristi od njih. Tijekom moga života svjetska se populacija tri puta povećala i fundamentalni problem današnjeg svijeta jest stvoriti dovoljno hrane, čiste vode, goriva, lijekove za cjelokupno čovječanstvo. U idućih 30 do 40 godina svjetska će populacija narasti za 50 posto, što je golemi izazov s kojim se ljudska civilizacija nikad nije suočila. Bez novih tehnologija nemamo mogućnosti da osiguramo egzistenciju za sve te ljude. Ohrabrujuće je što smo prvi put u povijesti mi znanstvenici limitirani samo vlastitom maštom, a ne financijskim resursima – rekao je Venter.

– Profesore Venter, zašto još niste dobili Nobelovu nagradu? – upitao je jedan kolega.

– Ne znam, možda zato što sam još vrlo mlad. Nadam se da ću je naposljetku dobiti – rekao je Venter smijući se.

JL, 26. rujna 2009.

Kari Stefansson
Moja domovina, moj laboratorij

Odakle ste? Idete li na Island na odmor – upitala me bucmasta crvenokosa djevojčica u avionu koji je letio s londonskog Heathrowa prema islandskoj zračnoj luci Keflavik.

Djevojčica, stara oko 14–15 godina, bila je dio skupine mladih Islanđana koji su se vraćali s izleta u Englesku. Objasnila sam joj da sam iz Hrvatske i da u Reykjavik putujem kako bih intervjuirala znanstvenika Karija Stefanssona (58).

– Oh, pa on istražuje DNK Islanđana kako bi otkrio nove lijekove. Želim vam puno uspjeha i ugodan boravak u našoj zemlji – rekla je djevojčica kojoj je, poput većine Islanđana, dobro poznato ime Karija Stefanssona.

Naime, Kari (na Islandu izgovaraju Kauri) Stefansson je nakon rock pjevačice Bjork najpoznatiji Islanđanin na svijetu. Utemeljitelj i direktor biotehnološke tvrtke deCode Genetics, usmjerene na istraživanje genetske osnove najčešćih bolesti koje pogađaju Islanđane kako bi se razvili novi lijekovi, nedavno je u izboru magazina Time proglašen jednim od 100 najutjecajnijih ljudi na svijetu. No, Stefansson nije nimalo impresioniran tim izborom.

– Ah, to je glupost, pokupiti tako ljude s raznih strana i utrpati ih na jednu listu. Uopće mi nije jasno čemu takva lista – s neprikrivenom arogancijom rekao mi je drugo jutro Kari Stefansson.

Taj visoki, sijedi i markantni muškarac, odjeven u traperice, crnu majicu i crni sako, dočekao me u svom uredu u deCode Geneticsu. Atraktivna zgrada, sva u metalu, staklu i tamnom drvetu, nalazi se u novoj četvrti Reykjavika gdje se iz centra grada, pješačeći uz jezero Tjorn, stigne za oko pola sata. Biotehnološka tvrtka deCode Genetics simbol je modernog Islanda, jedne od tehnološki najnaprednijih zemalja svijeta.

Dolazak u deCode Genetics zacijelo je moj najdulje planirani novinarski zadatak. Naime, još 1999. godine u talijanskom sam časopisu Panorama pročitala izvanrednu priču o Kariju Stefanssonu koji je 1996. godine utemeljio tvrtku deCode Genetics kako bi, istražujući "islandske gene", otkrio uzročnike niza čestih bolesti koje pogađaju ne samo Islanđane, nego i ostale narode.

Rođen je u Reykjaviku u obitelji poznatog pisca i političara Stefana; na Islandu se ljude oslovljava imenom, a prezime se derivira iz očeva imena pa je tako Kari Stefansson zapravo Kari, Stefanov sin. Unatoč očevoj želji da postane pisac, mladi je Kari diplomirao medicinu na Islandu, a zatim se uputio u Ameriku gdje je na sveučilištima Chicago i Harvard predavao neurologiju i neuropatologiju.

Tijekom američke karijere Stefansson je najvećim dijelom bio usmjeren na neurološke bolesti, a prema vlastitom priznanju, kao neuropatolog "secirao je čak 10.000 mozgova". No, 1996. godine vratio se na rodni Island.

– Nakon 25 godina akademske karijere bio sam pomalo zasićen i postalo mi je dosadno. U to doba biotehnologija se počela ubrzano razvijati i postalo je moguće istraživati velik broj gena odjednom. Kako je kod izoliranih populacija lakše tragati za genima povezanima s bolestima, Island mi se činio dobar teren za takva istraživanja – rekao je Kari Stefansson koji je tvrtku pokrenuo s desetak milijuna dolara početnog kapitala i desetak zaposlenih.

Danas ta tvrtka ima nekoliko stotina zaposlenih te predstavništva u New Yorku, Brigtonu i Bostonu.

Oko 300.000 Islanđana jedna su od najhomogenijih nacija na svijetu jer su se do kraja Drugoga svjetskog rata iznimno rijetko miješali s ostalim narodima. Smješten na pola puta između Europe i Amerike, "otok leda i vulkana" do prije 1100 godina bio je potpuno nenaseljen.

– Naseljavanje Islanda počelo je između 870. i 930. godine. Muški doseljenici uglavnom su bili Vikinzi iz Norveške, a žene uglavnom s britanskih otoka. To su pokazala i genetska istraživanja islandske populacije. Analiza prema muškoj liniji pokazala je da 70 posto Y kromosoma na Islandu potječe iz zapadne Norveške, a analiza po ženskoj liniji pokazala je da je 70 posto islandskog mitohondrijskog DNK keltskoga podrijetla – pojasnio je Stefansson.

Izolirani i osamljeni, Islanđani su se u prošlosti nekoliko puta suočili s golemim katastrofama koje su odnijele živote velikog broja stanovnika. Tijekom strašne epidemije kuge od 1402. do 1404. godine nestala je polovica Islanđana, epidemija velikih boginja 1708. usmrtila je trećinu pučanstva, a glad, posljedica erupcije vulkana 1783. godine, usmrtila je četvrtinu stanovništva.

Više od 1000 godina samoće bez miješanja s drugim nacijama stvorilo je od Islanđana "jednu veliku obitelj" u kojoj je tragove bolesti moguće slijediti stotinama godina unatrag. Jedan od temelja istraživanja u deCode Genetics jest i bogata genealogija (zapisi i priče o podrijetlu pojedinaca i obitelji).

Prvi popis stanovništva proveden je 1703. godine, a njegovi su rezultati dostupni i danas. Islanđani ne samo da pažljivo čuvaju svoje genealoške zapise, nego su i opsjednuti istraživanjem svojih obiteljskih stabala čije je korijene moguće slijediti sve do 10. stoljeća. Zacijelo nijedna nacija na svijetu nema tako pedantno očuvane genealoške baze, što je "lovcima na devijantne gene" neprocjenjivo važno.

– U deCode Geneticsu istražujemo genetiku i patologiju 50 različitih i često zastupljenih bolesti. Pritom istraživanja genetske osnove bolesti kombiniramo s proučavanjem genealogije našeg naroda. Naša kompanija posjeduje kompjutorsku bazu u kojoj je genealogija cijele nacije. To je važno zato što je za istraživanja u humanoj genetici bitno kako su se genetske informacije prenosile s jedne generacije na drugu – pojasnio je Kari Stefansson.

Zanimljiv primjer koji pokazuje kako se genetska istraživanja kombiniraju s genealoškim jest "stablo astme" koje mi je tijekom obilaska kompanije pokazala molekularna biologinja Berglind Olafsdottir, glasnogovornica deCode Geneticsa. Naime, kako bi otkrili gene koji su odgovorni za sklonost toj bolesti, istraživači su od islandskih liječnika dobili medicinske kartone svih astmatičnih pacijenata na otoku. Usporedba s podacima iz genealoške baze rezultirala je zanimljivom spoznajom: svi Islanđani koji pate od astme, vuku podrijetlo od zajedničkog pretka rođenog 1710. godine.

Pozivu Karija Stefanssona da sudjeluju u jedinstvenom znanstvenom eksperimentu odazvali su se mnogi Islanđani.

– Proteklih godina detaljne genetske i medicinske informacije prikupili smo od više od 120.000 Islanđana, što je oko 60 posto odrasle populacije. Kako bismo potvrdili naše rezultate diljem svijeta, prikupili smo kontrolne uzorke i medicinske informacije više od 120.000 pacijenata iz SAD-a, Europe i Azije – pojasnio je Stefansson.

Tijekom proteklih desetak godina znanstvenici deCode Geneticsa identificirali su 15 genetskih varijanti povezanih s različitim bolestima, uključujući astmu, tumore prostate i dojke, shizofreniju, dijabetes tipa 2, moždani udar i infarkt miokarda. Upravo ta otkrića temelj su za razvoj novih lijekova, a na tim projektima deCode Genetics surađuje s nekoliko poznatih farmaceutskih kompanija, uključujući Roche, Merck i Bayer. Najdulja je suradnja s kompanijom Roche, a počela je 1998. godine kada je švicarski farmaceutski div investirao početnih 200 milijuna dolara. Nekoliko najnaprednijih deCodeovih istraživačkih programa već je u fazi kliničkih ispitivanja, poput dviju supstanci (DGO31 i DG051) koje bi se koristile kod srčanog udara, DG041 u liječenju arterijske tromboze i CEPH-1347 za tretman astme.

U deCodeu se ove godine mogu pohvaliti nizom novih spoznaja i otkrića, publiciranih u vodećim svjetskim znanstvenim časopisima. Tako su deCodeovi istraživači početkom travnja na kromosomu 8 identificirali dva genetska čimbenika povezana s povećanim rizikom za nastanak raka prostate, što će tijekom idućih nekoliko godina rezultirati dijagnostičkim testom za taj tumor.

Kada sam početkom srpnja posjetila deCode, u kompaniji je vladalo veliko uzbuđenje i zbog dva nova rada koji su dan ranije objavljena u prestižnim časopisima Nature i Nature Genetics. Studija u Nature Geneticsu, u koju je bilo uključeno 3500 pacijenata te više od 14.000 zdravih osoba s Islanda, iz Španjolske, Nizozemske i SAD-a, razotkriva nove čimbenike rizika povezane s rakom prostate.

– Otkrili smo na kromosomu 17 dvije nove genetske varijante povezane s rakom prostate. Rizik od raka povezan s tim varijantama je relativno malen, no kako su ti čimbenici često zastupljeni, procjenjuje se da imaju ulogu kod trećine slučajeva raka prostate. Posebno je intrigantno što je jedna od tih varijanti istodobno povezana sa smanjenim rizikom nastanka dijabetesa tipa 2 – pojasnio je Kari Stefansson kojega su to jutro zvali brojni novinari dok je kolega s jednog britanskog portala čekao da završim razgovor.

No, sudeći prema ambiciozno zamišljenom planu Karija Stefanssona da razotkrije genetske čimbenike za cijeli niz bolesti, novih otkrića i novinara uvijek željnih uzbuđenja neće manjkati ni idućih godina.

Znanstvenici deCode Gencticsa identificirali su 15 genetskih varijanti povezanih s različitim bolestima, uključujući astmu, tumore prostate i dojke, shizofreniju, dijabetes tipa 2, moždani udar i infarkt miokarda. Upravo su ta otkrića temelj za razvoj novih lijekova.

Islanđani, kojih je oko 300.000, jedna su od najhomogenijih nacija na svijetu. Više od 1000 godina samoće stvorilo je od Islanda 'jednu veliku obitelj' u kojoj je tragove bolesti moguće utvrditi stotinama godina unatrag.

Svi Islanđani astmatičari vuku podrijetlo od zajedničkog pretka rođenog 1710.

Genetska groznica

Iako su brojni Islanđani s mnogo entuzijazma pristali sudjelovati u istraživanjima, nije sve išlo glatko i bez kontroverzi.

Kada je utemeljio deCode, Kari Stefansson zatražio je dozvolu islandske vlade za delikatna istraživanja koja su uključivala uzimanje povjerljivih genetskih i medicinskih podataka pojedinaca te pristup genealoškim bazama, ali našao se na udaru niza kritika.

Islanđani su prvo negodovali zbog davanja genetskih podataka privatnoj tvrtki, a kasnije su se otimali za njezine dionice

Mnogi su tada smatrali nedopustivim da se podaci o pojedincima daju u ruke privatnoj tvrtki koja će od toga, u suradnji s inozemnim farmaceutskim divovima, napraviti profit. Nakon burne rasprave islandski Althing, najstariji parlament na svijetu (utemeljen 930. godine), odobrio je Stefanssonova istraživanja, uz strogo jamstvo da će se poštovati privatnost svakog pojedinca.

Krajem 90-ih Islanđane je zahvatila prava "genetska groznica" pa su masovno kupovali deCodeove dionice na sivom tržištu dionica. No, nakon nekoliko godina te su dionice vrijedile samo desetinu početne cijene pa su mnogi Islanđani ostali bez pozamašnih svota novca. U međuvremenu je kompanija deCode Genetics svoje dionice izlistala na NASDAQ-u, američkoj burzi specijaliziranoj za biotehnološke tvrtke. U prvom tromjesečju ove godine ostvarila je prihode u iznosu od 8,6 milijuna dolara.

JL, 21. srpnja 2007.

Aubrey de Grey
Uspjet ću izliječiti starost i doživjeti 1000 godina

'Priroda nije imala motiv učiniti nas besmrtnima. Zato je tu medicina.'

Želite li živjeti 150 godina? **Ako je vjerovati kontroverznom britanskom znanstveniku Aubreyju de Greyu, pojava prpošnih i čilih 150-godišnjaka samo je pitanje trenutka.**

– Čovjek koji će doživjeti 150 godina već je među nama. A za dvadesetak godina mogli bi se roditi i prvi ljudi koji će doživjeti 1000 godina – izjavio je Aubrey de Grey novinarima u ponedjeljak navečer u Londonu. Kao i mnogo puta dosad, Greyeve izjave munjevitom su brzinom obišle svijet, pa mi je već u utorak ujutro urednik izrazio želju da napravim intervju s njim.

– Baš će mi se De Grey javiti. Samo čeka novinarku Jutarnjeg lista – promrmljala sam, misleći u sebi kakvih se sve nemogućih misija neće dosjetiti moji urednici. Ipak sam se bacila u potragu za de Greyem te mu poslala e-mail s molbom za intervju. Na moje veliko iznenađenje, Aubrey de Grey javio se već nakon nekoliko sati i pristao na intervju.

– Zainteresirao sam se za probleme starenja kada sam spoznao da će se teško naći biolozi koje to zanima. Zato sam im odlučio pomoći – rekao mi je Aubrey de Grey, koji je po zanimanju kompjutorski znanstvenik, a slovi kao jedan od medijski najeksponiranijih predstavnika "klana besmrtnika".

Riječ je o skupini znanstvenika, inovatora i futurologa koji smatraju da se ljudski vijek može višestruko produljiti od sadašnjeg biološkog limita, koji se kreće oko 120 godina (rekorderka je Francuskinja **Jeanne Calment** koja je 1997. godine preminula nakon što je navršila 122 godine i 164 dana).

Živopisna pojava

No, Aubrey de Grey pozornost privlači ne samo svojim spektakularnim izjavama o dugovječnosti, nego i živopisnom pojavom. Mršav, duge kose svezane u rep, i brade koja mu dopire do sredine trbuha, De Grey sliči na modernu inačicu ruskog mistika **Grigorija Raspućina**.

Rođen je i odrastao u Cambridgeu. Oca nikad nije upoznao, a njegova majka bila je umjetnica koja je poticala dječakov interes za matematiku i prirodne znanosti. Nakon što je 1985. godine diplomirao kompjutorske znanosti, počeo je raditi kao softverski inženjer te istraživač na polju umjetne inteligencije.

Godinu kasnije upoznao je **Adelaide Carpenter**, američku molekularnu biologinju koja je zbog braka s De Greyem napustila stalnu profesorsku poziciju na Sveučilištu California te se preselila u Cambridge. Brak s Adelaide potaknuo je Aubreyjev interes za molekularnu biologiju te je sredinom devedesetih godina počeo objavljivati prve radove na tom području.

Zatim je 2000. godine na Cambridgeu doktorirao molekularnu biologiju, strastveno se posvetivši istraživanjima starenja, jednog od najsloženijih bioloških problema.

Starenje je bolest

Rađamo se i tijekom života razmnožavamo, a kad ostarimo, umiremo jer priroda nije imala motiva učiniti nas besmrtnima. Naime, prirodi je jedino važno to da proslijedimo svoje gene i tako produžimo svoju vrstu. Iako većina znanstvenika smatra da je starenje prirodan proces, Aubrey de Grey se ne slaže. On tvrdi da je starenje bolest.

– Kako stare, ljudi postaju sve bolesniji. Bolesti koje pogađaju stare i uzrokuju smrt, ne javljaju se kod mladih. Izlječenje starosti moglo bi izmijeniti naše društvo na nebrojene načine – pojasnio je De Grey, koji je fasciniran fenomenom produljenja čovjekova života.

Životni vijek na Zapadu u posljednjih se 160 godina produljio 40 godina, a sada raste tempom od tri mjeseca na godinu, odnosno šest sati svakoga dana.

Idućih desetljeća život će se nastaviti produljivati, pa će tako svaka druga beba rođena nakon 2000. godine u razvijenom svijetu (tu se ubraja i Hrvatska) doživjeti stotu. Kako bismo mogli produljiti naš životni vijek, znanstvenici već desetljećima pokušavaju razumjeti molekularnu osnovu starenja, jer je ono na staničnoj razini programirano.

Krivci za to su telomeri, komadići DNK koji se nalaze na krajevima kromosoma, štiteći ih kako to čini plastična ovojnica na kraju naše vezice za cipele. Pri svakoj diobi, telomer se skraćuje, a stanica stari. Nakon određenog broja dioba, telomer je toliko skraćen da se stanica više ne može dijeliti.

Mnogi znanstvenici smatraju da je starenje dobrim dijelom determinirano genima koje dobivamo od roditelja. Ipak, ne može se isključiti i stil života jer na dugovječnost mogu utjecati i čimbenici izvana poput stresa, te prehrane, pušenja i alkohola. Upitala sam stoga De Greya što je, prema njegovu mišljenju, važnije za dugovječnost: dobri geni ili zdrav život.

– Ni naše genetske predispozicije ni stil života ne mogu dovesti do drastičnog povećanja životnog vijeka. Ali, ono što je važno i što može dovesti do promjena jest medicina. Posebice medicina budućnosti – rekao je De Grey koji je 2005. godine u sklopu plana SENS (Strategies for Engineered Negligible Senescence) identificirao sedam procesa koji su odgovorni za starost.

To su mutacije u jezgri stanice koje dovode do raka, mitohondrijske mutacije, "smeće" unutar stanice i izvan nje (intracelularni i ekstracelularni agregati), gubitak stanica, stanična senescencija (trenutak u kojem stanica gubi sposobnost dijeljenja) i izvanstanične interakcije. Možemo li "izliječiti" te mehanizme koji dovode do propadanja organizma, kao i starenje općenito, upitala sam de Greya. – Ne, još, uvijek ne možemo. No, 'popravljanjem' tih sedam tipova oštećenja mi ćemo uistinu moći liječiti starenje. Mislim da će se to dogoditi u idućih 25 godina – rekao je de Grey koji je 2009. godine zajedno s nekolicinom istomišljenika i Kaliforniji utemeljio zakladu SENS. Cilj te zaklade, u kojoj je de Grey direktor znanosti, jest razvijati i promovirati regenerativnu medicinu u tretmanu bolesti i invaliditeta uzrokovanih starenjem.

– Prošle godine naš je budžet bio oko dva milijuna dolara, a trenutno financiramo samo šest projekata. No, mi rastemo brzo koliko to možemo

– rekao je de Grey čiji je plan SENS znanstveni mainstream dočekao "na nož" optuživši ga za propagiranje pseudoznanstvenih ideja.

Najpoznatiji je njegov sukob s Jasonom Pontinom, glavnim urednikom Technology Review, najstarijim tehnološkim časopisom na svijetu koji izdaje Massachusetts Institute of Technology (MIT).

Technology Review je u više navrata napadao de Greya zbog njegove temeljne pretpostavke da je starenje bolest. Naposljetku su se uredništvo i de Grey dogovorili da utemelje nagradu od 20.000 dolara koja će biti dodijeljena znanstveniku koji na uvjerljiv način razobliči plan SENS kao pseudoznanstvenu teoriju. Ipak, dosad još nitko nije osvojio tu nagradu. Je li akademska zajednica tijekom vremena ublažila svoj stav prema de Greyovim kontroverznim idejama?

– Mislim da se mnogo toga promijenilo nakon što se pokazalo da nema znanstvenog temelja na osnovi kojega bi se SENS mogao odbaciti.

Znanstveni mainstream danas mnogo bolje prihvaća moja istraživanja i argumente – rekao je de Grey. Kao potvrda njegovih riječi svakako je predavanje koje je prije nekoliko dana održao u Royal Institution, najstarijoj istraživačkoj instituciji u Velikoj Britaniji i mjestu gdje "se susreću znanost i javnost". Ako među "tvrdim" znanstvenicima baš i nisu jako omiljena, istra-živanja Aubrey de Grey privlače pozornost nekih moćnih ljudi, velikoduš-nih poduzetnika i predsjednika kompanija koji žele ostati što dulje mladi i zdravi. Tako je Peter Thiel, osnivač Pay Pala, u de Greyeva istraživanja uložio 3,5 milijuna dolara.

Terapija pomoću matičnih stanica, genska terapija, nanoboti (roboti di-menzija milijarditog dijela metra) koji će "čistiti" naše stanice od " moleku-larnog smeća", samo su neke od medicinskih tretmana budućnosti od kojih se očekuje pomoć u produljenju životnog vijeka. No, hoće li ljudi uistinu moći živjeti 150 godina, upitala sam de Greya.

– Da, ja sam uvjeren. Mislim da su neki od njih su već rođeni, vjerojatno su već odrasle osobe u četrdesetim godinama života koje bi mogle profiti-rati od medicinskih tretmana koji se sada razvijaju – rekao je de Grey koji je duboko uvjeren da se čovjekov život može rastegnuti i do 1000 godina. Naravno, zdravih. Zanimalo me bi li de Grey, koji sada ima 48 godina, želio doživjeti 1000-ti rođendan.

– Moram vam priznati da ne razmišljamo o tome koliko bih želio život.

S moga stanovišta, to je besmisleno pitanje jer uvijek mogu promijeniti mi-šljenje – zaključio je Aubrey de Grey.

JL, 10. srpnja 2011.

Miroslav Radman
Djeci bih radije dao genetski modificiranu nego ekološku hranu

Ponajprije, nemam nikakvih dionica, pa tako ni dionice biotehnološke kompanije Monsanto – kaže, dijelom šaleći se, a djelomično misleći ozbiljno, akademik Miroslav Radman. Istaknuti svjetski genetičar ističe da je zabrinut zbog panike oko genetski modificirane (GM) hrane koja je u posljednje vrijeme zavladala u hrvatskoj javnosti.

– Situacija je na rubu histerije, a ljudi se svakodnevno bave hipotetskom opasnošću umjesto da pokušavaju riješiti realne probleme. Atmosfera je vrlo neznanstvena, u što sam se imao priliku uvjeriti slušajući na ulici razgovore prosječnih ljudi koji su sa strahom govorili o GM hrani – priča Radman, voditelj Odjela za evolucijsku i medicinsku molekularnu genetiku fakulteta Necker. Akademik Radman, koji će idućih mjeseci uglavnom živjeti na relaciji Zagreb-Split, gdje bi iduće godine u Mediteranskom institutu za istraživanje života (MedILS) trebala početi prva istraživanja, pokušao je odgovoriti na neka od pitanja vezanih uz GM hranu.

Je li GM hrana opasna po zdravlje i život ljudi? Naime, mnogi ljudi u panici pitaju hoće li se otrovati ili, čak, dobiti rak budu li jeli takvu hranu.
– Mislim da se radi o silnoj zabuni. Koliko ja znam, nema nijednog solidnog podatka o toksičnosti i kancerogenosti GM biljaka. Biokemijska znanja bazirana na 30-godišnjem iskustvu ne daju nam nikakav znak da bismo se trebali brinuti zbog GM hrane više nego zbog bilo kojeg drugog aspekta života.

Opasni krumpiri

Može li se porast broja alergija dovesti u vezu s GM hranom? Protivnici te nove vrste hrane često ističu moguću opasnost od alergija.
– Porast alergija počeo je davno prije pojave GM hrane. Ako netko dobije alergiju, a pritom jede GM hranu (kao i svu drugu hranu, te sluša rock glazbu i češka se po glavi itd. itd.), treba napraviti kontrolne testove da bi se

utvrdila uzročnost. Možda je alergija od češkanja glave? Šalim se, ali mislim ozbiljno. No, tu su znanstvenici koji trebaju razviti shemu kontrolnih testova, kao što je u zrakoplovu kompetentni pilot koji, srećom, upravlja životima putnika. Ako se samo koncentriramo na GM hranu, sasvim je izvjesno da ćemo svaku glavobolju ili to što nas svrbi nos pripisati GM hrani. Pritom ćemo zanemariti mnoštvo drugih elemenata koji su mogli izazvati alergiju. Možemo legitimno postavljati pitanje kompetencije specifičnog znanstvenika (ili pilota), ali opasno je za društvo da neuki i neupućeni nude informacije, ili daju instrukcije, u domeni vlastite ignorancije.

Je li hrana koju danas jedemo mnogo opasnija od one koju su jeli naši preci?
– Kao genetičar, ja bih svoju djecu i unučad mnogo, mnogo radije prehranjivao GM biljkama koje su minimalno kontaminirane toksičnim i kancerogenim kemikalijama nego što bih im davao tzv. ekološku hranu koju su jeli naši djedovi i bake. Jedno je romantika, a drugo realnost. Treba imati na umu da je hrana u staro doba bila strašno nezdrava i kancerogena. To je zbog toga što se svaka vrsta brani na svoj način, a te borbe između biljaka, životinja, kvasaca, bakterija itd. uglavnom se odvijaju preko kemijskog oružja. Ono je najčešće toksično i za nas. Razmotrimo, primjerice, krumpir. Da u njega nije bio ugrađen mehanizam obrane, biološke vrste krumpir ne bi bilo. Pojeli bi ga glodavci, štetočine i rastočile bakterije, jer krumpir je pun škroba. No, kad je ranjen, gomolj krumpira izlučuje vrlo jake superokside i oksidirajuća sredstva koja su i za nas kancerogena. Ljudi su nekad bili gladni i donedavna umirali od gladi i u Europi, a usto su jeli i krajnje otrovnu hranu. Što se tiče hrane, živimo neusporedivo bolje nego prije 100-200 godina. Nemojmo zaboraviti da se od 1860. godine, otkad postoje dobri podaci, ljudski život produljuje nesmanjenim tempom od tri mjeseca godišnje. Dakle, od 1860. godine do danas produljio se za 40 godina.

Unija zabrinutih znanstvenika tvrdi da u svijetu ima dovoljno hrane proizvedene na konvencionalan način te da je glad, koja pogađa neke zemlje, rezultat globalne nepravilnosti u raspodjeli hrane.
– To je samo po sebi vjerojatno istina, i to samo zahvaljujući intenzivnoj poljoprivredi i izboru/ selekciji prirodno genetski modificiranih biljaka i životinja od strane ljudi kojima nikada dosta hrane jer se silno razmnožavaju. Rusija, odnosno bivši SSSR nikad nije trebao gladovati. No, njima je u 20. stoljeću višak hrane propadao, a tri tisuće kilometara dalje ljudi su umirali od gladi jer nisu imali prometne mreže. Treba, također, imati na umu da u svijetu ima toliko hrane isključivo zbog upotrebe kemikalija poput insekticida, pesticida i herbicida. Mene brine ograničena kvaliteta današnje hrane koja je u tako velikim količinama prisutna samo zato jer se od tzv. štetočina, odnosno drugih živih bića, štitimo uz pomoć agresivnih kemikalija koje

unosimo i u naš organizam. Te su kemikalije kancerogene: barem 50 posto slučajeva raka u svijetu povezano je s kvalitetom prehrane, a u pozadini toga su i pesticidi i herbicidi. No, bez njih nema dovoljno hrane, makar raspolagali milijunima jumbo-jetova koji će letjeti i razvoziti hranu. S ovakvom akumulacijom herbicida, pesticida i teških metala u tlu idemo prema trovanju biljaka, pa onda i samih sebe. No, trovanje podzemnih voda već je doseglo takvu razinu da je voda postala veliki luksuz zbog kojega morate ići na planinske izvore. Jedina nada, koja nam zasad dolazi iz znanosti, jest genetska modifikacija biljaka. Zahvaljujući genetskim modifikacijama, više neće biti nužno koristiti kemikalije ili će se upotrebljavati u vrlo ograničenim količinama.

Europa je konzervativna

Fobično raspoloženje koje vlada u Hrvatskoj ne razlikuje se bitno od onoga u Europi.

– To je istina, u svom strahu prema GM hrani Hrvatska nije originalna. Kontinentalna Europa je u krizi koja se najočitije manifestira u Francuskoj i Njemačkoj. Te dvije zemlje imale su fantastične tehnologije, ali se brzina inovacije u njima jako smanjila. Očito je da se cijela kontinentalna Europa boji promjena i progresa; željela bi zadržati sve što ima, a da ništa od toga ne izgubi. To je nemoguće, to je protiv principa evolucije. To je princip Crvene kraljice: da bi čovjek ostao na istom mjestu, mora trčati, a ne zaustaviti se. čini se da je jaz koji dijeli kontinentalnu Europu od engleskog empiricizma i američkog pragmatizma veliki hendikep, pa je tako nezaposlenost u Francuskoj i Njemačkoj oko 10 posto, a u Velikoj Britaniji malo veća od tri posto. Hrvatska je apsolutno dio kulture i ideologije kontinentalne Europe koja je u ovom trenutku kontraproduktivna i konzervativna. Ali želim biti jasan: ja nisam 100 posto siguran tko će, i zašto, na kraju "imati pravo", zato što nisam 100 posto siguran ni u što. Ne mogu nametati drugima da ukinu automobile zato što nisam 100 posto siguran da neću poginuti u prometnoj nesreći, ali sam (gotovo!) 100 posto siguran da je to vjerojatnije nego da ću poginuti od GMO-a.

Pamet, petlja i novac

No, činjenica je da u proizvodnji GM hrane multinacionalne kompanije poput Monsanta, koji drži 90 posto proizvodnje GM sjemena, imaju monopol. Ljudi opravdano strahuju da bi te kompanije mogle preuzeti cjelokupnu kontrolu nad svjetskom proizvodnjom hrane i tako postati moćnije od država i vlada.

– To je opet zanimljiva i važna diskusija, ali tema monopola nije specifična samo za GM hranu, nego je globalna. To je problem divljeg rasta nekontroliranog kapitalizma kojeg nisam pobornik, jer mogu zamisliti i bolji sistem bez puno truda. No, smatram da to nije razlog da se ide protiv GM tehnologije. Zašto se u Europi nije razvilo pet tvrtki koje će biti konkurentne Monsantu? Treba imati na umu da se u Europi startalo s GM biljkama u eksperimentalnom laboratoriju u belgijskom Ghentu. Zašto nikome u tada vrlo bogatima Njemačkoj i Francuskoj nije padalo na pamet da investira u taj biznis? Monsanto je, međutim, tu vidio svoju šansu te je prije 25 godina počeo ulagati stotine milijuna dolara u istraživanja GM biljaka. Tko nam je tu kriv nego manjak europske mašte i poslovnog avanturizma za koji treba imati pamet, petlju i novac.

Kako odgovarate na optužbe da su znanstvenici velikim dijelom u službi multinacionalnih kompanija? Koliko znanstvenik danas uopće može biti nezavisan od njihova utjecaja?

– Ako ne bude određene kontrole sada nekontroliranog rasta kapitalizma, postoji opasnost da se naše društvo izloži potencijalnoj financijsko-socijalno-političkoj bolesti. I u biološkoj evoluciji imamo nekontroliran rast: to je tumor koji uništava organizam. Tumor raste svakoga dana, nalazi nova tržišta koja se zovu metastaze sve dok sistem ne kolabira! Ta opasnost postoji i u društvu, ona je globalna i mislim da ljudi imaju mnogo razloga da se time bave na stručan i inteligentan način. No, ne treba se zbog toga okomiti na GM tehnologiju, ni na struju, ni na telefone, ni na sladolede (možda da ipak prekinem s nabrajanjem svega zbog čega nismo životinje?).

Geni se stalno 'miješaju'

Ljudi često ističu da ih je strah jesti GM usjeve jer su u njih ugrađeni strani geni iz drugih, često nesrodnih vrsta. Pribojavaju se da bi se ti geni mogli miješati u našem organizmu.

– Mi već sada jedemo miješanu hranu, primjerice blitvu i ribu čiji se geni miješaju u našim ustima i crijevima. DNK živih organizama vrlo se brzo razgrađuje u našim crijevima. Ne mogu zamisliti da bi prisutnost jednog stranog gena unutar druge vrste mogla biti opasnija od egzotičnih mješavina hrane koju već unosimo u golemim količinama.

Kada je riječ o GM hrani, treba – smiriti živce

Dakle, poruka hrvatskim građanima je da budu racionalni?

Da, da, da i da. Kada je riječ o GM hrani, treba smiriti živce. Ne trebamo se zatvarati i plašiti se promjena. Ne tvrdim da ne treba biti oprezan, jer je i neoprez vid neupotrebe mozga opasne po život, samo smatram da je u oprezu bolje biti racionalan i vidjeti stvarne probleme umjesto trošiti pamet i resurse na probleme koji to nisu, ili još nisu (a mi ne znamo da li će – i ako da, onda kad – postati naši problemi). Treba postaviti pitanje odgovornosti: je li moralno ne uraditi nešto novo zato samo zato što nitko ne može dati 100-postotnu garanciju za sigurnost? Na ovom principu bi bilo zabranjeno i otkriće vatre, te nas vjerojatno više ne bi ni bilo na kugli zemaljskoj! Postavlja se, također, pitanje tko će biti odgovoran ako se Hrvatska nađe na repu događaja, siromašna i isključena iz civiliziranog društva. Vidite, osnovna aktivnost znanstvenika je da postavlja pitanja – sva pitanja. Naravno, i ona zabranjena, pa su zato neki gorili na lomači.

Ugrožena bioraznolikost

Istraživanja pokazuju da neke GM biljke povoljno, a neke nepovoljno utječu na bioraznolikost.

– To jest tema za razgovor. Mislim da je smanjenje bioraznolikosti problem koji je počeo već selekcijom biljaka. Kad smo počeli selekcionirati vrste koje daju veći prinos ili su otporne na hladnoću ili vrućinu, počeli smo se širiti na način koji je vrlo nefer prema prirodi. Jer, mi smo egoisti, kao uostalom i sve ostale biološke vrste. No, mi smo moćniji jer imamo mozak. Dakle, ne radi se o nekom novom problemu, ali ga sada možemo kontrolirati, i to – zahvaljujući mozgu. Primjerice, umjesto da uzgajamo jednu sortu GM riže, možemo ih uzgajati 100.

JL, 29. veljače 2004.

Boris Lenhard
Nema smisla izdvajati više za znanost dok god novac završava u rukama šarlatana, u "centrima izvrsnosti"

Iako od 2000. godine živi i radi inozemstvu, dr. Boris Lenhard jedan je od društveno najangažiranijih hrvatskih znanstvenika. Lenhardovi poklonici oduševljeni su njegovom britkošću i odličnom argumentacijom, a nemali broj oponenata zamjera mu "što se on izvana petlja u našu situaciju koju ne razumije". Sam Lenhard, pak, često ističe kako mu neovisnost o domaćoj akademskoj zajednici pruža mogućnost slobodnog i iskrenog izražavanja.
Boris Lenhard (43) rođen je u Sisku, a diplomirao je i doktorirao molekularnu biologiju na Prirodoslovno-matematičkom fakultetu (PMF).Nekoliko je godina radio na Kemijskom odsjeku PMF-a, a od 2000.do 2005.usavršavao se na poznatom Institutu Karolinska u Stockholmu gdje se počeo baviti računalnom biologijom. Od 2005.do 2010.godine radio je na Sveučilištu Bergen, da bi početkom 2011. prešao na prestižni Imperial College u Londonu gdje je profesor računalne biologije.

Je li vaša znanstvena disciplina izrasla tijekom razvoja projekta 'Ljudski genom'?
– Bioinformatika i računalna biologija bitno su starije od tog projekta.
Počele su se razvijati još šezdesetih godina 20. stoljeća. Danas preferiramo naziv 'računalna biologija' za znanstvenu disciplinu i metodologiju, dok je 'bioinformatika' krovni pojam za primjenu računala u razumijevanju bioloških podataka. Osobno se bavim računalnom genomikom, koja je jedna od grana primijenjene računalne biologije. Moja istraživačka grupa bavi se genskom regulacijom: proučava elemente u DNK koji određuju kada, gdje i kojim intenzitetom će se koji gen aktivirati u različitim tipovima stanica, tkiva i anatomskih struktura.

Kada je 2000. godine objavljena prva mapa ljudskog genoma, znanstvenici su najavili rađanje nove, individualizirane medicine koja će produljiti naš život. U kojoj su se mjeri predviđanja ispunila?
– Od 2000. godine do danas postignut je neviđen napredak u razumijevanju funkcije genoma. Golema većina tog napretka temelji se na ishodišnom rezul-

79

tatu projekta ljudskog genoma i genoma modelnih organizama koji se koriste u biologiji i biomedicini. Svi mi koji radimo na tom području fascinirani smo napretkom u znanju, koji je nadmašio naša najoptimističnija očekivanja.

Ipak, mnogi su, posebice šira javnost, razočarani tim napretkom.

– Razočarani mogu biti samo oni koji iz temelja ne razumiju biologiju i informaciju koju nam sekvenciranje genoma otkriva. Neki od onih koji su razočarani, potpuno neutemeljeno, očekivali su da će nam samo čitanje slijeda DNK u ljudskom genomu otkriti nove lijekove i terapije. No, ljudski genom se sastoji od četiri baze A, G, C i T poredane u 46 kromosoma, šest milijardi njih (dva kompleta od tri milijarde, po jedan od svakog roditelja), a ne od receptura za nove lijekove. Prvi posao nam je odgonetnuti što tih šest milijardi slova u DNK radi. Tu smo postigli fenomenalan napredak i povezali smo veliki broj bolesti s promjenama u strukturi DNK kod pojedinaca s bolešću. No, često ni to nije dovoljno za razumijevanje što te promjene rade u organizmu – to smo dosad uspjeli odgonetnuti tek za manji postotak ustanovljenih promjena. Usporedo, cijena određivanja slijeda DNK u genomu toliko je pala da danas pojedinačni projekti mogu odrediti slijed tisuća genoma – primjerice, tisuća pacijenata za neku genetski uvjetovanu bolest, i paralelno za svakog od njih odrediti razinu aktivnosti svih gena u genomu u tkivima zahvaćenima bolešću. To je već rezultiralo novim, preciznijim i informativnijim klasifikacijama pojedinih vrsta tumora. Od toga do personalizirane medicine je vrlo malen korak, zaista.

Koji su najveći izazovi za genetiku danas?

– Teško je reći – od znanstvenika koji se bave različitim područjima biologije nužno ćete dobiti različite odgovore. Mene profesionalno najviše zanima genetika genske regulacije, naročito regulacije aktivnosti gena i koordinacije njihove aktivnosti u razvoju višestaničnih organizama. Smatram da u tom području još uvijek ne znamo objasniti neka temeljna opažanja.

Velika Britanija postaje prva zemlja na svijetu koja će zakonski omogućiti rođenje 'djece troje roditelja' kako bi se izbjegle tzv. mitohondrijske bolesti. Je li to prvi korak prema stvaranju 'genetski dizajnirane djece' željenih osobina?

– Metodologija kojom se stvaraju 'djeca troje roditelja' rezultira oplođenom jajnom stanicom koja ima staničnu jezgru s genomom koji je kombinacija genoma dvoje roditelja (majke i oca) – koji su za sve praktične potrebe stvarni roditelji – te citoplazmu koja sadrži organele (mitohondrije) druge ženske osobe. Razlog je to što mitohondriji imaju sićušnu količinu vlastite DNK (manje od 0,0003 posto količine pohranjene u jezgri) i što mitohondriji 'prave' majke (koja je pridonijela pola genoma u staničnoj jezgri) imaju mutaciju koja bi prouzročila teške cjeloživotne zdravstvene probleme djetetu. Treba reći da se ova metoda u cijelosti temelji na manipulaciji na razini stanice te ne uključuje metode genetskog inženjerstva ni genetsku modifikaciju, tj. manipulaciju strukture same DNK. Kao takva, nije i ne može biti korak na putu ka 'genetski dizajniranoj djeci'.Riječ je o biološki jednostavnoj, iako metodološki zahtjevnoj tehnici koja omogućava majkama s mutiranim mitohondrijima da imaju vlastitu zdravu biološku djecu.

U hrvatskoj javnosti je snažan otpor prema genetski modificiranoj hrani. Zašto je otpor prema GM hrani tako jak u Europi, a praktički zanemariv u SAD-u i ostatku svijeta?

– Otpor GM hrani u Europi je posljedica varijante populizma prisutne kod europskih političara koji će radije povlađivati neosnovanom strahu biračke baze i aktivističkih organizacija koje besramno eksploatiraju taj neutemeljeni strah, nego vjerovati struci koja nedvosmisleno kaže da nema nikakve znanstvene osnove da tehnologija genetske modifikacije u poljoprivredi proizvede ikakve štetne posljedice s većom vjerojatnošću nego klasične metode oplemenjivanja ili, kad smo kod toga, nego milijarde prirodnih mutacija i prijenosa genetičke informacije koji se spontano događaju u prirodi svakodnevno bez ljudske intervencije. U SAD-u je otpor zanemariv vjerojatno zato jer američki populisti imaju religiju, abortus, prava LGBT zajednica i pravo na nošenje oružja kao vječne populističke teme koje mogu eksploatirati. 1Jedna od loših praksi koje Hrvatska uvozi sa Zapada je jačanje pokreta protiv cijepljenja. Što biste poručili roditeljima koji odbijaju cijepiti svoju djecu?

– Poručio bih im isto ono što im je prije tjedan-dva poručio jedan hrvatski portal: 'Ne budite glupi, cijepite djecu'. Ako još uvijek vjerujete da MMR cjepivo uzrokuje autizam, vjerujete iz temelja diskreditiranoj i dokazano krivotvorenoj studiji, drugim riječima vjerujete laži koja može koštati zdravlja i života i vašu i tuđu djecu.

Nekoliko godina ste radili u Hrvatskoj, zatim ste otišli u Skandinaviju, a posljednje četiri godine ste u Velikoj Britaniji. Koja je od tih zemalja najbolja za znanstvenika?

– Budući da je u mom području većina vrijednih otkrića rezultat rada najtalentiranijih mladih ljudi, najbolja mjesta za raditi znanost su ona koja su takvim mladim ljudima najatraktivnija. S te strane najbolje mi je u Velikoj Britaniji gdje sam zaposlen na najprestižnijoj od četiri institucije na kojima sam dosad radio.

Hrvatska već godinama smanjuje izdvajanja za znanost, pa mnogi smatraju kako je to glavni razlog i naše sve lošije znanstvene prepoznatljivosti u svijetu. Malobrojni, pak, smatraju da bi naša znanost i s ovoliko novca mogla biti uspješnija.

– Više je nego dovoljno primjera da se u Hrvatskoj i ovo malo novca godinama dobrim dijelom baca na ljude, projekte, a po novom i 'centre izvrsnosti' koji su toliko iz temelja beznadni da nema nikakve šanse da proizvedu išta međunarodno relevantno. Da, smatram da bi onoj manjini koja pokušava raditi kvalitetnu znanost bilo lakše kada bi se sredstva ovih prvih preusmjerila njima. Tek nakon toga ima smisla povećavati sredstva za znanost – u protivnom, oni 'centri izvrsnosti' koji se de facto bave šarlatanijom dobit će još više.

Ministar znanosti Mornar nedavno je iznio ideju kako bi naši stručnjaci koji odlaze iz zemlje trebali platiti svoje školovanje.

– Barem u verziji koja je prenesena u medijima, radi se o nepromišljenoj, nesuvisloj te, konačno, neprovedivoj i protuzakonitoj ideji. Ministar Mornar kao da zaboravlja da se uvjeti pod kojima se student školovao ne mogu mijenjati retroaktivno – školarinu možete naplatiti samo studentu koji je na to pristao na početku studija, kao i primorati ga da ostane u Hrvatskoj. Ministar Mornar kao da zaboravlja i da Hrvatska, kao članica EU, studente koji dolaze studirati na hrvatska sveučilišta iz drugih zemalja EU mora tretirati na isti način kao studente iz Hrvatske. Hoće li i studentima iz Litve ili Belgije naplatiti 50 tisuća eura ako nakon pet godina studija požele otići za poslom iz Hrvatske? A morao bi – jer tretman mora biti jednak. I je li mu jasno da hrvatski studenti za 50 tisuća eura (koje također mogu platiti nakon studija) mogu studirati pet godina na Oxfordu ili Cambridgeu, a na mnogim drugim vrhunskim sveučilištima u EU za puno manje? Najboljim i najambicioznijim hrvatskim studentima preporučio bih tu varijantu – dobit će puno bolju vrijednost za novac i puno bolju odskočnu dasku za karijeru bilo gdje, osim možda u hrvatskom državnom sektoru.

Kako se mogu ublažiti razmjeri brain draina?

– *Brain drain* iz države nastaje kad ona svojim najsposobnijim i najobrazovanijim mladim ljudima nije u stanju ponuditi dovoljno da ih zadrži. Jednostavno treba početi nuditi dovoljno. Treba realno procijeniti koliko rad mladog stručnjaka ekonomski vrijedi na tržištu i toliko ga platiti. Onaj tko ga ne može toliko platiti, ne treba ga niti imati.

Nerijetko ste kritizirali bivšeg rektora Sveučilišta u Zagrebu Aleksu Bjeliša. Kako vidite prve mjesece novog rektora Borasa?

– Izbor je još jednom pokazao da Sveučilište u Zagrebu preferira populističke rektore koji primarno štite što stečena, što uzurpirana prava članova akademske zajednice. Očito je da onima koji su ih birali reforma i funkcionalna integracija sveučilišta ne samo da nisu bitne, nego su otvoreno nepoželjne.

Što smatrate glavnom boljkom hrvatskog društva?

– To što njegovi pripadnici redovito misle da su puno bolji, obrazovaniji, inteligentniji, civiliziraniji i radišniji nego što stvarno jesu. A kad si umislite bez razloga da ste bolji nego što jeste, onda ne osjećate potrebu učiniti ono što je nužno da biste u stvarnosti postali bolji. Nego vam je za vaš jad uvijek kriv netko drugi.

Rodom ste iz Siska. Danas je Sisak grad bez perspektive, a cijela Sisačko-moslavačka županija se suočava s depopulacijom. Kako biste vi oživili taj kraj?

– Nisam ekonomist ni gospodarstvenik i ne umišljam si da znam što treba učiniti. Mislim da je stare industrijske gigante nemoguće oživiti tako da postanu tržišno konkurentni. Potencijalna prednost Siska je blizina Zagreba i zračne luke. Velika Gorica je doživjela nevjerojatan rast u posljednjem desetljeću upravo iz tih razloga. Uz bolju prometnu povezanost Sisak bi se mogao puno bolje integrirati sa Zagrebom, i kao mjesto za stanovanje i kao mjesto za poslovanje.

JL, 27. prosinca 2014.

Sandra Oršulić
Jednom ću sa svojom ženom doći kući, u zemlju koja priznaje gay brakove

Sandra Oršulić bila je jedna od prvih osoba u američkoj saveznoj državi Massachusetts koja je sklopila istospolni brak

Mladi ljudi su otvorena uma i to pokreće napredak u društvu. Oni mladi koji su sada otvoreni u svojoj homoseksualnosti ili imaju prijatelje koji su gay, uskoro će predvoditi naciju, kaže dr. **Sandra Oršulić**, redovita profesorica na Sveučilištu California u Los Angelesu i direktorica programa biologije raka kod žena u Medicinskom centru Cedars-Sinai.

– Za mlade ljude će legalizacija istospolnih brakova biti prirodna, baš kao i mogućnost da žene imaju biračko pravo. Stoga mislim da će se istospolni brakovi sklapati i u Hrvatskoj, samo je pitanje vremena – dodaje Sandra Oršulić, jedan od pionira istraživanja raka jajnika na molekularnoj razini. No, uspješna znanstvenica Sandra Oršulić (45) zanimljiva je i po tome što je već devet godina u istospolnom braku s Amerikankom **Kristy Daniels**. Njihov je brak sklopljen u saveznoj državi Massachusetts koja je 2004. godine prva ozakonila gay brakove. U međuvremenu, istospolni su brakovi priznati u 16 američkih država i Kolumbijskom distriktu.

Bolje je ne govoriti

Sandru Oršulić upoznala sam u travnju 2006. na 97. godišnjem sastanku Američke asocijacije za istraživanje raka (AACR) u Washingtonu. U pauzi konferencije zamolila sam dr. Oršulić za intervju. Pred kraj razgovora usput sam je upitala je li udana i ima li obitelj. Rekla je da je udana, a zatim odmah dodala kako je "bolje da ne govori o tome jer je Hrvatska ipak konzervativna zemlja". Naposljetku je dr. Oršulić kazala da je u istospolnom braku, među prvima sklopljenim u državi Massachusetts. Iako se nećkala da to objavim u Jutarnjem listu, Sandra Oršulić je na kraju popustila pred nagovorima.

Znanstveni uspon

Rođena je u Novoj Gradiški, gdje je završila osnovnu i srednju školu. Iako je namjeravala studirati kemiju, upisala je studij molekularne biologije na Prirodoslovno-matematičkom fakultetu (PMF) u Zagrebu. Još tijekom studija pisala je molbe različitim laboratorijima u svijetu da joj omoguće da preko ljeta radi kod njih.

– Tako sam jedno ljeto provela na Hebrejskom sveučilištu u Jeruzalemu, drugo ljeto u Medicinskoj školi u Reykjaviku na Islandu, a jedno sam ljeto radila na Sveučilištu Mainz u Njemačkoj – kaže dr. Oršulić. Nakon studija je otišla u SAD, na Sveučilište Chapel Hill u Sjevernoj Karolini, gdje je doktorirala biologiju. Zatim je dvije godine radila u Institutu Max Planck za imunobiologiju u Freiburgu u Njemačkoj, da bi se vratila na postdoktorski studij u SAD.

– Postdoktorski sam radila u Nacionalnom institutu za zdravlje (NIH) kod nobelovca **Harolda Varmusa**. On je tada bio direktor NIH-a, ali je vodio i jedan mali laboratorij s nekoliko postdoktoranada. Kad se odlučio preseliti u New York, zajedno s ostalim kolegama iz laboratorija, preselila sam se i ja – rekla je S. Oršulić. – Jedna od prvih promjena koje je Varmus uveo kao novi predsjednik Centra za rak Sloan-Kettering uključivala je proširenje beneficija koje imaju osobe u braku na homoseksualne partnere – dodala je S. Oršulić.

Borba s rakom

U New Yorku je i okončala postdoktorski studij, pa odlučila osnovati vlastiti laboratorij, ali na Harvardu. Tako se 2003. godine preselila u Boston. No, još tijekom rada na doktoratu Sandra Oršulić upoznala je Amerikanku Kristy Daniels, koja je po zanimanju urbanistica. Njih dvije su u vezi više od 18 godina. Sandra mi je 2006. godine ispričala i kako su Kristyni i njezini bližnji gledali na njihovu vezu i kasniji brak. – Kristyni su me roditelji prihvatili kao kćer. I moja je sestra odmah prihvatila Kristy. Majka mi je rekla: 'Pametna si i znaš što radiš, no život će ti biti težak'. Objasnila sam joj da to ne radim iz inata nego da ne mogu protiv sebe. Moja je mama to shvatila – rekla mi je tada Sandra Oršulić.

Tijekom razgovora u Washingtonu Sandra Oršulić mi je priznala da je njezinoj Kristy 2003. godine dijagnosticiran rak limfe, Hodgkinov limfom.

Velika obljetnica

– Bilo je to teško razdoblje za nas, nastojala sam biti uz Kristy koliko sam mogla i pružiti joj podršku. Kristy zbog bolesti i liječenja kemoterapijom nije mogla raditi dvije godine. Srećom, imale smo ista prava kao i heteroseksualni partneri, što znači da je imala moje zdravstveno osiguranje – objasnila je tada dr. Oršulić.

Danas mi radosno kaže da je došla do velike obljetnice u svome osobnom životu. – Moja žena i ja smo nedavno proslavile 10. godišnjicu njezina izlječenja od raka – rekla je Sandra Oršulić.

Priznala je da sve donedavno nije znala za "kulturološki rat" u Hrvatskoj i činjenicu da 1. prosinca idemo na referendum u vezi s ustavnom definicijom braka. Ipak, ne iznenađuje je što se u Hrvatskoj, nekoliko mjeseci nakon ulaska u EU, održava referendum usmjeren protiv ljudskih prava gay zajednice.

– Ne, nisam uopće iznenađena. U Americi je spremnost pojedinih država na priznavanje gay brakova bila posve predvidljiva na osnovi događaja iz prošlosti koji su demonstrirali stadij progresivnosti. Primjerice, savezne države koje su prve zabranile ropstvo među prvima su i priznale gay brakove. Hrvatska ima kompleksnu prošlost i kulturološki je raznolika. Dugo je trebalo da bude spremna za Europsku uniju. Iako je mnogo napredovala, postoje i značajna nazadovanja. Očekujem da će se slično događati i s istospolnim brakovima – rekla je Sandra Oršulić.

Velika želja

Moja je sugovornica naposljetku i izrekla svoju želju. – Kad Kristy i ja budemo slavile našu 30. godišnjicu, voljela bih da posjetimo sve one zemlje koje smo obišle kao mladi par i u kojima me je pitala hoću li se udati za nju. Nadam se da će dotad u svim tim zemljama istospolni brak biti legalan, pa kad dođemo u Hrvatsku, ja ću spremno i s osmijehom na licu reći: 'Da, želim se udati za tebe' – zaključila je Sandra Oršulić.

Nisam imala neugodnosti zbog svoje priče o spolnoj orijentaciji

Intervju koji je Sandra Oršulić Jutarnjem dala prije sedam godina, a u kojem je prvi put progovorila o svojoj istospolnoj vezi izazvao je veliku pažnju.

Pitamo je li zbog tog intervjua imala ikakvih neugodnosti.

– Čini se da su demokracija i standardi ljudskih prava kad je članak bio objavljen već bili dosegli neku značajnu razinu i nije bilo neugodnih incidenata. Baš kao što se zemlja nije zatresla niti je bio kraj svijeta kada su istospolni brakovi priznati u Massachusettsu, većina mojih rođaka i prijatelja nastavila je sa svojim životima. Dobila sam nekoliko e-mailova ljudi koji su mi zahvaljivali na priči – dodala je Sandra Oršulić.

JL, 25. studenoga 2013.

Tomislav Domazet Lošo
Vjernik sam i znanstvenik. To nije sukob

Za razvoj znanosti od novca, skupih zgradurina i instrumenata važniji je odabir najboljih ljudi. Izvrsni privlače izvrsne, to je princip svih vodećih institucija u svijetu. Razgovarala Tanja Rudež.

Tomislav Domazet Lošo nova je hrvatska znanstvena zvijezda. Nakon što je 2007. godine razvio genomsku filostratigrafiju, metodu kojom se istražuje daleka evolucijska prošlost, ovaj mladi biolog s **Instituta Ruđer Bošković (IRB)** u Zagrebu niže znanstvene uspjehe. Njegovo istraživanje iz 2008. godine, o tome kako su genetske bolesti kod čovjeka pradavno evolucijsko naslijeđe, zaintrigiralo je New Scientist i Economist, a uvršteno je i na 9. mjesto liste najvažnijih radova u biologiji "Skriveni dragulj". Prošle godine pak Domazet Lošo dokazao je 200 godina staru hipotezu da se u embrionalnom razvoju životinja i čovjeka zrcali cjelokupna povijest vrste, što mu je donijelo naslovnicu vodećeg znanstvenog časopisa Nature.

Tomislav Domazet Lošo (37) rođen je u Splitu, gdje je završio osnovnu i srednju školu. Molekularnu biologiju diplomirao je 1998. godine na Prirodoslovno-matematičkom fakultetu u Zagrebu. Znanstveno se usavršavao u Institutu za genetiku u Kölnu u skupini prof. **Dietharda Tautza**, a doktorirao je 2003. godine. Kod prof. Tautza, koji je u međuvremenu postao direktor Instituta Max Planck za evolucijsku biologiju u Plönu, bio je i na postdoktoratu. Nedavno su Domazet Lošo i Tautz u prestižnom časopisu **Nature Reviews Genetics** objavili rad o spontanom nastanku novih gena koji je privukao veliku pozornost znanstvenika u svijetu.

Nastanak gena

Upućeni tvrde da ste u svom radu o spontanom nastanku novih gena postavili novi evolucijski koncept. O čemu je riječ?
– Ovaj rad, koji je dijelom financirao i hrvatski fond Jedinstvo uz pomoć znanja (UKF), kruna je moje desetogodišnje suradnje s prof. Tautzom. U tom smo radu iznijeli novi koncept prema kojem je spontani nastanak novih gena jednako važan kao kopiranje i modificiranje već postojećih gena,

što se dosad smatralo glavnim mehanizmom u evoluciji genoma. Prije 3,8 milijuna godina, neposredno prije nastanka prve žive stanice na Zemlji, nastali su i prvi geni. Dosad je prevladavala ideja da su se ti geni kasnije tijekom evolucije kopirali i modificirali te je tako nastao cijeli spektar gena u genomima. No, mi tvrdimo da je, uz taj mehanizam, stalno dolazilo do spontanog nastanka gena te da to i danas traje.

To mijenja pogled na evolucijsku genetiku?
– Da, mislim da to bitno mijenja pogled na genetiku. Mi smo pokazali da su važni evolucijski događaji, poput primjerice kambrijske eksplozije i ekspanzije sisavaca nakon izumiranja gmazova, bili praćeni masovnim spontanim nastankom novih gena. Nadalje, nastanak novih gena vidljiv je kada se usporede genomi čimpanze i čovjeka, koji su se na evolucijskom putu razdvojili prije pet do sedam milijuna godina. Kad je 2005. godine sekvenciran genom čimpanze, zaključak je bio da gotovo sve gene dijelimo s čimpanzom. No, posljednja istraživanja pokazuju da postoji barem dvadesetak, a možda i stotinjak gena koji su karakteristični za humanu liniju, a ne i za čimpanze. Neki od njih su vezani za razna oboljenja kod čovjeka, primjerice za Alzheimerovu bolest.

Povratna petlja

Mnogi znanstvenici smatraju da je teorija evolucije najsnažnija pojedinačna ideja u povijesti čovječanstva, a Dobzhansky je rekao kako 'ništa u biologiji nema smisla osim ako nije promatrano u svjetlu evolucije'. Odakle vaša fascinacija evolucijom?
– Na tragu sam toga što je rekao Dobzhansky. Da bismo razumjeli biologiju, moramo to učiniti kroz evoluciju. Dosad to nije bilo jako očito, no da bismo razumjeli medicinske fenomene, moramo jako dobro poznavati evoluciju. Primjerice, da biste razumjeli infekcije, morate poznavati evoluciju jer je to evolucijska utrka između patogena i domaćina, tj. našeg organizma. Stoga je sada na prestižnim svjetskim studijima biomedicine izražen snažan trend da se u kurikulum uključi i evolucija.

Imaju li vaša istraživanja primjenu?
– Moja su istraživanja temeljna. No, u biologiji postoji povratna petlja jer se tehnologija ne može razvijati bez bazične znanosti i obrnuto. Da bismo došli do novih otkrića, treba nam tehnologija. No, kada dođemo do nove spoznaje, ona je izvor nadahnuća za razvoj tehnologije. Mnogo me ljudi pita za primjenu istraživanja, a mislim da je u pozadini pitanje gdje je tu profit. No, znanost se ne može svesti samo na profit. Postoji nešto što je ljepota, estetika znanosti.

Split generira talente

A što je za vas estetika znanosti?

– To je za mene prostor slobode. Kada dođete do novoga otkrića, to je prekrasan i jedinstven osjećaj. Spoznali ste nešto što drugi još ne vide. To je avanturizam sličan onome kad su ljudi odlazili na daleka putovanja kako bi otkrivali nove svjetove.

Rođeni ste i odrasli u Splitu, gradu koji je dao velike talente u znanosti, umjetnosti, književnosti i sportu. Mnogi kroničari toga grada tvrde da tko preživi Split, može uspjeti bilo gdje u svijetu. Kako je odrastanje u Splitu utjecalo na vas?

– Split je uistinu specifičan, na neki način iskren grad i meni se to sviđa. Nije lako tamo odrastati jer uvijek postoji neka kompeticija i tenzija, neka maštovitost preživljavanja koja rezultira razvijanjem sposobnosti brzog razmišljanja. Možda je to mentalitet trga, mentalitet Mediterana. Istina je da Split generira talente i ljude brzog uma koji su onda uspješni bilo gdje u svijetu. No, volio bih da postoji povratni mehanizam koji će te ljude privlačiti natrag u Split.

Plivao i odustao

U mladosti ste se uspješno bavili plivanjem?

– Da, plivao sam prsnim stilom i kraće vrijeme držao rekord u kategoriji kadeta bivše države. Nisam bio loš, ali u moje vrijeme u klubu je bilo puno boljih plivača kao što je Miloš Milošević, Tomislav Karlo i Miro Žeravica. Odustao sam od plivanja kad sam otišao na studij. Sport je generalno važan, a način funkcioniranja sličan je onome u znanosti. I sport i znanost iziskuju talent, puno rada i odricanja, ali i borbenost, izdržljivost, odvažnost.

Kako su vaši roditelji, posebice vaš otac, umirovljeni admiral Davor Domazet Lošo, gledali na vašu fascinaciju znanošću?

– Moj otac je uvijek gajio neku znanstvenu atmosferu u kući. Njega je jako zanimala matematika, a mene su više zanimale prirodne znanosti. Ali, ta logika matematike i princip razmišljanja su temelj znanosti. Moga oca jako zanimaju moja istraživanja, principi funkcioniranja, pa čak i detalji mojih radova. Često raspravljamo i o principima objavljivanja znanstvenih rezultata.

Smeta li vam što se u medijima vaše ime vezuje uz ime vašeg oca?

– Uopće mi ne smeta što se moje ime vezuje uz ime mojeg oca, pa to je prirodno, iako smatram da svakoga treba gledati u njegovom profesionalnom području i promatrati ga kao pojedinca. No, želio bih naglasiti da u mojoj obitelji nikad nije bio cilj da postanemo medijske ličnosti, mi jednostavno želimo biti profesionalci i raditi svoj posao.

Oženjeni ste i imate mladu obitelj. Kako usklađujete uspješnu znanstvenu karijeru s obiteljskim životom?
– U mojoj obitelji glavnina tereta je ipak na mojoj supruzi, iako je ona također znanstvenica, a imamo troje djece. Velika predanost znanstvenom radu može stvoriti poteškoće u obiteljskom životu i tu je nužan balans. No, mislim da je svaku uspješnu karijeru teško uskladiti s obiteljskim životom. Ipak, pametnim društvenim odlukama i to se može olakšati. Primjerice, iskustvo s Instituta Max Planck pokazuje kako se tamo vodi računa o tome jesu li dječji vrtići u blizini radnih mjesta znanstvenika kako bi oni mogli lakše raditi.

Živite između Zagreba i Plöna te često sudjelujete na znanstvenim konferencijama. Jesu li znanstvenici postali neka vrsta nomada?
– Da, znanstvenici su moderni nomadi. Kao što sportaši većinu vremena provode na natjecanjima, tako i ozbiljni znanstvenici provode vrijeme tamo gdje se znanost događa. Sve se globalizira i možemo misliti o globalizaciji što god želimo, ali ne možemo to izbjeći. Zašto ne bismo koristili prednosti koje globalizacija pruža, poput umrežavanja znanstvenika, tim više što Hrvatska ima veliku znanstvenu dijasporu. Još nisam sreo nijednog našeg znanstvenika vani koji nije izrazio spremnost da pomogne domovini. No, nerealno je očekivati od tih ljudi da se sada fizički vrate i da isključivo tu rade za 'hrvatsku znanost', kako neki inzistiraju. Treba odustati od toga feudalnog principa organizacije znanosti.

Znanost i novac

Što biste poručili novom ministru znanosti Željku Jovanoviću i njegovu timu?
– Ne možemo razmišljati o našoj znanosti samo s ljudima koji su u Hrvatskoj. Svi hrvatski znanstvenici u domovini i svijetu predstavljaju naš znanstveni korpus. Našim znanstvenicima u inozemstvu treba otvoriti kanale da budu virtualno vezani za domovinu. Primjerice, kada bi naši znanstvenici u inozemstvu, uz adresu institucije u kojoj rade stavili i adresu neke institucije u Hrvatskoj s kojom su uspostavili suradnju, pomogli bi brendiranju naše znanosti. Tada bi se otvorili i kanali za privlačenje sredstava te naposljetku za stvarni fizički povratak naših znanstvenika. I Je li novac glavni problem u hrvatskoj znanosti? – Po meni nije. Da čak imamo golema sredstva za istraživanja, treba imati na umu da se znanost ne razvija gradnjom zgradurina i kupnjom skupih instrumenata. Znanost se razvija odabirom najboljih ljudi. I to ne puno njih. Kad u svakoj struci imate najbolje ljude i njima date novac i povjerenje da organiziraju istraživanja, oko njih će se graditi sustav. Izvrsni privlače izvrsne, to je princip svih vodećih institucija u svijetu. Stvaranje toga znanstvenog okoliša još je važnije od financiranja. To je dug proces koji se može postići i u Hrvatskoj, i to pametnim odlukama.

JL, 1. siječnja 2012.

Iva Tolić
Životni put najbolje hrvatske biologinje

Za dr. **Ivu Tolić** 2014. godina bila je prekretnica u karijeri, ali i u osobnom životu. Nakon 15 godina života u inozemstvu, jedna od najuspješnijih hrvatskih znanstvenica mlađe generacije vratila se u Hrvatsku, udala se i postala majka.

– Moj sin Karlo će uskoro navršiti osam mjeseci. Majčinstvo mi je duboko promijenilo život, za koji sada osjećam da je potpun i ispunjen, dok ga je na svakodnevnoj razini učinilo napornijim, nepredvidljivijim, zabavnijim i toplijim – priča mi dr. Iva Tolić koju je prošle godine bivši predsjednik Ivo Josipović odlikovao Redom Danice hrvatske s likom Ruđera Boškovića za znanost za osobiti doprinos razvoju znanosti Republike Hrvatske. Također, prošle godine dobila je i važno međunarodno priznanje: jedan od vodećih svjetskih znanstvenih časopisa Cell izabrao je Ivu Tolić među 40 najboljih biologa na svijetu do 40 godina starosti.

– Nominacija među 40 znanstvenika ispod 40 godina starosti koji rade u raznim područjima biologije, a koje je časopis Cell, povodom obilježavanja 40. godišnjice, odabrao kao 'generaciju budućnosti', najvažnije je priznanje u mojoj znanstvenoj karijeri. Bila sam jako ugodno iznenađena kad su mi to javili iz Cella. Puno mi je važniji rad na rješavanju znanstvenih zagonetaka nego titule i nagrade, ali naravno da je lijepo dobiti ovakvo priznanje za rad – priznala je Iva Tolić.

Rođena je u Zagrebu u obitelji intelektualaca, akademkinje Dubravke Oraić–Tolić i Benjamina Tolića. – U mojem djetinjstvu naš je mali stan u Travnom bio zatrpan knjigama i tekstovima. Mama je uvijek nešto pisala, čak i na ljetovanju u kampu. Njezin se mali narančasti pisaći stroj čuo preko cijelog igrališta pred zgradom. Tata je radio kao profesor filozofije i njemačkoga, prevodio je, radio je i kao urednik na Osmojezičnom rječniku u Leksikografskom zavodu 'Miroslav Krleža', a najveći mu je hobi i danas čitanje Biblije na latinskom i grčkom – ispričala mi je jednom prilikom Iva Tolić.

Od djetinjstva zaljubljenica u znanost, završila je Matematičko–informativni obrazovni centar (MIOC), a dva puta je osvojila prvo mjesto na republičkom natjecanju iz matematike. No, kao tinejdžerka voljela je i glazbu te čak nastupala i u jednom bandu. – Naš band se zvao 'Crvi Ne Postoje'. Zanimljivo je da se naš se album 'Iz Korijena', koji smo snimili za vlastiti label 'Carrot Productions', može naći na Discogsu, web stranici i bazi podataka koja sadrži informacije o glazbenicima i njihovim diskografijama – prisjetila se Iva Tolić.

Diplomirala je molekularnu biologiju na Prirodoslovno-matematičkom fakultetu (PMF) u Zagrebu, a zatim je tijekom poslijediplomskog studija iz biomatematike radila je kao znanstvena novakinja na Institutu Ruđer Bošković (IRB). Dio doktorskog rada na temu stanične mehanike napravila je na Sveučilištu Harvard u Bostonu, a doktorat obranila u Zagrebu 2002. godine. Nakon toga bila je na postdoktoratima na Institutu Niels Bohr u Kopenhagenu i na Sveučilištu u Firenci.

Zatim je 2005. godine na Institutu Max Planck u Dresdenu utemeljila vlastitu znanstvenu grupu koja je postigla zapažene rezultate u istraživanjima starenja. "Dresdenska skupina" Ive Tolić identificirala je i prvi potencijalno besmrtni organizam, kvasac afričkog piva.

– Za taj se organizam može reći da je besmrtan jer ne podliježe starenju i ne umire zbog razloga povezanih sa starošću. Razlog njegove besmrtnosti krije se u načinu diobe stanica. Pri diobi većine drugih kvasaca stanica majka stvara mladu stanicu kćer, a sama nastavlja živjeti i dijeliti se. Nasuprot tomu, kod našega se kvasca stanica majka dijeli u dvije jednake stanice kćeri. To znači da nakon diobe stara stanica majka prestaje postojati, a ostaju samo stanice kćeri, koje su mlade jer su tek rođene – pojasnila je Iva Tolić. No, kad se stanice toga kvasca podvrgnu negativnim utjecajima poput štetnih kemikalija ili visoke temperature, kvasac počinje starjeti. – Pod takvim se stresnim uvjetima kvasac počne dijeliti na mlađe i starije stanice kćeri baš kao i ostale vrste stanica. Dok starije stanice sve više stare i na kraju umru, mlađe se reproduciraju bez problema, čak i u teškim stresnim uvjetima – naglasila je Iva Tolić.

Zanimalo me hoće li zahvaljujući njenim, ali i istraživanjima niza znanstvenika u svijetu u budućnosti biti moguće zaustaviti starenje uz pomoć genetskih manipulacija i lijekova.

– Ne vjerujem da će biti moguće potpuno zaustaviti starenje, ali vjerujem da će biti moguće usporiti ga. Načini za usporavanja starosti obuhvaćat će zdravu prehranu, izbjegavanje stresa, tjelesnu aktivnost, uz mogući dodatak hormonskih terapija, lijekova za čišćenje štetnih tvari i popravak mutacija, a možda i direktnih genetskih manipulacija – smatra Iva Tolić. Ipak, nada se kako bi se spoznaje o kvascu afričkog piva ubuduće mogle iskoristiti i za usporavanje starenja kod ljudi.

– Prvo moramo istražiti koji su molekularni mehanizmi odgovorni za to što kvasac afričkog piva ne stari, dok ostali jednostanični mehanizmi podliježu starenju. Tek kad to budemo razumjeli na molekularnoj razini, moći ćemo razmišljati kako usporiti starenje na razini stanice i kod ljudi – naglasila je Iva Tolić koja je u Dresdenu provela devet godina. Naime, Institut Max Planck zamišljen je kao odskočna daska za mlade voditelje grupa od kojih se očekuje da tijekom devet godina postignu zapažene rezultate u znanosti koji će im otvoriti vrata za stalno radno mjesto na nekom sveučilištu ili institutu. Iako je dobila četiri ponude za stalnu profesorsku poziciju u Engleskoj, Francuskoj i Italiji, Iva Tolić odlučila je vratiti se u Zagreb te na Institutu Ruđer Bošković utemeljiti svoju grupu.

– Volim zagrebački stil života i željela sam ovdje zasnovati obitelj. Tijekom 15 godina u inozemstvu naučila sam mnogo toga, stekla dobre kontakte, a imam i projekte. Cilj mi je da moja grupa na Ruđeru postane svjetski poznata. Stvaranje moje grupe ide jako dobro. S nekoliko studenata i mladih znanstvenika počela sam raditi na najnovijim idejama vezanim uz diobu stanica. Uz znanstveni rad trenutno uređujemo i opremamo laboratorij, te ćemo uskoro početi s eksperimentima – rekla je Iva Tolić.

Naglasila je kako će se njezina znanstvena skupina baviti proučavanjem diobe stanica, što je nastavak njezina rada u Njemačkoj.

– Trenutno nam je najuzbudljiviji projekt onaj u kojem se bavimo biofizikom dijeljenja kromosoma. U suradnji s grupama profesora Nenada Pavina i docenta Matka Glunčića s Fizičkog odsjeka PMF– a proučavamo sile koje djeluju na kromosome u diobenom vretenu. Iako su te sile koje pomiču i razdvajaju kromosome ključne za pravilnu podjelu kromosoma, one još uvijek nisu razjašnjene i to je jedno od 'najvrućih' pitanja u staničnoj biologiji – pojasnila je Iva Tolić.

Pitam je što smatra najvećim izazovom u znanosti. – Ako pitate koje je najveće znanstveno pitanje, to je za mene pitanje kako funkcionira živa stanica. Ili malo preciznije unutar stanice, kako funkcionira diobeno vreteno koje je odgovorno za podjelu genetičkog materijala.

Razumijevanje procesa u stanicama na molekularnoj razini neophodno je da bi se razvile i poboljšale metode liječenja brojnih bolesti. Ako pitate koji je najveći izazov u radu u znanosti, to je prvo odabir dobre teme istraživanja. Slijedeći je izazov pronaći dobre suradnike, a onda, naravno, dolazi pitanje financiranja – kazala je Iva Tolić.

Vesela i optimistična, moja sugovornica mnogo pažnje polaže na svoj izgled što je prepoznala i organizacija Future-ish koja se bavi popularizacijom znanosti, ali i rušenjem tabua o znanstvenicima kao krutim i dosadnim osobama. Tako je Future-ish 2013. i 2014. godine Ivu Tolić proglasio jednom od znanstvenica s najviše stila na svijetu. – Volim lijepu odjeću, a moj omiljeni dizajner je Custo iz Barcelone.

Kad nosim njegove haljine živih boja, osjećam se radosnom – kaže Iva Tolić koja obožava putovati, izlaziti po kafićima i klubovima, te čitati. – Ali trenutno imam vremena samo za jedan hobi, a to je moj sin – veselo je rekla, a zatim opisala svoj prosječan dan.

– Moj suprug Nenad Brgić i ja ustajemo kad nas Karlo probudi. Pijemo kavu dok ga hranimo. Nakon toga dolazi naša draga gospođa Božena koja nam čuva Karla i pomaže u svim kućanskim poslovima. Ja onda odem na posao, a suprug, koji je suvlasnik informatičke tvrtke iz Rijeke, radi od kuće. Večeri provodimo s Karlom, igrajući se s njim i hraneći ga, ponekad odemo u šetnju i još malo radimo kad on zaspe – rekla je Iva Tolić.

Iako se žene, pogotovo kad se udaju i dobiju djecu, teže probijaju u znanosti, Iva Tolić smatra kako će moći uskladiti svoja istraživanja i obiteljski život.

– Volim i uživam i u svom obiteljskom životu i u svom poslu. Muž i ja radimo sve zajedno, roditelji su nam blizu i puno nam pomažu, a imamo i pomoć tijekom radnog vremena, pa uz posao imamo vremena za Karla i za nas. Uz dobru organizaciju i dosta pomoći može se i raditi zahtjevan posao i uživati u privatnom životu – naglasila je Iva Tolić.

Ističe kako nije požalila što je svoju uspješnu karijeru odlučila nastaviti u domovini baš kada je kriza kod nas dostigla vrhunac.

– Sviđa mi se način života u Hrvatskoj, u kojem su važni obitelj i prijatelji, humor i zabava. Zato želim živjeti u Zagrebu, a sigurna sam da i tu mogu raditi znanost kao što sam je radila u Njemačkoj.

Volim centar Zagreba i njegove kafiće koji su uvijek puni, pokraj kojih prolazim svaki dan dok idem na posao i uživam u tome – rekla je.

– Među našim studentima i mladim znanstvenicima ima puno odličnih i izrazito motiviranih. Loše su strane nedostatak novca, kako općenito tako i u znanosti, a to se barem što se znanstvene strane tiče može riješiti pisanjem projekata za koji se novci mogu nabaviti iz EU fondova. Nadam se da će moj povratak potaknuti i druge znanstvenike koji su se usavršavali u inozemstvu jer nam na svakom području treba kritična masa mladih ljudi kako bismo pokrenuli nova istraživanja – zaključila je Iva Tolić.

JL, 12. travnja 2015.

IV. NA TRAGU LIJEKOVIMA ZA RIJETKE I TEŠKE BOLESTI

Ivan Đikić
Pobijedit ćemo mnoge tumore, ali ih nikada nećemo uništiti

Najnagrađivaniji hrvatski znanstvenik u ovoj godini, Ivan Đikić (40), profesor na Sveučilištu Goethe u Frankfurtu, svjetski je priznati znanstvenik koji se bavi istraživanjem raka. U razgovoru za naš list prof. Đikić govori o najnovijim otkrićima, dostignućima, dijagnostici i liječenju raka te tretmanu te bolesti u budućnosti.

Profesore Đikiću, koje biste otkriće ili dostignuće ocijenili najvećim prodorom u istraživanju i liječenju raka ove godine?

– Među najznačajnijim postignućima svakako treba istaknuti primjenu cjepiva protiv humanog papiloma virusa. Riječ je o rekombinantnom cjepivu Gardasil, koje sprječava karcinom grlića maternice, cervikalne prekancerozne te genitalne bradavice uzrokovane papiloma virusom. Gardasil je prije nekoliko mjeseci odobren u SAD-u, a u Hrvatskoj se očekuje početkom 2007. godine. Rak grlića maternice je drugi najčešći uzrok smrti od karcinoma u žena u svijetu. Ovo će cjepivo posebno biti važno za nerazvijene zemlje u kojima je, zbog nedostatka adekvatne rane dijagnostike, smrtnost žena od te vrste tumora mnogo puta veća nego u razvijenim zemljama.

Većina ljudi i dalje smatra da je rak jedna bolest. Koliko zapravo vrsta tumora ima? 150, 200 ili je svaki tumor zasebno oboljenje?

– Usudio bih se reći da tumora ima koliko i bolesnika koji boluju od njih. Smatram da svaki tumor ima svoje posebnosti koje su definirane i organizmom u kojem tumor raste. Međutim, zbog povijesnih i administrativnih razloga te djelomičnog znanja o tumorima mi danas govorimo o dvjestotinjak grupa tumora koje možemo klasificirati po histopatološkim, imunološkim, molekularnim, kliničkim i drugim parametrima. Tumori postaju sve učestaliji problem u razvijenim društvima, što je posljedica produženog životnog vijeka, ali i novih metoda pomoću kojih ih sve uspješnije otkrivamo.

Koji se tumori danas najbolje, a koji najslabije liječe? Što je razlog tome?

– Najbolje se liječe tumori koji su rano otkriveni, dok su loši rezultati u liječenju metastatskih tumora. Najopasniji su tzv. tihe ubojice, tj. oni tumori koje se najčešće dijagnosticiraju kada su već lokalno prošireni ili su meta-stazirali u organizmu. Tu svakako treba spomenuti tumore jajnika kod žena te neke vrste karcinoma jetre, bubrega i pluća, te vrlo agresivne glioblasto-me multiforme, posebnu vrsta tumora mozga s lošom prognozom.

Znamo li koji su uzroci ili čimbenici koji pospješuju nastanak tumora?
– Iako postoje brojne studije o povezanosti pojedinih čimbenika okoliša i razvoja tumora još nemamo konačni odgovor o cjelokupnom utjecaju okoliša na razvoj tumora. No, svakako treba napomenuti da su rezultati epidemioloških studija jasno ukazali da u pojedinim slučajevima vanjski čimbenici direktno uzrokuju tumor, primjerice papiloma virus kod grlića maternice, nikotin kod tumora pluća i grla te razne kancerogene tvari po-put azbesta.

Kako nastaje rak na molekularnoj razini? Koja je najranija faza u kojoj da-nas možemo otkriti rak?
– Suvremena dijagnostika tumora temelji se na molekularnim, citološkim i metaboličkim testovima, a ne na makroskopskim ili kliničkim promje-nama jer je tada najčešće kasno za efikasno liječenje. Tijekom posljednjeg desetljeća medicina je napredovala upravo temeljem unapređenja rane di-jagnostike. To se u prvom redu odnosi na genetska testiranja, specifične tumorske antigene, molekularne markere te suvremene radiološke metode, što je sve zajedno značajno unaprijedilo detekciju manjeg broja tumorskih stanica u čvrstim tkivima.

Koliko je za nastanak tumora važno naše genetsko naslijeđe?
– Genetsko naslijeđe je izuzetno važno. Tu ne mislim samo na poznate ge-netske mutacije koje su povezane s razvojem pojedinih vrsta tumora, poput mutacija BRCA1 i BRCA2 gena kod kojih je definirana obiteljska poveza-nost tog markera i razvoja tumora dojke. Mislim, naime, da svaki pojedi-nac na temelju svog genetskog naslijeđa ima različite kvalitetne mehanizme uklanjanja mutacija u stanicama koje uzrokuju razvoj tumora. Upravo u tom genetskom naslijeđu leži odgovor na pitanje zašto su neki ljudi "otpor-ni" na razvoj tumora, a drugi obolijevaju.

Za neke se vrste tumora već sada zna da su uvjetovani genetskim naslijeđem. Primjerice, zna se da je 5 do 10 posto oboljenja raka dojke nasljedno.
– Ti postoci su posljedica statističkih analiza onoga što je danas poznato, no rekao bih da je genetska predispozicija za tumore dojki, ali i druge vrste tumora, još veća. Primjerice, mutacije u BRCA1 genu ne povećavaju samo incidenciju tumora dojke nego i tumora jajnika, prostate i debelog crijeva. Znanstvenici još nisu otkrili sve genetske markere koji se nasljeđuju, a u raznim kombinacijama pridonose pojavi tumora.

Koja su nova otkrića na tom planu?
– Želio bih spomenuti nedavni uspjeh znanstvenika koji su opisali genetski kod tumora dojki i tumora debelog crijeva. Autori su razvili metodu za studiranje genetskog koda individualnih tumora koja im omogućuje detektirati somatske mutacije i identificirati nove tumorske gene. Pronađeno je da tumori akumuliraju u prosjeku 90 različitih mutacija koje se razlikuju među pojedinim tumorima. Pri tome je i identificirana grupa CAN gena (karcinom gena) za koje se vjeruje da će se uskoro moći koristiti kao dijagnostički markeri u kliničkim testovima.

Što mislite o genetskim testovima za rak?
– Neke farmaceutske kompanije nude komercijalne genetske testove, primjerice za rak dojke. No, u svijetu je to izazvalo velike polemike jer su neke zdrave žene, za koje su genetski testovi pokazali da nose mutiranu verziju gena koji je povezan s velikim rizikom nastanka raka dojke, odstranile obje dojke.

Očiglednо je da samo čitanje genetskog zapisa u testovima za rak nije dovoljno za zaključak hoće li netko sigurno oboljeti od raka i kada će oboljeti. Međutim, genetski testovi su vrlo korisni jer ukazuju na povećanu vjerojatnost za razvoj tumora kod tih osoba i zbog toga su one podvrgnute češćim dijagnozama i posebnoj pažnji. Vrlo je bitan i utjecaj okoline na ekspresiju genetskih markera tumora jer je poznato da te značajke nisu podjednako "penetrantne", tj. ne iskazuju se kod svakog pojedinca na isti način. Pojednostavljeno rečeno, ovisno o načinu života mijenja se i genetska predispozicija za razvoj tumora.

Posljednjih godina na tržištu se pojavljuju tzv. molekularno ciljani ili inteligentni lijekovi poput Herceptina? Što je odlika tih lijekova?
– Odlika tih lijekova je da ciljano djeluju na molekule koje su uzrok nastanka tumora i na taj način blokiraju rast i metastaziranje tumorskih stanica. Prvi takav lijek je Herceptin, monoklonalno protutijelo koje ciljano uništava ErbB2 receptore u tumorskim stanicama dojke, a Američka uprava za hranu i lijekove (FDA) odobrila ga je 1998. godine.

Koji su ostali važni predstavnici skupine inteligentnih lijekova?
– Spomenuo bih Glivec koji se koristi u liječenju mijeloične leukemije, Sutent kod gastrointerstinalnih tumora želuca te tumora bubrega. Iressa i Terceva primjenjuju se kod tumora pluća, a Avastin kod tumora debelog crijeva. Zatim, Erbitux se koristi u liječenju uznapredovalog tumora debelog crijeva, a Velcade za liječenje multiplih mijeloma.

Hoće li se na tržištu uskoro pojaviti novi inteligentni lijekovi?
– Trenutačno je u kliničkim pokusima 20-ak novih lijekova protiv raznih vrsta tumora. Želio bih naglasiti da je proces pronalaska tih lijekova dugo-

trajan, od bazičnih otkrića, preko kliničkih studija, do upotrebe lijekova u klinici u prosjeku prođe 15–20 godina. To je i vrlo skup proces, razvoj novog lijeka u prosjeku stoji 700 milijuna eura. Stoga je i liječenje tim novim lijekovima vrlo skupo pa je prije njihova korištenja nužno napraviti detaljnu dijagnostiku kako bi se pravi lijek mogao davati samo onim bolesnicima kojima je to i neophodno.

Koje su glavne odlike personalizirane medicine?
– Fokusiranje na pojedinca i njegove potrebe. U takvoj medicini najbitnije je prihvatiti da svaki bolesnik ima svoje značajke i da ga se mora dijagnosticirati i liječiti shodno tim karakteristikama. Za takvu medicinu liječnici trebaju biti adekvatno obrazovani, ali i dobro plaćeni jer će to zahtijevati dodatni angažman u cjelokupnoj obradi bolesnika. Sigurno je da cijeli koncept personalizirane medicine neće biti moguć bez paralelnog razvoja tehnologija, prvenstveno dijagnostičkih metoda i informatičke obrade prikupljenih podataka.

Kome će biti dostupna ta medicina?
– Bogata društva sve više uvode takav sustav liječenja, a nadam se da će u skoroj budućnosti taj koncept postupno biti uveden i u Hrvatsku. Iako na prvi pogled izgleda da će personalizirana medicina značajno povećati troškove liječenja, vjerujem da će se u mnogim slučajevima smanjiti troškovi nepotrebnih lijekova, kao i lijekova-induciranih simptoma koji su posljedica neadekvatne terapije.

U znanosti je nezahvalno predviđati, no koji bi veliki prodor znanstvenici koji se bave istraživanjem raka željeli postići u idućih pet godina?
– Mislim da je neophodno racionalizirati naše želje te uskladiti naše mogućnosti sa znanjem koje danas imamo o tumorima. Prije četrdesetak godina američki predsjednik Nixon je u maniri političara najavio rat i skoru pobjedu nad tumorima. No, pokazalo se da su to bile brzoplete najave. Osobno smatram da se tumora, zbog njihove evolucije i zbog promjena koje se događaju u našem organizmu, nikada nećemo riješiti. Ali to ne znači da nećemo pronaći uspješne metode liječenje protiv tumora koje će omogućiti bolesnicima da kvalitetno žive i pobijede mnoge tumore.

Stoga bih rekao da će veliki pomak u sljedećih pet godina biti ako uspijemo dokazati da je timski rad bazičnih znanstvenika i liječnika u individualnom pristupu bolesniku recept uspjeha u liječenju tumora. U takvom konceptu moderna znanost, molekularna dijagnostika i nove terapijske metode omogućit će bolje liječenje i kvalitetniji život svakog bolesnika.

U Hrvatskoj se malo razgovara s oboljelima

Iako ste znanstvenik koji se bavi temeljnim, a ne kliničkim istraživanjima, često vam se s molbom za pomoć javljaju ljudi iz Hrvatske.

– Istina je da dobivam mnogo upita i da pokušavam pomoći savjetom u onim slučajevima kada sam upoznat s novostima u dijagnozi ili liječenju. Želio bih opet naglasiti da ja nisam kliničar i da nisam uključen u direktno liječenje bolesnika, no drago mi je da u brojnim slučajevima kolege kliničari iz Hrvatske uvažavaju mišljenje i savjete te uključuju svoje bolesnike u nove kliničke pokuse.

Kakav ste dojam stekli na temelju tih pisama o liječenju tumora u Hrvatskoj. Što je dobro, a što loše?

– Dobra strana je da postoji dosta mladih i dobro školovanih liječnika koji su otvoreni za komunikaciju s pacijentima te uvažavaju mišljenje drugih kolega.

Oni predstavljaju budućnost medicine u Hrvatskoj. Među loše stane ubrojio bih nedostatak timskog rada na kliničkim odjelima. Posebno je zabrinjavajuće nepostojanje kriterija za kvalitetnu dijagnostiku tumora koja bi omogućila da se tumori što adekvatnije liječe.

Stoga mi je veoma žao da vodeći ljudi Medicinskog fakulteta i KBC-a u Splitu nisu podržali inicijativu da volonterski pomognem stvaranje Laboratorija za molekularnu dijagnostiku tumora u Splitu.

Što ste uočili kao posebnu manjkavost u našem sustavu liječenja tumora?

– Vrlo česti su banalni primjeri da se kod bolesnika otkrije izraslina ili tumor te da se vrlo brzo, bez potpune dijagnostičke obrade, pacijent naručuje na operaciju. Svaka osoba kojoj je dijagnosticiran tumor trebala bi dobiti sve relevantne informacije te bi je trebao pratiti onkološki tim koji bi objedinio mišljenje dijagnostičara, kliničkih onkologa, radioterapeuta, kirurga, a po mogućnosti i bazičnog znanstvenika koji se bavi tom vrstom tumora. Pacijentu se treba detaljno objasniti kakvi su sljedeći koraci, kakvi su uspjesi predložene terapije te kakve su alternativne mogućnosti liječenja ako prva linija terapije ne bude djelotvorna. Usto, bolesnici moraju imati pravo na drugo mišljenje i slobodu izbora mjesta liječenja. Na kraju, želio bih spomenuti da vrlo često primjećujem da su roditelji djece oboljele od tumora jako razočarani, nesretni i frustrirani jer nemaju s kime otvoreno porazgovarati i dobiti potrebne informacije. Njima je ponekad dovoljna i samo riječ podrške i razumijevanja. To opet ukazuje da ne postoji timski rad u kojem bi bila uključena i psihološka pomoć za obitelj oboljele djece.

O otkrićima koja su obilježila 2006. godinu
Najnagrađivaniji ste hrvatski znanstvenik 2006. godine. Koje biste dostignuće vaše skupine ove godine posebno istaknuli?
– Teško je istaknuti jedno dostignuće jer su naši rezultati posljedica timskog rada i dugogodišnjeg studiranja mehanizma nastanka tumora. U obrazloženju nagrada naglašava se naš doprinos u razumijevanju regulacije receptora za faktore rasta te načina na koji stanični signal ubikvitin popravlja oštećenja naših gena. Ta otkrića su bitna jer objašnjavaju razloge povećane aktivnosti receptora ErbB2 kod tumora dojke ili EGFR kod tumora pluća te jer suvremeni lijekovi poput monoklonskih protutijela koriste upravo te mehanizme da bi uništili onkogene receptore na površini tumorskih stanica.

JL, 13. studenoga 2006.

Hrvatski znanstvenici u Washingtonu:
Znanost je najbolji izvozni proizvod

Ovih 15 sekundi hodanja po zlatnom tepihu do pozornice bilo je za mene stresnije nego cijela moja znanstvena karijera – obratio se **Ivan Đikić** okupljenima na gala večeri u vašingtonskom hotelu Grand Hyatt. Ta spontana rečenica hrvatskog znanstvenika izmamila je osmijeh na licima oko 500 uzvanika na svečanosti priređenoj u čast ovogodišnjih dobitnika nagrada Američke asocijacije za istraživanje raka (AACR). AACR je najstarija i najveća znanstvena organizacija za istraživanje raka: osnovana je 1906. godine, a okuplja oko 24.000 članova iz cijelog svijeta.

Nagrade što ih svake godine dodjeljuje u više kategorija slove za najvažnija priznanja (naravno, izuzevši Nobelovu nagradu) znanstvenicima koji se bave istraživanjem raka. Ivan Đikić (39), profesor na Medicinskom fakultetu Sveučilišta Goethe u Frankfurtu, dobitnik je AACR nagrade za iznimna dostignuća u istraživanju raka koja se dodjeljuje znanstvenicima do 40 godina starosti. Među dosadašnjim su dobitnicima ove nagrade neka velika imena medicinske znanosti poput **Berta Vogelsteina**, najcitiranijeg svjetskog znanstvenika u razdoblju od 1983. do 2002. godine, **Erica Landera**, jednog od voditelja projekta Ljudski genom, **Johna Kuriyana**, indijskog istraživača koji je u 30. godini života postao redovni član Američke akademije znanosti...

Emotivan govor

– Velika je čast sudjelovati na ovoj gala večeri kao dobitnik AACR nagrade za iznimna postignuća u istraživanju tumora. To je uistinu divan osjećaj – rekao je Ivan Đikić, istaknuvši da su za njegov znanstveni uspjeh uvelike zaslužni i njegovi mladi suradnici, postdoktorandi i studenti iz njegova frankfurtskog laboratorija. Zahvalio je svojem mentoru Yossiju Schlessingeru, u čijem se laboratoriju u New Yorku znanstveno usavršavao nakon što je diplomirao na Medicinskom fakultetu u Zagrebu. **Joseph (Josip) Schlessinger** jedan je od najcitiranijih znanstvenika današnjice, a zanimljivo je da je podrijetlom hrvatski Židov, rođen 1945. godine u Topuskom. Đikić je posebno istaknuo podršku svoje obitelji, posebice supruge Inge, koja nije mogla doputovati u Washington jer je nedavno rodila djevojčicu Emmu. – Posvetio sam ovu nagradu uspomeni na našu pokojnu kćer, Karlu – rekao je naposljetku, što je izazvalo buran pljesak.

Bio je to vrlo emotivan trenutak za Ivana Đikića; višegodišnji naporan istraživački rad, teški dani materijalne nesigurnosti i obiteljska tragedija zbog smrti trogodišnje kćerkice Karle kulminirali su prestižnom nagradom. Na poziv prof. Đikića, prisustvovala sam tom jedinstvenom događaju. Bio je to važan trenutak i za mene. Sav taj glamur u dvorani, velike znanstvene "face", uključujući i dobitnika Nobelove nagrade za medicinu 1993. godine **Phila Sharpa** te **Boba Weinberga**, za kojeg je samo pitanje vremena kada će tu nagradu dobiti, urednici medicinskih časopisa, profesori prestižnih svjetskih sveučilišta, predstavnici moćnih farmaceutskih i biotehnoloških tvrtki... Bio je divan osjećaj te večeri čuti da je "Ivan Đikić podrijetlom iz Hrvatske i da je prvi znanstvenik iz Europe koji je dobitnik AACR nagrade za iznimna dostignuća u istraživanju raka".

– Baš sam ponosna – rekla mi je **Ana Barač** dok smo, sjedeći za stolom, pratile istup prof. Đikića. Ana je mlada, 31-godišnja Splićanka koja je trenutačno na specijalizaciji iz interne medicine u Bolničkom centru Washington. Diplomirala je 1998. godine na Medicinskom fakultetu u Zagrebu, gdje je zatim radila kao znanstvena novakinja na farmakologiji kod prof. **Lackovića**. Te godine, na dubrovačkoj konferenciji o prijenosu signala, upoznala je prof. Đikića.

– Željela sam doći u njegov tadašnji laboratorij u švedskoj Uppsali kako bih naučila tehnike molekularne biologije. Nakon godinu dana želja mi se ispunila: dobila sam tromjesečnu stipendiju i otišla u Uppsalu. Zatim sam 2000. godine dobila novu tromjesečnu stipendiju i ponovno se usavršavala u Đikićevu laboratoriju – prisjetila se Ana, koja je u listopadu 2000. godine došla na američki Nacionalni institut za zdravlje (NIH).

Najveća bolnica

– Na NIH-u sam provela skoro tri godine, a istraživala sam molekule koje kontroliraju stanični oblik, rast, diobu i pokretljivost te sudjeluju u važnim fiziološkim i patofiziološkim procesima poput upalnih procesa, ateroskleroze, razvoja raka i metastaza – ispričala je Ana Barač.

Ona je u lipnju 2003. godine prešla u Bolnički centar Washington na specijalizaciju iz interne medicine, koju će završiti u lipnju ove godine. Tu je upoznala i svojeg dečka, Argentinca **Federica Asha** (33), koji je 1996. godine diplomirao medicinu u Buenos Airesu. Federico je specijalizirao kardiologiju u Buenos Airesu, a zatim je prije četiri godine došao u Bolnički centar Washington na usavršavanje u ultrazvuku srca. Sada je, baš kao i Ana, na specijalizaciji iz interne medicine.

Stalni rad

Bolnički centar Washington najveća je nevladina bolnica u glavnom gradu SAD-a, a njezina sveučilišna afilijacija poznato je Sveučilište Georgetown. Bolnica ima 907 kreveta, a smještena je u sjeverozapadnom dijelu Washingtona, točno na granici prema siromašnijem sjeveroistočnom dijelu grada, kamo turisti u pravilu ne zalaze. Željela sam, međutim, vidjeti tu četvrt kako bih spoznala i naličje najmoćnijeg grada na svijetu. Ana i Federico odmah su se ponudili da me provezu i pokažu mi usput bolnicu u kojoj rade.

80 sati dežurstva

Unatoč njihovoj dobroj volji, problem je naći slobodno vrijeme jer to dvoje mladih stalno radi.

– Radni tjedan većine specijalizanata iz interne medicine u Americi kreće se između 60 i 80 sati na tjedan, s tim da se privilegij 60-satnog dežurstva odnosi samo na 'dobre mjesece' izvan jedinica intenzivne njege. Dežurstva koja traju 30 sati u prosjeku su jednom do dvaput tjedno – objasnila je Ana i dodala da su do prije nekoliko godina specijalizanti dežurali i više od 100 sati tjedno. No, donesen je novi zakon (uvelike zbog tužbi pacijenata koji su se žalili na liječničke pogreške kao posljedicu neispavanosti), kojim su regulirani maksimalni 80-satni radni tjedan te maksimalno trajanje dežurstva od 30 sati.

Zanimljivo je spomenuti da se u SAD-u dežurstva ne plaćaju dodatno. Iako s moje strane nije bilo pristojno pitati o zaradi, Ana mi je rekla da specijalizanti imaju prosječnu plaću između 2200 i 2500 dolara mjesečno bez obzira koliko dežuraju. U SAD-u se specijalizacija smatra dijelom "treninga", a kad je on gotov, dežurstva su mnogo rjeđa. I plaća je nakon završene specijaliza-cije znatno veća, što, pak, ovisi o ustanovi i uvjetima ugovora.

Pozitivan stav

– Slobodnog vremena gotovo i nemamo. Evo, grize me savjest, moji su ro-ditelji bili tri tjedna kod nas u posjetu, a jedva da sam ih vidjela. Kad imamo malo slobodnog vremena, družimo se s nekoliko prijatelja iz bolnice i s mo-jim prijateljima iz laboratorija u NIH gdje sam radila – objasnila je Ana.

Iako prema hrvatskim mjerilima Ana i Federico "ropski" rade, nisu ostavi-li dojam nezadovoljnih osoba. Štoviše, stekla sam dojam da imaju mnogo vedriji i pozitivniji stav prema realnom životu, nego mnogi njihovi vršnjaci u Hrvatskoj, čija je kvaliteta života, usuđujem se reći, mnogo bolja nego u Americi. A mladom i lijepom hrvatsko-argentinskom paru ne manjka planova za budućnost.

– Tijekom specijalizacije započela sam klinička istraživanja na kardiova-skularnom području, usmjerena na mehanizme razvoja ateroskleroze, baš kao i na mogućnosti razvoja terapija za njezino rano liječenje. Namjeravam nastaviti ova istraživanja i završiti subspecijalizaciju iz kardiologije – priča Ana. Kad iduće godine završi specijalizaciju iz interne medicine, Federico će se ponovno vratiti kardiologiji kako bi nastavio klinička istraživanja koja uključuju ultrazvuk srca, magnetsku rezonancu i kompjutoriziranu tomo-grafiju (CT) za dijagnosticiranje bolesti srca. – Nakon specijalizacije mnogi su nam putovi otvoreni, no mislim da ćemo u Washingtonu ostati idućih pet godina. Sigurno ću pokušati osnažiti i svoje veze s domovinom, barem putem sudjelovanja na konferencijama ili seminarima u Hrvatskoj. Nadam se da bi se iz toga mogli iskristalizirati i konkretniji planovi – rekla je Ana Barač.

JL, 15. travnja 2006.

Stanley Fields
Nikad neće biti jedinstvene terapije za sve različite oblike tumora

Stanley Fields je profesor genomskih znanosti i medicine na Sveučilištu Washington u Seattleu

Stanov najveći izazov: Shvatiti interakciju između gena i proteina te kako faktori iz okoliša kao što su hrana, piće i zrak utječu na zdravlje i bolest.

Znanstvena konferencija "OMICs in biomedical research", koja se ovaj tjedan održava u splitskom MedILS-u, okupila je niz svjetski poznatih znanstvenika iz biomedicine. Među njima je i **Stanley Fields**, profesor genomskih znanosti i medicine na Sveučilištu Washington u Seattleu. Prof. Fields poznat je po nizu otkrića, od kojih je razvoj metode "Yeast Two-Hybrid" izazvao pravu revoluciju u proteomici, znanstvenoj disciplini čiji je cilj identificirati svih 500.000 proteina u ljudskom organizmu i pronaći koja je njihova funkcija. – Sadašnja istraživanja moje grupe fokusirana su na razvoj tehnologija koje su korisne za biomedicinska istraživanja. Zadnjih nekoliko godina koncentrirali smo se na pristup koji nam omogućava da procijenimo sve posljedice za funkciju proteina kada protein sadrži veliki broj mogućih mutacija. Želimo znati kako će određeni protein funkcionirati ako u njega 'ugradimo' sve moguće mutacije – pojasnio je prof. Fields svoja istraživanja. Kako su od početka 21. stoljeća genomske znanosti najbrže rastuće područje istraživanja, zanimalo me što prof. Fields smatra najvećim postignućem genomike dosad.

Ključna uloga

– Najveći napredak u genomici postigli smo sekvenciranjem ljudskog genoma, ali i genetskih sekvenci tisuća ostalih vrsta poput bakterija, virusa, vinske mušice, miša itd. Te sekvence pružaju nam kritičku podlogu za niz drugih pristupa koji se mogu koristiti za razumijevanje kompleksne biologije i ljudskih bolesti – rekao je Fields. Otpočet 1989. godine, a službeno okončan 2003., projekt Ljudski genom rezultirao je spoznajom da čovjek sadrži svega 21.000 gena, tek malo više nego vinska mušica koja ima 18.000 gena. Upitala sam svoga sugovornika na kojem će području genomska medicina idućih godina imati najveći utjecaj. – Mislim da bi najveći utjecaj genomske medicine mogao biti u mnogo boljem razumijevanju ljudske genetske varijacije: što su posljedice mnogih razlika u DNK sekvencama svakog pojedinca – rekao je Fields.

Hoće li nam genomika omogućiti da izliječimo rak, upitala sam.
– Zajedno s ostalim biološkim oruđem, genomika već igra važnu ulogu u analizi genetskih promjena koje se događaju u tumoru. No, posve je nevjerojatno da će jedan pristup biti dovoljan za liječenje raka. Mislim da će tu odlučnu ulogu odigrati proteomika i molekularna genetika – rekao je Fields.

Psihijatrijske bolesti

No, kako možemo dobiti rat protiv raka?
– Rak je kompleksna bolest i nikad neće postojati jedinstvena terapija za sve različite oblike tumora. Ali, ako saznamo koje to specifične genetske promjene u tumoru svake pojedine osobe dovode do raka, bit će moguće tretirati neku osobu kombinacijom lijekova koji su učinkoviti protiv točno određene vrste tumora od kojeg je oboljela ta osoba. Takva 'personalna' terapija omogućit će značajno dulji život ljudima oboljelim od određenih vrsta tumora u usporedbi s klasičnim 'neciljanim' lijekovima – naglasio je Fields.

Zanimalo me kakve perspektive genomske znanosti nude u liječenju psihijatrijskih oboljenja. – Genomika je također izuzetno važna u identificiranju mnogih razlika u DNK sekvencama koje leže u osnovi psihijatrijskih bolesti. To se može koristiti i za stvaranje novih lijekova kako bi bili bolje prilagođeni pacijentima koji bi iz toga izvukli najveći mogući blagotvorni učinak – rekao je Fields. Naposljetku, upitala sam svoga sugovornika što smatra najvećim izazovom u znanosti o životu. – Jedan od najvećih izazova je razumjeti kakva je interakcija između gena i proteina te kako faktori iz okoliša kao što su hrana, piće i zrak utječu na zdravlje i bolest. To će biti golemi znanstveni poduhvat – zaključio je Fields.

Prof. Štagljar: Siguran sam da će Stan dobiti Nobela

– Stan je iznimno skroman znanstvenik, pomalo sramežljiv, no njegov utjecaj u području proteomike je nemjerljiv. Ja sam uvjeren da će u sljedećih 5-10 godina Stanov doprinos u znanosti biti nagrađen Nobelom – kaže prof. **Igor Štagljar** iz Centra za istraživanje života Sveučilišta Toronto.

– Znanstvenik njegova kalibra mogao bi na konferencijama provesti šest mjeseci u godini, no Stan prihvaća poziv za jednu konferenciju godišnje. Ove godine to je MedILS, kaže prof. Štagljar koji se početkom 2000-ih usavršavao kod prof. Fieldsa u Seattleu, a u postao i njegov dobar prijatelj.

JL, 12. lipnja 2015.

Joseph Schlessinger
Borio sam se za Izrael, izumio Sutent.
Sad mogu natrag u svoju Hrvatsku

Dobar dan, Tanja! Kakvo je vrijeme u Zagrebu? Hoće li sredinom rujna, kada dođem u Hrvatsku, biti lijepo vrijeme – obratio mi se na hrvatskom jeziku prof. Joseph Schlessinger, jedan od najpoznatijih svjetskih istraživača raka.

– Govorim hrvatski, ali još uvijek nedovoljno dobro da bih mogao voditi sofisticirane diskusije – priznao je Schlessinger koji će 21. rujna u HAZU održati predavanje za javnost, a bit će mu uručen i orden Danice hrvatske s likom Ruđera Boškovića kojim ga je za doprinos znanosti odlikovao predsjednik Mesić. Naime, Joseph Schlessinger (65), pročelnik Odsjeka za farmakologiju na Sveučilištu Yale i jedan od najcitiranijih znanstvenika na svijetu, rođen je u Hrvatskoj, gdje je živio tri godine, dok njegova obitelj nije emigrirala u Izrael.

– Moj otac Imre, Židov iz Slatine, bio je prije Drugog svjetskog rata oženjen i imao je dijete, ali mu je obitelj završila u Auschwitzu. Moja majka Rifka, Židovka iz Bugojna, također je bila udana, a ustaše su joj u jednoj noći ubili obitelj. Njih dvoje su se upoznali 1943. godine u logoru na Rabu. Tamo su se pridružili jednom odredu sastavljenom od Židova i pobjegli u partizane – ispričao je Schlessinger koji je rođen 26. ožujka 1945. godine među partizanima u Topuskom. Dok su oko nje vođene borbe, Rifka Schlessinger rodila je dječačića kojega su zamotali u svilu iz britanskog vojnog padobrana.

U 15. izabrao znanost

– Vojni liječnik, koji je porodio moju majku, dao mi je ime Fedor, odnosno Feđa, a da moja majka nije imala priliku pokazati neslaganje. Nakon rata nazvali su me Josip, odnosno Joseph, prema mome djedu. No, ljudi me uglavnom zovu Yossi – pojasnio je Joseph Schlessinger.

Obitelj Schlessinger nakon rata se nastanila u Osijeku, gdje je 1947. godine rođen Josephov mlađi brat Darko David. No, nakon ratnih strahota obi-

111

telj nije našla mir jer se Imre Schlessinger, koji nije gajio simpatije prema komunizmu, jednom prilikom našalio na račun maršala Tita, zbog čega je nekoliko mjeseci proveo u zatvoru. Kad je Yossi imao 3,5 godine, obitelj se preselila u Palestinu. Odrastajući u novostvorenoj državi Izrael, mladi je Joseph vrlo rano spoznao svoju ljubav prema znanosti.

– Moj interes za znanost pobudili su dobri profesori. Sa 15 ili 16 godina odlučio sam postati znanstvenik. U gimnaziji su me najviše zanimali fizika, kemija i povijest. Lako sam mogao postati povjesničar. I danas me jako zanima povijest; ja sam povjesničar amater i mogao bih čak držati predavanja o povijesti Jugoslavije, Bosne, Hrvatske i niza zemalja – kaže Schlessinger kod kojega je naposljetku prevagnuo interes za kemiju i fiziku: 1968. je oba predmeta diplomirao na Hewbrew Universityju u Jeruzalemu.

Časnički dani

Istodobno, poput većine mladih Izraelaca toga doba, odrastao je i kao "macho borac". – Navršivši 18 godina, morao sam ići u vojsku, a nakon toga sam postao časnik. Kad je 1967. godine izbio Šestodnevni rat između Izraela i arapskih zemalja, bio sam na čelu jedinice od 40 mladića. Srećom je kratko trajalo jer smo brzo pobijedili – prisjetio se Schlessinger.

Godine 1973. bio je pri kraju postdiplomskog studija na Institutu Weizmann, no izbio je rat između Izraela i Egipta.

– U to sam doba već bio oženjen i postao sam otac. Postavili su me na čelo satnije koja je imala 90 ljudi. To je bio mnogo grublji rat od onog 1967. godine. Tadašnja bilanca moga života bila je zanimljiva: imao sam svega 28 godina, a bio sam rođen u ratu i sudionik dvaju ratova – rekao je Schlessinger koji je sredinom sedamdesetih godina otišao na postdoktorat u SAD-u.

Nakon nekoliko godina vratio se u Izrael i fokusirao se na istraživanje prijenosa informacija u čovjekovim stanicama. Njegova posvećenost i ambicioznost u znanosti te naporan rad rezultirali su uspjehom. Sredinom osamdesetih godina donio je odluku da se iz Izraela preseli u SAD.

– Moj je laboratorij otkrio da su mutacije na nekim onkogenima povezane s razvojem određenih vrsta tumora. Nakon toga sam otkrića postao poznat pa sam dobio mnogo ponuda za posao. Istodobno, moja prva supruga i ja odlučili smo se razvesti. U to doba imao sam 38-39 godina, a trebao sam početi novi život. Kako se tada počela razvijati biotehnologija, počeo sam raditi u jednoj kompaniji u Washingtonu. Idućih šest godina živio sam tako da sam dva mjeseca bio u SAD-u, a zatim dva tjedna u Izraelu. Bilo je to vrlo plodno razdoblje u mojoj karijeri, uključujući i financijski aspekt – prisjetio se Schlessinger koji tvrdi da je njegovo preseljenje u SAD bilo jako dobra odluka.

Menadžer iz laboratorija

– Oduvijek sam volio Ameriku, duh slobode koji ovdje vlada i gdje nitko ne mari odakle ste. Jako se dobro osjećam u američkoj znanstvenoj zajednici koja je neka vrsta hektičnog pakla. Ovdje vlada ekstremna kompeticija i stalno morate naporno raditi. No, ako ste u u svome poslu uspješni, samo vam je nebo granica – rekao je Schlessinger.

Tijekom svoje izvanredne znanstvene karijere objavio je gotovo 500 radova citiranih nevjerojatnih 72.469 puta. Upitala sam prof. Schlessingera u čemu je tajna njegove enormne znanstvene produktivnosti.

– Nesigurnost, moja fantastična ljubav prema znanosti i spremnost da se žrtvujem kako bih našao odgovor na neko zanimljivo znanstveno pitanje. Vrlo sam fokusiran čovjek i vodim računa samo o zadnjem dobrom radu koji sam objavio. To što sam prije tri godine objavio dobar rad, za mene ne znači ništa. Ako u idućih šest mjeseci ne budem imao nešto dobro ili važno, to je kao da ne radim ništa – pojasnio je.

Osim izvanrednom akademskom karijerom, Joseph Schlessinger može se pohvaliti i svojim menadžerskim sposobnostima. Suosnivač je triju farmacuetskih kompanija, Sugen, Plexxicon i Kolltan, koje su lansirale nekoliko lijekova protiv raka. Hrvatskoj javnosti najpoznatiji je lijek Sutent koji se koristi u tretmanu raka bubrega. No, Schlessinger velike nade polaže u PLX4032, lijek protiv melanoma razvijen u kompaniji Plexxicon.

Sa ženom na istom poslu

– U slučaju melanoma, mutacije na jednom genu odgovorne su za 60 posto oboljenja. Ljudi koji imaju tu mutaciju uspješno će reagirati na PLX4032. U tijeku su klinički pokusi s tim lijekom u koje je uključen i jedan pacijent iz Hrvatske. Uspješno je reagirao na PLX4032 – ispričao je Schlessinger koji tvrdi da je budućnost liječenja tumora upravo u takvim molekularno ciljanim lijekovima.

– Rak nije jedna nego nekoliko stotina različitih bolesti. Primjerice, kad se kaže rak dojke, to je barem šest različitih bolesti. Ne možemo imati isti lijek za više oblika raka. Za svaki tip ili podtip tumora treba imati poseban lijek, a ponekad se radi o kombinaciji nekoliko lijekova. No, ti lijekovi su jako skupi jer se svaki razvija od 10 do 15 godina, a taj razvoj stoji barem 400 milijuna dolara. Investitori koji ulažu novac, pak, neće ulagati ako ne budu imali zaradu – pojasnio je Schlessinger.

Hoćemo li naposljetku pobijediti rak, upitala sam.

– Mi već pobjeđujemo neke vrste raka, ali to je borba na dugi rok. Sada je zlatno doba otkrivanja novih lijekova. U budućnosti će biti mnogo lijekova, a mnogi će tumori postati kronične bolesti. To znači da će oboljeli morati uzimati lijekove tijekom života, ali će moći kvalitetno živjeti – naglasio je Schlessinger koji, iako u godinama kada se u nas odlazi u mirovinu, i dalje ima žestok radni ritam. Kako je njegova druga supruga Irit Lax znanstvenica, zajedno provode najveći dio dana na poslu.

'Braća' po materi

– Irit i ja smo stalno zajedno, privatno i na poslu. Imamo jako lijep odnos. Nemamo zajedničku djecu, no ja imam dva sina iz prvoga braka. Imam i unuka, a uskoro ću drugi put postati djed. Irit u laboratoriju provodi mnogo više vremena od mene jer imam mnogo obaveza kao predstojnik Odsjeka za farmakologiju. Nemamo mnogo hobija, a u slobodno vrijeme obično idemo na večere s prijateljima ili gledamo filmove – opisao je Schlessinger svoju svakodnevicu, naglasivši da sada mnogo rjeđe putuje nego prije. U kontaktu je s hrvatskim znanstvenicima, a s prof. Ivanom Đikićem veže ga dugogodišnje prijateljstvo.

– Ivan je nekad bio moj student, a sada je moj kolega i prijatelj. To je najljepše što se može dogoditi u znanosti. Postoji još jedna važna spona među nama: Ivanov otac je bio iz Bugojna kao i moja majka – naglasio je Schlessinger koji se raduje svom skorašnjem posjetu zemlji u kojoj je rođen.

– Hrvatska je moderna zemlja i svaki put se iznenadim kako je napredovala. Lako bih se u Hrvatskoj mogao osjećati kao kod kuće. Mnogo dobrih znanstvenika živi u inozemstvu. Onima koji se žele vratiti treba danu mogućnost povratka. No, možda nisam prava osoba da propagiram povratak stručnjaka, jer i ja sam otišao iz Izraela u SAD – rekao je na kraju Joseph Schlessinger.

Molim da mi se jave oni koji nešto znaju o mojoj široj obitelji

– Kad smo se preselili u Izrael, roditelji su ponekad spominjali Jugoslaviju, ali nikad nisu govorili o svojim osobnim iskustvima. Često sam ih pitao tko je na nekoj od fotografija, a oni bi počeli plakati. Teško je i zamisliti koliko su bližnjih izgubili. Moji roditelji su bili dobri, ali slomljeni ljudi koje su emocionalni gubici učinili ranjivima. Stoga sam vrlo rano spoznao da želim li uspjeti u životu, moram sam oblikovati moju budućnost – rekao je Schlessinger, istaknuvši da mu je akademik Vladimir Paar mnogo pomogao u istraživanju očeve obitelji koja je živjela u Slatini.

– No, i dalje pokušavam složiti mozaik članova svoje šire obitelji s očeve, ali i majčine strane koja se prezivala Atias. Stoga bih sve one koji imaju neke informacije o mojoj široj obitelji molio da mi se jave – rekao je Schlessinger.

Jesam Židov, ali nisam vjernik

– Mislim da je ekonomska situacija u SAD-u takva da Obamina administracija neće moći u znanost uložiti onoliko novca koliko nam treba. Obama sada mnogo novca troši na programe poput spašavanja automobilskih kompanija, a to, po mome mišljenju, nije dobro. Mislim stoga da od Obamine administracije ne trebamo očekivati revoluciju kada je riječ o ulaganjima u znanost Ključni je problem sa znanošću u doba Georgea W. Busha bilo snažno uplitanje religije u znanost. Veliki je pomak što je predsjednik Obama ukinuo ograničenja u istraživanju embrionalnih matičnih stanica. – rekao je Joseph Schlessinger. Priznao mi je da nije religiozan.

– Temeljno sam ateist. Odrastao sam i istinski pripadam židovskoj kulturi, ali nisam sljedbenik nijedne religije na svijetu. Religija me uopće ne zanima – naglasio je Schlessinger.

JL, 12. rujna 2009.

Igor Štagljar
Povratak u RH za mene bi bio nazadovanje jer znanost nema političku stranku

Srce sve više vuče u domovinu, ali ne mogu se trajno vratiti. Svaki povratak bio bi nazadovanje u znanstvenom smislu jer bih se morao boriti sa znanstvenim strukturama, zavidnim ljudima i kočenjima. A znanost nema kočenja niti ima političku stranku, što je u Hrvatskoj, nažalost, vrlo važno.

Dr. Igor Štagljar (49), profesor u Centru za istraživanje života "Terrence Donnelly" Sveučilišta Toronto, jedan od vodećih molekularnih biologa u svijetu, dobitnik Inovacijskog Oscara za tehnologiju MaMTH, pomoću koje je otkrio novi biomarker za rak pluća Crk II, upravo boravi u Splitu gdje je, zajedno s profesorima Miroslavom Radmanom i Mladenom Merćepom, organizao prestižnu međunarodnu biomedicinsku konferenciju na Mediteranskom institutu za istraživanje života (Medils). U razgovoru s novinarkom Jutarnjeg lista i Globusa Tanjom Rudež, koju je Britansko udruženje znanstvenih pisaca proglasilo najboljim europskim znanstvenim novinarom 2014. godine, dr. Igor Štagljar otkriva nove pojedinosti o svojem najvažnijem projektu – lijeku

za rak pluća. Po njegovim riječima, na pomolu je veliki, pobjednički preokret u borbi s jednim od najčešćih i najzloćudnijih tumora s kojima se suočava čovječanstvo.

Ako je danas petak, onda je ovo Bruxelles, pjevao je sedamdesetih godina Bob Dylan o Amerikancima koji u tjedan dana obiđu Europu. Dylanovi stihovi danas odlično opisuju tempo vrhunskih svjetskih znanstvenika, koji poput Igora Štagljara u tjedan dana projure ne samo Europom nego i cijelim svijetom.

"Imao sam naporan raspored zadnjih tjedana. Bio sam pet dana u Indiji, zatim dva dana u Torontu, a onda sam išao na konferenciju na Nijagari, pa tri dana u Toronto. Sad slijede tri tjedna u Europi, idem najprije na konferenciju koju organiziramo u MedILS-u u Splitu, a onda ću na kongres u Belgiji", priča mi Igor Štagljar, profesor u Centru za istraživanje života Terrence Donnelly Sveučilišta Toronto. Sjedimo u jednom kafiću u Utrinama, a društvo nam pravi Štagljarova zaručnica Renata Kilibarda, menadžerica za ljudske resurse u jednoj kompaniji u Las Vegasu. Iako su u Zagreb sletjeli nekoliko sati prije našeg dogovora, njih dvoje ne djeluju umorno, dapače raspoloženi su i razgovorljivi.

"Kad smo sletjeli, odspavali smo dva sata. Sutra ujutro ću na jogging i vrlo brzo bit ću u punoj formi", dodaje Igor Štagljar. Nedavno je dobio "Inovacijskog Oscara", nagradu koju dodjeljuju kanadska Vlada, zatim Vlada provincije Ontario i Sveučilište u Torontu za inovacije koje imaju potencijal promijeniti kvalitetu života, baš kao i mogućnost za komercijalni i globalni utjecaj. "Inovacijski Oscar" Štagljaru je dodijeljen za MaMTH tehnologiju pomoću koje je otkrio novi biomarker za rak pluća Crk II. To otkriće, objavljeno lani u prestižnom časopisu Nature Methods, otvorilo je put novom lijeku za rak pluća, jedan od najzloćudnijih tumora koji pogađaju čovječanstvo.

Finale

"Istraživanja na Crk II, biomarekeru za rak pluća, idu po planu. Naš prototip lijeka usmjerenog protiv proteina Crk II već je prošao prve četiri od ukupno sedam faza u stvaranju određenog lijeka. Pokazalo se da taj naš prototip lijeka ima izvanredno djelovanje na stanice karcinoma pluća nemalih stanica, najčešćeg oblika raka pluća. Više od 94 posto stanica bilo je mrtvo već za nekoliko sati. To nije pokazao nijedan lijek dosad", pojašnjava Štagljar dok se "ekipa" oko nas priprema za subotnju sportsku poslasticu: finale Lige prvaka između Barcelone i Juventusa.

"Mi sad radimo pretklinička istraživanja, modificiramo lijek, radimo eksperimente u modelima psa i majmuna. Kako stvari sada stoje, od prvih

smo kliničkih pokusa, odnosno testiranja lijeka na eksperimentalnim sku-
pinama pacijenata iz Kanade, udaljeni između 16 i 18 mjeseci. Ako klinič-
ka istraživanja budu uspješna, naš bi lijek mogao doći na razmatranje u
Američku agenciju za hranu i lijekove (FDA) za četiri do šest godina", ističe
Štagljar.

Razgovor skrećemo na eksperimente na životinjama. "Ja sam protiv toga
da ubijamo životinje zbog krema koje je razvila neka kozmetička firma, ali
za razvoj lijekova koji su budućnost medicine i o njima ovise ljudski životi
nemamo druge opcije. Ne možemo raditi eksperimente na ljudima", rekao
je Štagljar. Naglasio je kako se novi lijekovi moraju iskušati na organizmima
koji su srodni ljudima.

*"Kad me ljudi pitaju treba li neki lijek isprobavati na životinjama, uvijek im
kažem: 'Da je vaše dijete bolesno, dali biste sve na svijetu da ga izliječite.' A
nijedan lijek ne može doći u opticaj ako nije prošao testiranja na životinja-
ma", kaže.*

Pitam ga što misli o alternativnom liječenju kojem pribjegava veliki broj pa-
cijenata u svijetu, ali i kod nas. "Nema alternativnih medicinskih lijekova.
Da bi nešto bilo lijek, mora funkcionirati i proći sva znanstvena ispitivanja.
Ne može me nitko uvjeriti da ulje konoplje liječi karcinom ako nije prošlo
sve studije koje se zahtijevaju od mene kao znanstvenika. Ja ne mogu nijed-
nom pacijentu koji boluje od raka pluća reći da uzme naš prototip lijeka jer
to još nije dokazano. Nemamo sve potrebne studije. Svima koji tvrde da ulje
konoplje liječi rak poručujem: Nemam ništa protiv toga, ali napravite sve
nužne studije koje će to dokazati", dodaje.

Naš razgovor prekida Rakitićev gol: dok Renata i ja ne reagiramo, Igor Šta-
gljar ne krije oduševljenje. Uostalom, i on je nekad bio aktivni sportaš, član
mlade rukometne reprezentacije Jugoslavije. Njegovi suigrači i prijatelji Ivi-
ca Udovičić, Ratko Tomljanović, Bruno Gudelj i Iztok Puc 1996. godine s
hrvatskom su reprezentacijom postali olimpijski pobjednici u Atlanti. "Ov-
dje u Utrinama sam odrastao i tu na igralištu uz školu sam počeo igrati ru-
komet. Primijetio sam nedavno da je škola ostala ista, ništa se nije ulagalo u
nju. To me žalosti. No, zato se broj kafića povećao 600 posto!"

Robna kuća

Rođen je 1966. godine u Zagrebu. "Mama i tata su mi Zagrepčani, ja sam
dakle pravi purger. Moj prapradjed je došao u Zagreb iz Graza, a u to doba
je naše prezime bilo Stagler. No, u Zagrebu su to 'udomaćili' pa smo postali
Štagljari. Moja mama Sonja radila je u računovodstvu robne kuće Roma u
Dubravi, a tata Mirko bio je voditelj prototipnog laboratorija u Brodarskom

institutu. Tata je bio vrhunski sportaš, bavio se veslanjem i on je jedna od legendi hrvatskog veslanja. Na Jarunu još stoji njegova bista kao jednog od zaslužnih hrvatskih sportaša", rekao je Štagljar.

Diplomirao je 1990., a zatim otišao na doktorat na Švicarski tehnološki federalni institut (ETH) u Zürichu, jedno od najboljih sveučilišta u svijetu na području prirodnih i tehničkih znanosti koje je dalo niz nobelovaca uključujući Einsteina, Röntgena te naše Lavoslava Ružičku i Vladimira Preloga. Doktorirao je 1994., a nakon dvije kratke specijalizacije u Zürichu, 2001. otišao je na usavršavanje na Sveučilište Washington u Seattleu kod prof. Stanleyja Fieldsa. "Vrijeme provedeno kod Fieldsa bilo je od izvanredne važnosti za nastavak moje karijere jer sam kod njega naučio da je samo nebo granica. Stanley mi je usadio mnogo samopouzdanja i vjere u vlastite ideje. U Americi sam spoznao da nije važno odakle si, koliko si star i kojim akcentom govoriš. Ako si pametan, imaš ideje i želiš raditi, možeš uspjeti", komentirao je Štagljar.

Tehnologija

On je 2001. prihvatio ponudu Sveučilišta Zürich i postao docent. U to doba Igor Štagljar razvio je tehnologiju MYTH koja omogućava praćenje kontakata među membranskim proteinima, važnih jer su uključeni u nastanak niza bolesti. Časopis The Scientist 2005. MYTH je proglasio jednom od 10 vrhunskih tehnologija koje će obilježiti sljedećih 10 godina u molekularnoj biologiji. To se i obistinilo: MYTH tehnologija ušla je u brojne svjetske laboratorije ne samo akademske nego i laboratorije farmaceutskih kompanija te je dosad opisana u više od 1000 znanstvenih publikacija. Na osnovi MYTH tehnologije Štagljar je u Zürichu s kolegama osnovao biotehnološku tvrtku Dualsystems Biotech čiji je suvlasnik, ali nije više uključen u njezin rad. Od 2005. Štagljar živi u Torontu gdje je redovni profesor na Sveučilištu i voditelje odjela proteomike u Centru za istraživanje života Terrence Donnely.

"Već 10 godina sam u Kanadi, to je izvrsna država koja mi je omogućila da razvijem svoje ideje. Sve ovo što sad radimo htio sam napraviti u Švicarskoj, ali imao sam tu nesreću da me moj direktor nije ozbiljno shvaćao. Iako sam u Švicarskoj proveo najbolje godine svojega života i ta lijepa zemlja mi je omogućila besplatno školovanje, morao sam otići jer nisam mogao slobodno razvijati svoje ideje. U Torontu sam uspio jer me nitko nije kočio", rekao je Štagljar.

Priznaje kako je godišnji proračun njegove grupe u Torontu, koja broji 15 ljudi, između milijun i milijun i pol kanadskih dolara (vrijednost im je oko 18 posto manja nego američkim dolarima. "Znanost je skupa i da biste imali dobre ljude u grupi, morate ih dobro platiti. Laboratorij je kao jedna mala tvrtka, mora se znati tko što radi i što se od koga očekuje. Kad sam u Torontu, svakih sedam dan razgovaram sa svakim pojedinačno i pratim napredak. Moja je grupa jedna od vodećih na svijetu na području proteomike i ako moji suradnici budu dobri, sigurno će naći dobar posao u nekom prestižnom laboratoriju", rekao je Štagljar koji je nedavno u San Franciscu osnovao spin off kompaniju.

"Registrirali smo tvrtku Protein Network Sciences u Silicijskoj dolini, odmah uz poznatu biotehnološku kompaniju Genentech. Moj partner je Hrvat Ivan Plavec, kojeg sam upoznao još u Zürichu davne 1989. godine. Kad sam ja počeo doktorat na ETH, Ivan je bio pred njegovim završetkom. Poslije je radio specijalizaciju u SAD-u i bio je uključen u nastanak četiri biotehnološke kompanije. Sad prikupljamo novac, a za početak nam treba između pet i 10 milijuna američkih dolara. S tim novcem bismo kupili opremu za laboratorije i angažirali 15 do 20 ljudi", ispričao je Štagljar. Nova kompanija bavit će se komercijalizacijom MaMTH tehnologije. "Zamislite tehnologiju koja može proizvesti motor za Lamborghini, Passat, Volkswagen i BMW... Slično je s našom tehnologijom koju možemo primijeniti na proučavanje proteina uključenih u petstotinjak ljudskih bolesti. No, mi ćemo se fokusirati na desetak bolesti uključujući karcinom pluća, Parkinsonovu i Alzheimerovu bolest, kardiovaskularne bolesti, dijabetes itd. Tako ćemo otvarati put novim terapijama", rekao je Štagljar. Istaknuo je kako će rad spin-off kompanije u Silicijskoj dolini poticajno djelovati na njegovu grupu u Torontu koja se MaMTH tehnologijom bavi isključivo sa znanstvene strane. "Danas je jako popularno da znanstvene grupe rade u suradnji s malim i velikom kompanijama. Moja grupa već sad radi s Novartisom, Genentechom i Merckom", pojašnjava Štagljar.

Patenti

No, zar takav pristup ne onečišćuje znanost, prekidam ga. "Mislim da ne. To je novi oblik bavljenja znanošću koja je postala jako komercijalna. Danas se kvaliteta znanstvenika gleda i prema broju objavljenih patenata. Ako si za Sveučilište napravio 10 patenata i ti patenti donose novac, bit ćeš jako 'tražena roba'. Na svaki dolar koji mi zaradimo u kompaniji, Sveučilište će dobiti između 15 i 18 posto. Profitiraš ti, profitiralo je Sveučilište koje dobiva novac od patenta, a to opet ide u istraživanja."

Kažem mu kako je u hrvatskoj akademskoj zajednici mnogima ispod časti govoriti o patentiranju i komercijalizaciji znanja. "To je opet jedna velika razlika između poimanja znanosti u Hrvatskoj i na Zapadu. Zar je loše u životu zaraditi novac na legalan način? Zato je Zapad i napredovao. Mi smo u Hrvatskoj na stadiju da moramo govoriti koliko svaki političar ima novca i imovine prije nego stupa na dužnost. Nažalost, u sadašnjoj Hrvatskoj to je nužno", ističe.

Kako njegovu karijeru pratim još od 2002. godine, u mnogo navrata razgovarali smo o našoj znanstvenoj politici koja je bitno različita od one na Zapadu.

Napadi

"Znanost je meritokratska i vode je samo najbolji. Gledano prema kvaliteti znanstvenika i onome što se ulaže, u Hrvatskoj je najviše 30 ljudi na svjetskom nivou. Kao i u sportu, u znanosti su mjerljivi parametri koji jednog znanstvenika čine osrednjim, a drugoga vrhunskim", rekao je te se osvrnuo na dosadašnje neuspjele reforme znanstvenog sustava u Hrvatskoj.

"Očito u hrvatskoj znanosti postoji mnogo ljudi kojima ne paše uvođenje meritokratskih kriterija i koji su se uhljebili u tom našem znanstvenom sustavu. I kad se njima pokušavaju postaviti parametri koji vrijede vani, onda se oni osjećaju uvrijeđeni i putem medija krenu u napad. I to se stalno ponavlja", ustvrdio je Štagljar. Ipak, priznaje kako ga s godinama "srce sve više vuče u Hrvatsku". "To mi prije nikad nije bilo na pameti, ali s godinama se javlja taj zov. No, ne mogu se trajno vratiti. Svaki povratak bio bi nazadovanje u znanstvenom smislu jer bih se morao boriti sa znanstvenim strukturama, zavidnim ljudima i kočenjima. A znanost nema kočenja niti ima političku stranku, što je u Hrvatskoj, nažalost, jako važno", kazao je Igor Štagljar.

Tvrdi kako je umjesto trajnog povratka našao model kako bi pomogao hrvatskoj znanosti. Nedavno je tako potpisao ugovor s Medicinskim fakultetom u Zagrebu. "Predavat ću na studiju medicine na engleskom jeziku, a prema ugovoru o suradnji medicinskih fakulteta u Zagrebu i Torontu, bit će slobodna izmjena profesora i studenata", istaknuo je Štagljar. Zajedno s prof. Miroslavom Radmanom, s kojim je dugogodišnji prijatelj, i prof. Mladenom Merćepom organizirao je prestižnu biomedicinsku konferenciju koja se upravo održava u Splitu.

"To je jedna od najkvalitetnijih konferencija iz biomedicine u Hrvatskoj koju su organizirali domaći znanstvenici. Pomogao sam dovesti neke predavače, no cijela logistika je bila iz Medilsa, koji je od sponzora dobio oko 40.000 eura. Na konferenciji sudjeluju najbolji znanstvenici s Harvarda, Stanforda, Sveučilišta Washington, uključujući i moga mentora Stanleyja Fieldsa, kolegu Domagoja Vučića iz Genentecha, vrsne hrvatske znanstvenike akademika Slobodana Vukičevića i prof. Sinišu Volarevića. Mislim da je to znanstveni događaj godine u Hrvatskoj", naglasio je Štagljar.

Razgovor skrećem na situaciju u Hrvatskoj i Štagljarova politička uvjerenja. "Naravno da sam lijevo. Znanstvenik sam i ne mogu biti netolerantan, u laboratoriju sam angažirao ljude iz 12 zemalja. Ne možeš biti danas znanstvenik ako nisi otvoren i tolerantan. Mrzim nacionalizam i mislim da je to najgora stvar koja se može dogoditi nekom društvu. Jako me žalosti što smo mi u Hrvatskoj, 23 godine nakon što smo priznati u svijetu kao samostalna država, krenuli 'ratovati' jedni protiv drugih", kaže.

Kažem mu da djeluje kao sretan i zadovoljan čovjek. "Da, to je istina. Sa svojom zaručnicom Renatom našao sam neizmjernu sreću. Renata živi na relaciji Toronto-Las Vegas gdje živi njezin sin Niko. Svaki mjesec zajedno provedemo barem tjedan dana. Imam dvije prekrasne kćeri, moja dva dijamanta. Lara ima 18 godina i sad počinje studirati, a Leja ima 15 godina i ide u srednju školu. Niko je jako komičan i zabavan, a nada se da će biti glumac ili redatelj. Imam krasan odnos s Larom, Lejom i Nikom", s ponosom navodi Štagljar. Ističe i kako s Renatom želi provesti ostatak svoga života. "Nas dvoje planiramo se vratiti u Europu za tri do pet godina kad moje kćeri i Renatin sin budu na 'svojem putu'. Još je rano govoriti gdje ćemo živjeti, no u planu su nam zemlje njemačkoga govornog područja", rekao je Štagljar.

Bolesti

Zanimalo me što sada radi i hoće li nas uskoro obradovati nekim novim vrhunskim znanstvenim radom. "Primijenili smo tu MaMTH tehnologiju na protein uključen u nastanak cistične fibroze koju istražujemo već godinama. To je najčešća genetska bolest kod Europljana, jedan od 2500 Europljana nosi mutaciju u genu, dok je u svijetu oko 60.000 pacijenata. Potrebno je razumjeti tu bolest jer pacijenti u Hrvatskoj umiru do 25. godine života. Mislim da ćemo imati rezultate u idućih godinu i pol. Imamo još jednu priču koja će biti objavljena do kraja godine o proteinu koji je uključen u neke oblike Parkinsonove bolesti", naglasio je Štagljar.

Genom

Osvrnuli smo se na kompeticiju u modernoj znanosti. "Kompeticija je nesmiljena. Ne možete ni zamisliti koliko samo grupa istražuje rak pluća. U odnosu na devedesete broj znanstvenika se udvostručio, a ključnu ulogu u biomedicinskim znanostima imao je projekt Ljudski genom", rekao je Štagljar.

"Do projekta Ljudski genom, čiji su rezultati 2000. godine spektakularno predstavljeni u Bijeloj kući, a službeno je završio 2003. godine, vladao je redukcionistički pristup. Radio si cijelog života na jednom proteinu ili genu. Tako je Linus Pauling riješio strukturu hemoglobina. Kad smo nakon završetka toga projekta saznali da imamo 21.000 gena i oko 500.000 proteina, razvojem novih tehnologija pružila nam se mogućnost da istodobno proučavamo tisuće gena i proteina. To nam je jako pomoglo da dođemo do spoznaja o ključnim igračima koji su uključeni u nastanak nekih bolesti." Zanimalo me koji mu je sada najveći izazov. "Nama znanstvenicima najvažnije je dokazati nešto za što smo imali hipotezu. Bila bi mi sjajna satisfakcija kad bismo lijek za rak pluća, na kojem se sada radi, doveli do kliničke primjene. No, to ćemo znati za pet-šest godina. Drugo, našom tehnologijom pokušavamo istražiti tajne bolesti pa sad proučavamo karcinom gušterače i dojke, Parkinsonovu i Alzheimerovu bolest i kardiovaskularna oboljenja. Želja mi je da dođemo do novih biomarkera koji će nam omogućiti da tretiramo bolesti na novi način", rekao je Štagljar.

Proteini

A što nam donosi budućnost u biomedicini, pitam ga. "Jako je teško predviđati u znanosti. Ti zamisliš da ćeš nešto napraviti u iduća dva-tri mjeseca, a onda dođe do zastoja i nepredviđenih prepreka. No, stvarno mislim da ćemo za 15 do 20 godina biti u mogućnosti primjenjivati personalnu medicinu. Primjerice, kad se dijete rodi, već će imati sekvenciran genom i znat će se, primjerice, da će s 20 godina razviti kardiovaskularne bolesti. No, znat će se kako će se tretirati određeni tip proteina uključen u nastanak njegove kardiovaskularne bolesti. Općenito, u nastanak kardiovaskularnih bolesti uključeno je najmanje 500 proteina. U nastanak tumora pluća, prema sadašnjim spoznajama, uključeno je barem 10 do 15 proteina, i za svaki taj subtip, ovisno o genu i proteinu koji je uključen, čovjek će dobiti određeni lijek. Zaboravimo da ćemo jednu bolest liječiti jednim lijekom: to će biti koktel različitih lijekova koji će biti napravljeni prema genetskoj osnovi pacijenta", predviđa Igor Štagljar.

Za kraj, postavila sam mu "pitanje svih pitanja": hoćemo li ikad pobijediti tumore? "Ljudi zaboravljaju da se kod tumora ne radi samo o jednoj bolest. Poznato je 200 tipova tumora, no svaki je zaseban i moramo ga zasebno tretirati. Mislim da nikad nećemo pobijediti tumore jer su oni, baš kao i bakterije, dio evolucije čovjeka. No, uvjeren sam da ćemo tumore razumjeti i liječiti kao kronične bolesti. Jako mi smeta kad ljudi kažu: 'Vi znanstvenici niste ništa napravili oko tumora.' No, postigli smo, primjerice, da 99 posto ljudi kojima je dijagnosticiran tumor prostate preživi prvih pet godina. Karcinom dojke prvih pet godina preživi čak 89 posto pacijentica. Kad to usporedite sa situacijom otprije 15 do 20 godina, kad je samo 17 posto žena preživljavalo prvih pet godina, napredak u liječenju tumora dojke je golem", zaključio je Igor Štagljar.

JL, 20. lipnja 2015.

Nenad Ban
Moje proučavanje sinteze proteina moglo bi biti strašan udarac tumoru

Za hrvatskog znanstvenika Nenada Bana, profesora strukturalne moleku-larne biologije na prestižnom ETH-u (Švicarski federalni tehnološki insti-tut) u Zürichu, godina na izmaku bila je vrlo uspješna. Prvo je na početku godine za svoja istraživanja dobio prestiži grant od 2,5 milijuna eura koji Europski istraživački savjet (ERC) dodjeljuje najboljim europskim znan-stvenicima.

Na putu novog otkrića

Prije mjesec dana dobio je nagradu "Heinrich Wieland", jednu od najpre-stižnijih u Njemačkoj za područje biokemije i znanosti o životu, a sada pri-prema rad o novom otkriću koje će biti objavljeno u nekom prestižnom časopisu. Briljantni znanstvenik Nenad Ban (44),koji iza sebe ima čak 15 radova u vodećim časopisima *Nature* i *Science*, rođen je u Zagrebu, gdje je diplomirao molekularnu biologiju na Prirodoslovno-matematičkom fakul-tetu (PMF). Doktorirao je 1994. na Sveučilištu California u Riversideu, a pet godina bio je na postdoktoratu na Yaleu, gdje je bio član skupine Tho-masa Steitza koja je otkrila strukturu ribosoma,"tvornice proteina u stani-ci".Za to otkriće, u kojem je kao prvi autor tri ključna rada bio Ban, Steitz je lani dobio Nobelovu nagradu za kemiju. Od 2000. Nenad Ban radi na ETH-u, gdje su nekad radili i hrvatski nobelovci Prelog i Ružička. Kada su ga odlučili zaposliti, Švicarci su morali mijenjati zakon jer Ban još nije bio napunio 35 godina, što je bila dobna granica za profesorsku poziciju. Ban je dobitnik je niza važnih nagrada, a od 2008. i član Leopoldine, njemačke akademije znanosti.

Nedavno ste dobili nagradu 'Heinrich Wieland'.Što vam ta nagrada znači?
– Nagrada mi je posebno draga jer sam je dobio isključivo na osnovi rezul-tata postignutih u laboratoriju u Zürichu, što je veliko priznanje i za tim znanstvenika u mojoj grupi.

Korak do Nobela

2009.malo je nedostajalo da dobijete Nobela za otkriće strukture i funkcije ribosoma u procesu sinteze proteina. Kakav je osjećaj biti na korak do Nobela?

– Kako nagrade ne ovise o stotinkama sekunde prednosti, kao što je slučaj u sportu, nemoguće je procijeniti jesam li bio blizu takve nagrade ili ne. Međutim, činjenica jest da sam ključno pridonio istraživanju za koje je dodijeljena Nobelova nagrada. Meni je osobno trenutak kada sam vizualizirao ribosomsku strukturu i otkrio od čega se sastoji aktivni centar ribosoma u nekom smislu važniji od bilo koje nagrade. Ribosom je središnja stanična organela s ključnom ulogom za život na Zemlji na čijoj strukturi sam radio godinama. Kada sam napokon uspio u tim eksperimentima i prvi put mi je pošlo za rukom 'pogledati' četiri milijarde godina unatrag na te bazične aspekte evolucije ribosoma i života uopće, to je bilo nešto o čemu sam mogao samo sanjati. Otkriti nešto novo, bez obzira na kojoj razini, nevjerojatno je i nezamjenjivo iskustvo.

Koji je predmet istraživanja strukturalne biologije kojom se bavite?
– Strukturalna molekularna biologija važna je da bi se razumjela funkcija molekula u organizmu. Zamislite koliko bi bilo teško čovjeku u srednjem vijeku razumjeti kako automobil funkcionira ako ga samo može vidjeti izvana, ali ga ne može rastaviti i proučiti. Strukturalna biologija 'rastavlja' stanicu ili organizam da bismo bolje razumjeli principe života. Područje u kojem radim jako je skupo: kada se uzmu u obzir plaće znanstvenika, instrumenti, kemikalije itd., rješavanje jedne 'prosječno' velike strukture košta društvo oko 500.000 dolara.

Možemo li uskoro očekivati neki vaš novi rad u Nature*u ili* Science*u?*

– Trenutno proučavamo proces sinteze proteina u višim organizmima. Za razliku od bakterijskih, ribosomi u našim stanicama mnogo su kompliciraniji. S obzirom na to da je regulacija sinteze proteina ključna za funkciju zdravog i bolesnog organizma, ta istraživanja će biti korisna u istraživanjima tumora i genetskih bolesti. Nakon mnogo godina istraživanja imamo interesantne rezultate i pripremamo publikaciju. No, nije uobičajeno otkriti kada i gdje će ti rezultati biti objavljeni. Detalji o radu su uvijek pod embargom do dana kada će biti objavljeni.

Interes farmaceuta

Imaju li vaša istraživanja u konačnici primjenu?
– Unatoč tome što se bavimo temeljnim istraživanjem, za naša otkrića se često interesiraju farmaceutske kompanije. Primjerice, na osnovi otkrića

strukture ribosoma u SAD-u je utemeljena kompanija. Ona se bavi razvijanjem novih antibiotika koji mogu djelovati na bakterije otporne na većinu postojećih antibiotika. Ta farmaceutska kompanija sada ima nekoliko lijekova koji su u zadnjim fazama testiranja. Naše istraživanje na ribosomima viših organizama, na kojima sada radimo, može biti korisno da bi se bolje razumjelo kako se antibiotici vežu na bakterijske ribosome, ali ne i na ribosome čovjeka. Također, lijekovi koji kontroliraju sintezu proteina kod ljudi mogli bi se koristiti za ublažavanje simptoma nekih genetskih bolesti.

Zašto ste izabrali znanstvenu karijeru?

– Odrastao sam u obitelji znanstvenika. Otac mi je bio profesor kemije, a majka je do prije nekoliko godina predavala biologiju na PMF-u. Odrastanje u takvoj obitelji omogućilo mi je da kao mali dobijem odgovor o mnogo čemu što me zanimalo o prirodi. Prvo sam se zainteresirao za biologiju mora, a poslije na fakultetu za molekularnu biologiju. U SAD-u sam se, pak, zainteresirao za strukturalnu biologiju. Nažalost, tata je rano umro, pa nikada nije sa mnom razgovarao o znanstvenim disciplinama kojima sam posvetio znanstvenu karijeru, što bi ga zasigurno jako zanimalo.

Zbog čega ste otišli iz Hrvatske?

– Tijekom studija shvatio sam da su mi opcije za postdiplomski u Zagrebu ograničene. Proces prijavljivanja za postdiplomski studij u SAD-u u to je vrijeme bio dobro organiziran i bilo je moguće prijaviti se iz bilo koje zemlje u svijetu. Ja sam se 1989. prijavio na tri sveučilišta i dobio dvije ponude. Imao sam sreće što sam bio primljen na postdiplomski jer se američki studenti prijavljuju na nekoliko desetaka sveučilišta. Kako je svaka prijava koštala 50 dolara, nisam imao mogućnosti prijaviti se na više sveučilišta. Novac za te prijave zaradio sam radeći noćne smjene na Medicinskom fakultetu tijekom zadnje dvije godine mog studija biologije u Zagrebu. Jedino mjesto gdje nisam bio primljen bio je Yale. No, tamo sam otišao nakon doktorata što pokazuje da nikada ne treba odustati od dugoročne vizije: ako nije moguće ići prema cilju direktno, bit će moguće obilaznicom.

Znanost i sport

Zbog goleme kompeticije i financijskih interesa, mnogi znanost uspoređuju s vrhunskim sportom.

– Možda takva usporedba i nije loša. Za vrhunski sport, kao i za vrhunsku znanost potrebno je imati talent, jako puno raditi (trenirati) i odricati se, te imati izvrsne kolege za trening ili tim za natjecanje. Naposljetku, važno je imati jakog sponzora, a u slučaju znanosti to su sveučilišta i nacionalne znanstvene ustanove.

Mnogi mladi ljudi nakon 10-15 godina istraživačkog rada razočarani napu-
štaju znanost. Koliko je moderna znanost izgubila na romantičnosti?
– Danas je teže probiti se u vrhunsku znanost nego što je bilo prije 50 go-
dina ili kada sam ja studirao. Razlog tomu su velika kompeticija i inter-
disciplinarnost znanosti. Danas se teže izdvojiti od ostalih znanstvenika u
istom području jer mnogi znanstveni radovi imaju veliki broj autora. Uz to,
potrebno je sve više i više vremena da bi znanstvenik dosegao razinu znanja
potrebnu za samostalan rad. Jednom kada vam to uspije, teško je dobiti
kompetitivne grantove i privući najbolje studente i suradnike jer se novac
i talent usmjeravaju trenutačno najuspješnijem znanstveniku po principu
'pobjednik uzima sve'.

Neće se vratiti

Već 20 godina živite izvan Hrvatske koja je među zemljama s najvećom sto-
pom odljeva mozgova u Europi. Što je razlog tome?
– Velika je šteta da mnogi znanstvenici odlaze iz Hrvatske, no to samo znači
da uvjeti još nisu optimalni da bi se u našoj zemlji razvila kompetitivna i
široka znanstvena baza koja bi zaustavila 'odljev mozgova'. U znanost treba
ulagati na svim razinama: sveučilišta i znanstvene institucije trebaju ima-
ti modernu opremu, znanstvenici trebaju imati kompetitivne plaće i treba
se uspostaviti sistem nagrađivanja i objektivnog vrednovanja znanstvenog
uspjeha na svim razinama, od studenata to profesora. To nije lako usred
krize, ali takva ulaganja će imati dugoročne dobre posljedice na društvo.

Živjeli ste 10 godina u SAD-u, a sada ste već 10 godina u Švicarskoj. Koje su
prednosti života u Švicarskoj?
– ETH se može usporediti s najboljim svjetskim sveučilištima, ali ima pred-
nost da je u Zürichu koji je međunarodni grad s puno šarma i izvrsnom
lokacijom u srcu Europe. Švicarska, također, obiluje prirodnim ljepotama,
pa je lako spojiti profesionalni i privatni život. Živjeti i studirati u SAD-u
bilo je jako dobro iskustvo, ali mislim da je teško naći američki grad gdje bi
kvaliteta života bila usporediva s Zürichom, pogotovo za obitelj s djecom.

Koliko vremena godišnje provodite na putovanjima?
– Putujem 20-30 puta godišnje, ali barem još toliko poziva moram odbiti jer
ne bih imao vremena za obitelj ili za druge poslove na sveučilištu.

Vaša supruga Eilika također je znanstvenica. Kako usklađujete karijere?
– S Eilikom usklađujem naše dvije jako uspješne karijere i odgoj dva sina.
Bavljenje znanošću uzima mnogo vremena i postoji tendencija da se čovjek
toliko posveti znanstvenom problemu da počne zapostavljati sve ostalo u
životu. Međutim, od kada sam voditelj znanstvene grupe, ne moram sam

napraviti svaki eksperiment, pa je lakše organizirati vrijeme da provedem više vremena s obitelji. Uvijek pokušam naći vremena za tenis ili nogomet ili da sa sinovima proučavam žabe i gliste.

Razmišljate li o tome da se jednoga dana vratite u Hrvatsku?
– U Zagreb dolazim nekoliko puta godišnje, ali ne namjeravam se vratiti da bih nastavio s istraživačkim radom. Moja su istraživanja jako interdisciplinarna i zahtijevaju vrhunsku i skupu tehnologiju. No, održavam i veze sa znanstvenicima u Hrvatskoj: prvenstveno s mojim bivšim mentorima, akademikom Željkom Kućanom i prof. Ivanom Weygand-Đurašević s kojom sam imao nekoliko zajedničkih grantova u posljednjih nekoliko godina.

Svađa Đikića i Radmana

Ove godine dogodio se razlaz dvojice najpoznatijih hrvatskih znanstvenika, Miroslava Radmana i Ivana Đikića, koji su zajedno surađivali u projektu MedILS. Vi ste u prijateljskim odnosima i s Radmanom i s Đikićem, pa kako komentirate događaje u MedILS-u?
– Jako mi je žao zbog tog razlaza, no možda i nije sasvim iznenađujuće. Vrhunski znanstvenici često su osobe s jakim mišljenjima i strašću za znanost i određene načine kako bi istraživanja trebalo voditi i organizirati. Radman i Đikić su izuzetno uspješni znanstvenici, ali se ne bave istim područjem i pripadaju različitim generacijama. Pretpostavljam da se možda zbog toga razilaze njihovi pogledi na to kako bi institut trebao funkcionirati. Ne želim ulaziti u detalje zbog kojih se nisu sporazumjeli jer ih jako poštujem. MedILS ima budućnost, to je fantastičan institut koji treba podržavati. Vjerujem da će tijekom vremena MedILS rasti u skladu s prvotnim vizijama Miroslava Radmana koji je utemeljio institut.

JL, 18. prosinca 2010.

Domagoj Vučić
Lijek koji ubija stanice tumora na dojci, gušterači i plućima

Ugodna, topla večer u Washingtonu početkom travnja 2006. godine U Smitsonian Institution, najvećem muzejskom kompleksu na svijetu, u tijeku je tulum biotehnološke kompanije Genentech koju je te godine magazin Fortune proglasio najboljim radnim mjestom na svijetu. U prizemlju, gdje dominira golemi preparirani mamut, odličan je švedski stol obogaćen izvrsnom ponudom pića. Razgovaram s Domagojem Vučićem, hrvatskim znanstvenikom kojega su među 9000 zaposlenika Genentecha izabrali da govori za Fortune o svojim istraživanjima tumora.

– Bavim se istraživanjem spojeva, tzv. SMAC mimetika, koji bi se potencijalno mogli koristiti u liječenju tumora. Moj projekt, koji je sada u fazi pretkliničkih istraživanja, od izuzetne je važnosti za kompaniju. Moguće da sam zbog toga, ali i moje životne priče izabran da govorim za Fortune – ispričao mi je te večeri Vučić.

Pet godina kasnije klinička istraživanja SMAC mimetika su u tijeku. Istodobno, Vučić i njegovi kolege iz Genentecha došli su do važnog otkrića koje je nedavno objavio prestižni magazin *Science*.

– Otkrili smo da SMAC mimetici dovode do degradacije tzv. cIAP proteina u tumorskim stanicama što naposljetku rezultira smrću tih stanica. To smo potvrdili u eksperimentima na miševima, a sada to isto primjećujemo i kod pacijenata u našim kliničkim istraživanjima – rekao mi je prije nekoliko dana u telefonskom razgovoru Vučić.

Prisjetili smo se Genentechova tuluma, a Domagoj Vučić kratko se osvrnuo na proteklih pet godina.

– Bilo je dana kad sam bio frustriran jer sam želio da istraživanja idu brže. S druge strane, uprava tvrtke želi opravdanje za svaki uloženi dolar i moraš im objasniti što se radi i zašto je to bolje nego nešto drugo. Nije to carte blanche jer kad se ide u klinička istraživanja, troškovi istraživanja se mjere desecima milijuna dolara. Razvoj jednog lijeka traje 10 do 15 godina te stoji između 500 tisuća milijuna i milijardu dolara, ovisno o vrsti tumora – rekao je Vučić naglasivši kako bi 2012. godine trebala početi klinička istraživanja s većim brojem pacijenata.

– Dosad smo ispitivali sigurnost SMAC mimetica u cijelom nizu tumora, a zasad najviše obećavaju u tretmanu tumora dojke, gušterače, pluća, crijeva i melanoma. Kako ti spojevi nisu uzrokovali štetne nuspojave, iduće godine uključit ćemo veći broj pacijenata. Tek se u takvim studijama vidi prava efikasnost nekog spoja. Ti bi se lijekovi uzimali u kombinaciji s već postojećom kemoterapijom, s time da bi se koristilo manje kemoterapuetika. Namjeravamo ispitati nekoliko kombinacija, a ja se nadam da će klinička istraživanja završiti za otprilike pet godina – ispričao je Vučić. Hrvatski znanstvenik s kolegama istodobno ispituje djelovanje i Zelborafa, nedavno odobrenog lijeka koji je lansirao Roche, Genentechova krovna kompanija.

– Zelboraf je ciljani lijek, specifično je odobren za upotrebu kod melanoma, najzloćudnijeg raka kože. Uvidjeli smo da kod dobrog dijela melanoma, možda čak 50 posto, ima dobar utjecaj jer do određene mjere sprječava rast tumora. No, kod nekih ljudi ipak dolazi do rasta tumora pa pokušavamo kombinirati naše spojeve sa Zelborafom. Nadamo se da bi to mogla biti uspješna strategija za sprečavanje rasta melanoma – pojasnio je Vučić.

Rođen i odrastao u Zagrebu, ovaj 43-godišnji znanstvenik svoj interes za istraživanje tumora otkrio je tijekom studija molekularne biologije na Prirodoslovno-matematičkom fakultetu (PMF). Nakon što je 1992. godine diplomirao, počeo je raditi na PMF-u kao asistent pokojnog prof. Ivana Bašića.

– Radio sam oko godinu dana, a kako u to ratno doba nije bilo mnogo novca za temeljna istraživanja, poslao sam molbe na nekoliko američkih sveučilišta. Naposljetku sam izabrao Sveučilište Georgia gdje sam 1998. godine doktorirao – prisjetio se Vučić koji je iste godine počeo raditi u Genentechu, prvoj biotehnološkoj kompaniji na svijetu. Genentech su 1976. godine u San Franciscu osnovali Herb Boyer, jedan od pionira genetskog inženjerstva sa Sveučilišta California, i bankar Bob Swanson, koji je prepoznao komercijalni potencijal molekularne genetike. Kompanija se u početku bavila proizvodnjom inzulina, a danas je fokusirana na razvoj antitumorskih te lijekova za imunološke i neurološke bolesti. Genetech je dosad lansirao niz izvanrednih lijekova protiv tumora, uključujući Herceptin protiv raka dojke, Rituxan, protiv tumora imunološkog sustava, i Avastin, koji sprječava dovod krvi u tumore.

– Genentech sada ima oko 1400 istraživača. Za razliku od drugih kompanija ovdje se istraživanja zasnivaju na razumijevanju biologije malignih oboljenja, zašto se i kako razvija neki tumor. Kad se to razumije s biokemijskog i genetičkog stanovišta, onda se može naći pravi protein koji je važan za razoj nekog tumora. Tada se cilja na taj protein – pojasnio je Domagoj Vučić koji ističe da je jako zadovoljan svojim poslom. Genentech je sada na 19 mjestu liste kompanija koje su najbolja mjesta za rad na svijetu.

– Genetech je još uvijek jedno od najprivlačnijih mjesta za rad u SAD, barem među biotehnološkim i farmaceutskim kompanijama. Ali, Google i nekoliko kompjutorskih kompanija definitivno su ispred nas te su trenutno miljenice bankovnih i dioničkih burzi, što znači manje troškove i poboljšane povlastice zaposlenicima – ispričao je Vučić naglasivši kako se zaposlenicima Genentecha nastoji pružiti ugodno okružje za rad.

– Imamo sportsku dvoranu, teren za košarku te biciklističke i staze za jogging. Također, imamo izvrstne restorane u kome možemo, među ostalim, birati i japansku, meksičku, kinesku i indijsku hranu. Naime, Genentechovi istraživači su iz cijelog svijeta i Amerikanci su među nama manjina – rekao je Vučić. Oženjen je španjolskom znanstvenicom Marijom Sanchez koja se bavi epidemiologijom zaraznih bolesti. Upoznali su se na Sveučilštu Georgia gdje su oboje radili doktorate, a imaju dvoje djece, kćer Ana Mariju (11) i sina Antonija Petra (8).

– Sretni smo i zadovoljni našim životom u San Franciscu gdje smo kupili stan. Usklađivanje u obitelji dvoje znanstvenika je uvijek važno. Nekad Maria putuje na konferencije, a ponekad ja, no uvijek je jedno od nas dvoje s djecom. Iako s Marijine strane imamo španjolske, a s moje hrvatske prijatelje, naše je društvo u San Franciscu mahom međunarodno. Jednom godišnje, uglavnom preko ljeta, dolazimo u Hrvatsku i Španjolsku. Ako sam na nekoj konferenciji u Europi, obično to iskoristim i dođem u Zagreb gdje mi žive roditelji – ispričao je Domagoj Vučić koji s optimzmom gleda na nova istraživanja tumora.

– Mislim da je budućnost liječenja tumora u ciljanoj i personaliziranoj terapiji. Uz nove lijekove sada postoje i dijagnostički testovi. Tako se se ispituje je li određena terapija prikladna za nekog pacijenta. Naime, određeni lijek za neki tumor nije jednako učinkovit kod svakog pacijenta nego to ovisi o njegovu genetskom ustrojstvu. U budućnosti će se pacijent koji oboli od tumora, uz rendgenenske, NMR, PET I CT snimke, uzimati i biopsija. Na taj način će se ispitati genetske mutacije koje se nalaze u tumoru. Na temelju toga odredit će se terapija koja će za njega biti najučinkovitija. Smanjit će se broj pacijenata koji će primati određene terapije jer će se za mnoge od njih pokazati da je lijek beskoristan. No, nadamo se da će onim ljudima, koji budu uzimali određenu terapiju, ona biti jako učinkovita – rekao je Vučić.

On smatra kako smrt Steve Jobsa pokazuje da je u nekim slučajevima liječenje neuspješno bez obzira kakvi lijekovi bili na raspolaganju.

– Ako je itko imao novca za skupe terapije, to je Steve Jobs. No, nije bilo pomoći. Reakcija na svaki lijek je individualna. Možda se neki ljudi nikad neće moći izliječiti jer nose takav splet mutacija u tumorima pa kad otkloniš jedan problem, drugi odmah iskrsne – rekao je Vučić poručivši kako se mnogi tumori mogu izbjeći prevencijom.

– Kako se u Americi drastično smanjilo pušenje, smanjio se broj tumora pluća i jednjaka. Do Prvog svjetskog rata žene praktički nisu oboljevale od raka pluća jer nisu pušile. No, tada se pušenje raširilo i među ženama pa su počele oboljevati od raka pluća. Osim pušenja kao čimbenika rizika tumora, to su i razni dodaci hrani, onečišćeni zrak, razna zračenja. Ne treba zaboraviti i to da ljudi danas na Zapadu u prosjeku žive 80 godina, a što smo stariji to je veća mogućnost da na našim genima dođe do mutacija od kojih će neke prerasti u tumore – zaključio je Domagoj Vučić.

JL, 30. listopada 2011.

Duško Ehrlich
Moj pogled u svijet

Tajna moje vitkosti? Svaki dan analiziram svoju mikrobiotu, odnosno populaciju bakterija u probavnom traktu, i ako nije dobra, odmah jedem voće – kaže mi u šali prof. Duško Ehrlich (70), direktor istraživanja u Francuskom nacionalnom institutu za agronomska istraživanja (INRA) u Parizu i jedan od najuglednijih hrvatskih znanstvenika u svijetu. Duško Ehrlich posljednjih je dana u središtu pozornosti francuskih, ali i medija iz cijeloga svijeta. Razlog te medijske radoznalosti dvije su studije objavljene u vodećem znanstvenom časopisu Nature u kojima Ehrlich i njegovi kolege otkrivaju kako raznolikost bakterija u našim crijevima utječe na čovjekovu vitkost, odnosno debljinu.

– Počeli smo analizirati bakterije iz probavnog trakta kako bismo uvidjeli imaju li kakve veze s debljanjem i na naše veliko iznenađenje našli smo da postoje dvije vrste bakterijskih populacija u ljudima. Ima ljudi koji su siromašni bakterijskim vrstama, a ima onih koji su bogati bakterijskim vrstama – priča mi Duško Ehrlich u telefonskom razgovoru koji vodimo u pauzi njegovih sastanaka i intervjua za francuske medije.

U prvoj studiji, Ehrlich i njegov kolega Oluf Pederson sa Sveučilišta Kopenhagen analizirali su bakterijske genome 292 odrasla Danca, od kojih 169 pretilih i 123 osobe normalne težine. Otkrili su da je četvrtina ispitanika imala manji broj, ali i nisku raznolikost bakterija u crijevima. Nadalje, ti ljudi su imali povećanu razinu masnoća i pokazivali otpornost na inzulin što može dovesti do dijabetesa. Osobe s malom raznovrsnošću crijevnih bakterija također su s vremenom nakupljale više tjelesne težine.

– Kad smo počeli analizirati kakve su posljedice toga da su neki ljudi siromašni bakterijskim vrstama u crijevima, otkrili smo da su oni izloženi većem riziku od razvoja bolesti povezanih s debljinom kao što su dijabetes, srčana oboljenja i oboljenja jetre te neke vrste raka. Populacija koji je izložena tome riziku nije mala, to je gotovo 25 posto ljudi – dodao je Ehrlich koji je drugu studiju vodio u Parizu. Ta je studija obuhvatila 49 Francuza, a potvrdila je istraživanja vođena na danskoj populaciji.

135

– Prvo smo kod njih analizirali sastav bakterija da vidimo hoćemo li naći dvije grupe ljudi kao u danskoj studiji. I ponovno smo našli one koji su siromašni i one koji su bogati bakterijskim vrstama u crijevima. Potvrdili smo i to da kod ljudi siromašnih bakterijskom populacijom postoji rizik od razvoja bolesti povezanih s debljinom. Dakle, dvije posve nezavisne studije u dvije zemlje različite prehrane – jer se u Francuskoj i Danskoj ne jedu iste namirnice – došle su do istih rezultata – ispričao je Ehrlich. U sklopu francuske studije praćen je i učinak dijete niskokalorične bogate proteinima i vlaknima (kakvih ima u voću i povrću).

– Nakon šest tjedana takve dijete, ljudi su naravno smršavili, a njihova se fiziološka slika popravila, što smo i očekivali. No, za nas je bilo neočekivano da se kod ljudi siromašnih bakterijama u probavnom traktu popravila raznolikost bakterijske populacije. Ta raznolikost još uvijek nije dostigla onu koju imaju ljudi bogati bakterijama u svojim crijevima, no treba imati na umu da je šest tjedana kratko vrijeme. Ali za nas je to jako važno jer sad raspolažemo metodom za otkrivanje rizika od razvoja bolesti povezanim s debljinom. S druge strane, znamo da se jednostavnom intervencijom s hranom taj rizik može smanjiti – rekao je Ehrlich.

No, zašto neki ljudi imaju bogatu, a drugi siromašnu bakterijsku populaciju u svojim crijevima, upitala sam.

– Zasad imamo neke odgovore koji nisu posve zadovoljavajući. Jedan odgovor je da ljudi koji konzumiraju više voća i povrća, dakle vlaknastih tvari, imaju veće bogatstvo bakterija. Druga mogućnost je da se bogatstvo bakterijske populacije smanjuje zbog prekomjerne i često nepotrebne upotrebe antibiotika – rekao je Ehrlich. – Procjene govore da je do 18 godine života prosječan Amerikanac čak 20 puta tretiran s antibioticima. No, antibiotici su otrovni za bakterije koje žive u nama i stalne intervencije mogu dovesti do gubitka bakterijskog bogatstva u crijevima. Mi smo sada angažirani u jednoj studiji kako bismo uvidjeli imaju li djeca koja su bila više izložena antibioticima manje bogatstvo bakterijske populacije. Jer, epidemiološki je utvrđeno da postoji veza između tretmana antibioticima i debljanja djece – dodao je Ehrlich.

Zanimalo me je li bakterijska populacija kod starijih ljudi siromašnija nego kod mlađih.

– Mislim da je prerano za odgovor na to pitanje. Ima studija koje su našle veće, ali i onih koje su našle manje bogatstvo. Mi smo razvili metodu skeniranja bakterija u crijevima prije tri godine. Nismo još imali vremena da gledamo sve te zanimljive i jako važne studije, jer moramo gledati od rođenja do starosti. No, mislim da ćemo otkriti da se kod starijih ljudi to bogatstvo bakterijskih vrsta polako gubi. Za starije ljude je svakako važno da paze na svoju prehranu kako bi održali svoje bogatstvo bakterija u crijevima – istaknuo je Ehrlich koji je voditelj 20 milijuna eura vrijednog projekta MetaHit (Metagenomika ljudskog crijevnog trakta) započetog 2008. godine.

Taj je projekt na EuroBioForumu u prosincu 2007. godine u Lisabonu predstavljen kao jedan od europskih istraživačkih prioriteta u sklopu istraživanja znanosti o životu. – Projekt Ljudski genom rezultirao je spoznajom da je čovjekov organizam definiran s 22.000 gena. No, u našem organizmu ima 10 puta više bakterija nego naših vlastitih stanica. Broj gena u tim bakterijama je 100 puta veći nego broj gena u našim stanicama – pričao mi je tada Ehrlich u pauzi konferencije u Lisabonu. – Pretpostavlja se da u čovjeku živi između 1000 i 10.000 vrsta bakterija, a njihova ukupna masa je oko dva kilograma, što je više od mase mozga – dodao je Ehrlich koji je tih toplih dana prosinca u Lisabonu (sjećam se da je temperatura bila oko 20 Celzijevih stupnjeva) bio fokusiran na potpuno novo znanstveno područje. – Nakon istraživanja čovjekova genoma sada počinjemo istraživati ljudski metagenom, skup genoma svih mikroorganizama koji žive u nama ili na našoj koži – rekao mi je Ehrlich tada.

Od pretilosti je 2005. godine patilo oko 400 milijuna odraslih, a procjenjuje se da će do 2015. godine ta brojka doseći 700 milijuna. Uzroci toga jednim su dijelom povezani sa sjedilačkim načinom života, a drugim s genetskim čimbenicima koji neke ljude čine sklonijima debljanju. No, sada znamo da važnu ulogu kod debljanja i pretilosti igraju i naše crijevne bakterije. Sve donedavno većina tih bakterija bili su "slijepi putnici" jer o njima nismo ništa znali. No, u posljednjih pet godina, koristeći najnovije metode DNK analize i bioinformatike, Ehrlich i njegovi kolege uspješno analiziraju bakterije koje žive u nama.

– Kad se govori o probavnom sustavu, procjenjujemo da čovjek dobrog zdravlja koji je bogat bakterijskom populacijom ima 300 raznih vrsta bakterija. Kod ljudi koji su izgubili bogatstvo bakterijskih vrsta u probavnom traktu, taj je broj bliže 200 nego 300 vrsta bakterija – rekao je Duško Ehrlich.

Zanimalo me kakvu ulogu kod debljine imaju geni.

– Genetika utječe na debljinu, ali ne tako mnogo. U različitim istraživanja otkriveno je tridesetak gena povezanih s debljinom. Kad na osnovi tih gena pokušamo predvidjeti tko je debeo a tko ne, onda je to teško. Ilustrirat ću vam na jednom primjeru: ako ne znate jesam li debeo ili mršav, imate 50 posto šanse da pogodite. Ako vam dam sekvencu moga genoma ili informaciju o tih 30-tak gena povezanih s tom debljinom, vaša šansa da pogodite jesam li debeo ili ne će biti 58 posto. Svega osam posto više nego kad pogađate naslijepo. Dakle, genetika ima utjecaj, ali on nije veliki – rekao je Ehrlich.

– Mi smo probali razlikovati debele i mršave gledajući bakterije koje nose. Nismo savršeni u tome, ali kada bih analizirao bakterije nekog čovjeka mogao bih s 80 posto vjerojatnosti pogoditi je li on debeo ili mršav – dodao je Ehrlich.

Kakvu bi prehranu preporučio ljudima da poboljšaju svoje bakterijsku populaciju te da budu vitki i zdravi, upitala sam moga sugovornika.

– Teško pitanje. Mi smo vidjeli da više voća i povrća, dakle vlaknastih tvari može pomoći. Možda u mladosti izbjeći pretjerane tretmane s antibioticima. Naravno, mi razmišljamo na koji način bismo mogli razviti prehranu da ljudi se hrane zdravije. To ne bi bila makrobiotska nego mikrobiotska prehrana – rekao je Ehrlich čiji interes za znanost seže u rano djetinjstvo.

Duško Ehrlich rođen je 1943. godine u Zagrebu, a potječe iz ugledne obitelji židovskog podrijetla, koja je dala slikaricu Martu Ehrlich te arhitekta Hugu Ehrlicha, poznatog po vili Karma na Ženevskom jezeru, koju je radio zajedno s ocem moderne Adolfom Loosom. Njegov otac bio je parazitolog i profesor na Veterinarskom fakultetu, a majka je bila prevoditeljica engleskog jezika.

– Preko tate biologa sam stekao interes za znanost. U našoj kući se mnogo govorilo o znanosti, a često su kod nas bili i prijatelji iz Engleske gdje je tata radio nekoliko godina – prisjetio se Ehrlich u nastavku našeg telefonskoj razgovora. Počeli smo razgovor dok je bio u Parizu, a nastavili drugi dan kad je stigao u London na trodnevni znanstveni sastanak.

Duško Ehrlich završio je poznatu Petu gimnaziju, a zatim diplomirao organsku kemiju na Prirodoslovno-matematičkom fakultetu (PMF).

– Kao dječaka me zanimala kemija, no nakon studija želio sam se baviti biologijom jer sam spoznao da je život intersantniji od samih molekula. Radio sam godinu na Institutu 'Ruđer Bošković' čiju sam stipendiju imao tijekom studij. Moji kolege na 'Ruđeru' znali da se želim baviti se biologijom, a da je to što me zanima teško raditi u Zagrebu – rekao je Ehrlich. No, iskrsnula mu je stipendija u laboratoriju prof. Giorgija Bernardija u Strasbourgu. – Moj šef na 'Ruđeru' Vinko Škarić je tijekom rada u Kanadu upoznao Bernardija pa sam u siječnju 1968. godine otišao na tri mjeseca u Strasbourg. Tamo samo se počeo baviti biokemijom, a imao sam i rad koji je imao dobar odjek pa mi je Bernardi ponudio da dođem kod njega raditi doktorat – prisjetio se Ehrlich.

U listopadu 1968. godine otišao je ponovno u Strasbourg i tako je počeo njegov život znanstvenika u dijaspori. – Doktorat sam radio zahvaljujući stipendiji koju je financirao NATO, no 1970. godine iz Strasbourga sam otišao u Pariz jer se cijeli laboratorij tamo preselio. Tamo su mi ponudili mjesto u Centre national de la recherche scientifique (CNRS), najvećoj francuskoj znanstvenoj organizaciji. Tako sam NATO-ovu stipendiju zamijenio zaposlenjem u CNRS-u – ispričao je Ehrlich koji je doktorirao 1972. godine, a zatim otišao na postdoktorat na Stanford.

– Moja ideja je bila da radim u laboratoriju Arthura Kornberga, dobitnika Nobelove nagrade za kemiju. Napisao sam mu pismo i odlučio ga poslati drugi dan. No, u tom trenutku je stiglo pismo Bernardijeva kolege Vittorija Sgarmelle koji je tada radio na Stanfordu u laboratoriju nobelovca Joshue Lederberga i pozvao me u njihov laboratorij. Pomislio sam kako jedan nobelovac vrijedi kao i drugi, a razlika je da je u Lederbergovom laboratoriju bilo novca za jednog postdoktoranda, a s Kornbergom bih morao tražiti novce. Kako je bilo jednostavnije otići na odsjek genetike nego biokemije na Stanfordu, nikad nisam poslao već napisano pismo Arhuru Kornbergu – ispričao je Ehrlich.

Na Stanfordu je proveo četiri uzbudljive godine u prijelomno doba rađanja genetskog inženjerstva.

– Došao sam kao postdoktorand, a onda sam nakon dvije godine postao znanstveni suradnik. U to vrijeme sam bio praktički odgovoran za Lederbergov laboratorij. Naime, Lederberg se tada jako zainteresirao za egzobiologiju i bio je zaokupljen pitanjem ima li života na Marsu – rekao je Ehrlich. – Lederberg je smatrao da se puno zna o životu na Zemlji koji je baziran na DNK, a zanimalo ga je ima li drugih načina da se kreira život. Njegova hipoteza je bila da treba istražiti druge planete kako bi se to spoznalo. Lederberg je mnogo vremena i misli posvećivao vanzemaljskom životu pa sam se tako ja brinuo i za studente i za tehničare u laboratoriju. Bio sam operativac što je jako bilo dobro za mene jer sam se tako formirao i bio sam sposoban voditi svoju grupu – dodao je Ehrlich.

Nakon četiri godine boravka na Stanfordu, Duško Ehrlich se vratio u Pariz.

– Moja kći Maja rođena je na Stanfordu i ima tri državljanstva: hrvatsko, francusko i američko. No, želio sam da moja djeca dobiju europsko obrazovanje pa onda kad budu zrelija odluče žele li živjeti u Americi – kazao je Ehrlich. No, njegova djeca izabrala su Pariz: sin Ivan radi kao inženjer u Peugeotovu istraživanju i razvoju, a kći Maja ima veterinarsku ordinaciju.

– Zanimljivo je da je Maja počela studirati biologiju u Parizu, ali mi je nakon dvije godine rekla da je to ne zanima i da bi radije studirala veterinu.

No, u Francuskoj je teško upisati studij veterine zbog specifičnog sustava priprema koje traju dvije godine. Kako Maja nije imala vremena za to jer je već dvije godine studirala biologiju, odlučila se upisati veterinu u Zagrebu. Tako je diplomu stekla na Veterinarskom fakultetu u Zagrebu – ispričao je Ehrlich.

Tijekom 45 godina izvanredne znanstvene karijere Duško Ehrlich objavio je 343 rada citirana 21.000 puta što ga svrstava mešu najuspješnije hrvatske istraživače u inozemstvu. Njegova druga domovina Francuska cijeni njegov znanstveni doprinos pa je tako dobitnik nagrade Excellence of the Agricultural Research Award.

– To je nagrada za cijelu karijeru. No, ja sam ponosan i na priznanja francuske države jer sam Vitez legije časti i Vitez reda zasluga (?) – priznao je Ehrlich naglasivši da voli život u Parizu.

– Ako čovjek živi u velikom gradu, Pariz je jedno od najboljih mjesta za to. Živjeli smo preko 30 godina u središtu Pariza, no onda smo se preselili na periferiju jer je to bliže poslu. Kad sam počeo provoditi 1,5 sat u autu na putu za posao i isto toliko na putu kući, to je bio preveliki gubitak vremena. Imam previše posla da bih mogao tri sata dnevno biti u autu – kaže Ehrlich koji poput svih uspješnih znanstvenika mnogo putuje.

Kad se ne bavi znanošću, Ehrlich uživa u svojim hobijima.

– Vožnja biciklom i plivanje mi omogućavaju da se držim u dobroj formi. Tako sam tijekom godišnjeg odmora na biciklu prešao 1000 kilometara. No, moj hobi je i vrtlarstvo jer uz kuću, koju smo kupili u predgrađu Pariza, je jedan lijepi i veliki vrt. Za nekoga poput mene, tko je cijeli život u gradu, vrt je pravo otkriće. To je pravo čudo: posadite biljčicu u tlo i nakon pet godina je drvo. A u početku sam mislio da će se sve biljke koje posadim osušiti – kaže u šali Ehrlich.

Vjeran je i svome mladenačkom hobiju, šahu. – Kao mladić sam bio dobar šahist i igrao sam u klubu. U jednom trenutku sam pomišljao da postanem profesionalni šahist. Otac mi je rekao: ' Ako te to zanima, zašto ne. No, teško ćeš od toga živjeti. Ako si prosječan kemičar, moći ćeš svejedno dobro živjeti, ali ako si prosječan šahist, neće biti lako.' Kako nije bilo garancije da ću postati prvak svijeta u šahu i od toga živjeti, mali Duško poslušao je svoga tatu i otišao studirati kemiju – prisjetio se Ehrlich. – No, šah mi je hobi i igram ga povremeno na internetu. Ne igram protiv kompjutora jer oni igraju mnogo bolje nego ljudi, pa to postaje kao da se utrkujete s autom – rekao je Ehrlich, a zatim priznao kako rijetko dolazi u Hrvatsku.

– Divna zemlja i ljudi, trebao bih češće dolaziti, ali imam puno posla. Možda će se istraživanja mikrobiota razviti u Zagrebu i ako mogu pomoći, ja ću to rado učiniti – rekao je Ehrlich koji je ranije imao plodnu suradnju s kolegama na "Ruđeru"

– Nažalost, kolege s kojima sam najviše surađivao Mirjana i Dadi Petranović su preminuli. Kada su prvi put došli u Pariz, njihova kći Dina imala je deset godina. No, 15 godina kasnije 'mala' Dina Petranović je došla kod mene na doktorat, a sada živi u Švedskoj – kazao je Ehrlich, a zatim se osvrnuo na Miroslava Radmana, drugoga velikoga hrvatskog znanstvenika u Parizu.

– Miro i ja smo dobri prijatelji. Bili smo skupa na PMF-u, Miro je studirao biologiju, a ja organsku kemiju. Onda je on otišao na doktorat u Belgiju, a ja u Francusku, ali smo se sretali. Zatim je Miro otišao na doktorat na Harvard, a ja na Stanford. Zajedno smo s vratili u Francusku i neko vrijeme radili u istom institutu. Ne vidimo se često, ali kad se nađemo uvijek su naši odnosi prijateljski i srdačni – ispričao je Ehrlich koji planira nastavak istraživanja na mikrobiotama.

– Moramo ići dalje. Pa jedan od četiri čovjeka na Zapadu, dakle 25 posto ljudi, nosi rizik od razvoja bolesti povezanih s debljinom zbog siromaštva svoje bakterijske populacije. A mi to možemo intervencijom smanjiti. Moramo razviti metode da se jednostavno može identificirati tko je izložen tome riziku. Zasad je to komplicirano i ima malo centara koji to mogu napraviti. A mi znamo točno kako to jednostavno napraviti – tvrdi Ehrlich.
– Danas vas doktor šalje na krvnu i analizu urina, a za koju godinu će vas poslati na fekalnu analizu. Na osnovi analize bakterija koje žive u nama, u budućnosti ćemo moći intervenirati i prije nego se zdravstveni poremećaj manifestira, i to hranom, a ne lijekovima kao danas– dodao je Ehrlich kome bi na znanstvenom entuzijazmu mogli pozavidjeti i mnogi tridesetogodišnjaci.

– Znanost je jedna od posljednjih disciplina i prostora gdje postoji fantastična sloboda i kreativnost rada. Jedino ograničenje mogu biti uvjeti u kojima radiš, te tvoja vlastita inteligencija i kreativnost – ustvrdio je Ehrlich.

Iako je napunio 70 godina, još ne planira mirovinu. – U dobroj sam fizičkoj i intelektualnoj formi, a u zadnjih 10 godina, dakle između moje 60-te i 70-te godine uspio sam pokrenuti cijelo novo područje istraživanja koje je sada jako plodno. Imam dojam da sam na sada na fronti nekih od najnaprednijih istraživanja i bila bi šteta za znanost, a svakako za mene da se sad zaustavim – naglasio je Ehrlich.

– S velikim zanimanjem gledam kako se povećava broj stogodišnjaka u Francuskoj, ima ih sve više i više. Stoga kažem, ostajem još 30 godina jer nema smisla sada stati – zaključio je Duško Ehrlich.

JL, 12. listopada 2013.

V. FUTUROLOGIJA
–TEHNOLOGIJA
–EKONOMIJA

Michio Kaku
Koje su najveće opasnosti s kojima se suočava čovječanstvo

Ovogodišnja konferencija "Znanjem rastemo", koju Hrvatski Telekom 4. listopada organizira u Zagrebu, ugostit će planetarnu znanstvenu zvijezdu, američkog teorijskog fizičara i futurologa **dr. Michija Kakua.** Rođen u San Joseu u Kaliforniji u obitelji japanskih useljenika u SAD, Michio Kaku (65) diplomirao je fiziku na Harvardu kao najbolji student u svojoj generaciji. Doktorirao je na Sveučilištu California u Berkeleyju, a među fizičarima postao je poznat po svojim radovima na području teorije struna. Prema toj teoriji sve su čestice sastavljene od struna koje postoje u 10 ili 11 dimenzija. Tri prostorne i jednu vremensku dimenziju opažamo u makroskopskom svijetu, a ostalih šest ili sedam ne opažamo. No, teorija struna zasad ima velik nedostatak jer ne nudi mogućnost eksperimentalne provjere.

Evolucija tehnologije

Michio Kaku poznat je široj svjetskoj javnosti kao izvanredan popularizator znanosti. Napisao je niz popularno-znanstvenih knjiga, među kojima i bestselere "Hiperprostor", "Fizika nemogućeg i "Fizika budućnosti", a često gostuje u televizijskim i radioemisijama u kojima spremno odgovara na pitanja radoznalaca.

U Zagrebu će Kaku govoriti o tome kako će u nadolazećim desetljećima znanost i tehnologija izmijeniti našu svakodnevicu i kakve će to izazove postaviti pred pojedince, kompanije i vlade. Stoga smo naš razgovor počeli upravo o tim temama.

Kako će evolucija tehnologije izmijeniti ekonomiju, način na koji radimo i naše poslove?
– Ekonomija postupno dovodi do tranzicije iz robnog kapitalizma do intelektualnog kapitalizma u kojem su bitni softveri, umjetnički rad, znanost, filmovi, romani. Zemlje koje se striktno zasnivaju na robnom kapitalizmu, primjerice poljoprivrednoj proizvodnji, spoznat će da njihova gospodarstva

postaju sve manja i manja. Jer, roba se može masovno proizvoditi pa cijene padaju. No, intelektualni kapitalizam stvoren je zahvaljujući umnom radu i tu nema masovne proizvodnje.

Tko su dobitnici, a tko gubitnici u tom procesu?

– Postoje dva velika gubitnika. Prvi gubitnici su radnici 'plavih ovratnika' čija su zanimanja striktno repetitivna i mogu biti nadomještena strojevima. Zanimanja koja nisu repetitivna, poput vrtlara, policajaca ili zdravstvenih djelatnika, preživjet će jer ih se ne može lako nadomjestiti robotima. Među radnicima s 'bijelim ovratnicima' realni gubitnici su profesije poput brokera, agenata, računovođa niže razine jer strojevi mogu raditi mnogo od njihova posla. Dakle, oni se moraju promijeniti i dodati nove vrijednosti svome poslu. Stvarni dobitnici su 'bijeli ovratnici' čija zanimanja iziskuju imaginaciju, kreativnost, talent, analitičnost, znanstveni način razmišljanja, liderstvo, dakle sve one osobine koje nemaju strojevi.

Kako bi se kompanije trebale prilagoditi toj situaciji?

– Znanost je pokretač napretka. Sve blagostanje koje vidimo oko nas dolazi od znanosti. Žele li prosperirati, kompanije i zemlje moraju ulagati u znanost i znanstvenu edukaciju. Kompanije trebaju više ulagati u svoje istraživačke i razvojne proračune. Također, vlade bi trebale smanjiti regulaciju i ohrabrivati poduzetnike da počnu s novim poslovima.

Znači li to da će savršeni kapitalizam biti stvoren kao popratna nuspojava tehnološkog razvoja?

– Sva tehnička čuda budućnosti, poput primjerice interneta u vašim kontaktnim lećama, pružat će vam beskonačne informacije o cijenama bilo koje trgovačke robe. Stroga zakoni ponude i potražnje, koji su obično nesavršeni, postaju perfektni. Ta se prednost mijenja u korist potrošača koji zna sve o određenom proizvodu. Kako će kompanije uzvratiti? Koristeći rudarenje podataka, ciljano tržište, pozicioniranje i brendiranje. No, potrošač je konačni pobjednik savršenog kapitalizma.

Umjetna inteligencija

Koliko će u budućnosti čovječanstva biti važna mudrost?

– U ovom trenutku previše je šuma na internetu. Svatko se može smijati i vikati na internetu. No, u budućnosti pravo blago bit će mudrost, a ne šum. Vjerovat ćemo onim stranicama na internetu koje će nuditi najbolje informacije iz provjerenih izvora. No, odakle dolazi ta mudrost? Ona izvire iz snažnih i energičnih demokratskih rasprava među ljudima.

Hoće li umjetna inteligencija idućih desetljeća nadmašiti ljudsku?

– Sadašnji najrazvijeniji robot po imenu ASIMO posjeduje inteligenciju žohara. Tijekom idućih desetljeća roboti će postupno postati pametni poput miša, štakora, zeca, mačke, psa i napokon majmuna. Na toj točki moglo bi postati opasno, stoga mislim da bismo trebali umetnuti čip u njihov mozak koji će ih ugasiti ako postanu opasni. No, budu li roboti postajali postupno sami sebe svjesni, bit će mnoštvo upozorenja na to.

Trebamo li biti zabrinuti zbog nanotehnologije?
– Zasad ne. Cilj je kreirati atomski stroj, zvan nanobot, koji može rearanžirati atome svake tvari, tako da možete pretvoriti jednu stvar u drugu. No, mi smo mnogo, mnogo desetljeća udaljeni od vremena kada ćemo biti u stánju napraviti nanobota. Opasnost je da se ti nanoboti otmu kontroli i pretvore sve u tzv. 'grey goo', beživotni sivi mulj koji bi pokrivao cijelu Zemlju. Nisam zabrinut oko toga jer su nanoboti daleka budućnost, možda na kraju 21. stoljeća.

Koja je najveća prijetnja čovječanstvu u ovom trenutku?
– Znanstveno gledajući, nuklearna proliferacija i biološko oružje su neposredna opasnost. Naime, moglo bi postati opasno kad bi neke male zemlje imale pristup obogaćenom uranu te napravile atomsku bombu.

Također, opasno bi bilo kada bi ta mala nacija neki mikrob, primjerice virus gripe, pretvorila u smrtonosno biološko oružje koje bi se lako širilo.

U srpnju ove godine znanstvenici u CERN-u (Europski centar za nuklearna istraživanja) najavili su vjerojatno otkriće Higgsova bozona, popularne Božje čestice. Kako to komentirate?
– Higgsov bozon je posljednji komadić koji nedostaje u puzzle slagalici čestica nazvanoj Standardni model. No, to nije konačna teorija jer ne opisuje gravitaciju. Stoga mislimo da mora biti teorija iza Higgsova bozona. Slijedeća čestica za koju se nadamo da ćemo je pronaći jest 'sparticle' ili super čestica. Ako nađemo super čestice, to bi nas moglo dovesti do dugog puta koji će pokazati da je teorija struna upravo ona teorija za kojom je tragao Einstein.

Što je najveći izazov u fizici danas?
– Najveći izazov je sjediniti cijelu fiziku u jednoj teoriji. Sada imamo dvije teorije. To su kvantna i teorija relativnosti. Naš cilj je ujediniti ih u jednu teoriju. Teorija struna je vodeći i jedini kandidat za tu bajkovitu teoriju. Drugi veliki izazov jest naći nadomjestak za silicijske tranzistore. Oni su sada vrlo mali i vrlo brzo brzo njihova će moć doseći maksimum i tada će početi stagnirati.

Ako kompjutori ne budu svake godine mogli biti moćniji, to bi moglo izazvati goleme poremećaje u trgovini. Tko će željeti kupiti kompjutor koji je iste moći kao prošlogodišnji model? Dakle, trebamo nadomjestak za silicijske tranzistore. Primjerice, molekularne ili možda ugljikove tranzistore.

Hoćemo li ikad imati teoriju svega?

– Mislim da je već imamo, a to je teorija struna. Mi se sada nadamo da ćemo pomoću Velikog hadronskog sudarača i svemirskih satelita testirati periferiju teorije struna. Ako se pokaže točnom, to bi moglo postati krunsko postignuće fizike.

Je li putovanje kroz vrijeme moguće?

– Da, još je i Einstein spoznao da njegove jednadžbe dozvoljavaju put kroz vrijeme. On je čak 1935. godine pronašao rješenje u vidu "crvotočina", koje povezuju udaljene točke prostora. Dakle, putovanje kroz vrijeme je moguće, ali ekstremno teško u praksi.

Kada ste spoznali vaš interes za fiziku?

– Kad sam imao osam godina, umro je Albert Einstein. Svi su pričali o tome. U svim novinama je pisalo kako stoga neće biti dovršena njegova najveća teorija, teorija svega. Nisam tada znao tko je taj čovjek, ali sam želio pomoći da se dovrši velika teorija. Kasnije sam spoznao da je pokušavao objediniti zakone fizike u jednu teoriju. Nije uspio, ali mi danas mislimo da smo u tome uspjeli.

Kada biste mogli upoznati nekoga znanstvenika iz prošlosti, tko bi to bio?

– Želio bih upoznati Einsteina. On je bio moj uzor kad sam bio dijete. Kad god sam donosio neke odluke o mojoj karijeri, razmišljao sam što bi on učinio u tom stadiju karijere. Želim mu vratiti dug koji osjećam prema njemu. Također, kako sam na teoriju struna potrošio 30 godina, želio bih ga pitati što misli o toj teoriji.

Što najviše volite u svom poslu?

– Volim raditi s jednadžbama koje su univerzalne diljem svemira. Uzbudljivo je znati da bi na drugoj strani naše galaksije Mliječni put, mogao sjediti znanstvenik-alien koji ispisuje iste jednadžbe, ali s različitim predznakom. Fizika je univerzalna diljem svemira dok kultura i jezik ovise o tome jeste li na Zemlji. Ono što mi fizičari otkrivamo ovdje na Zemlji je isto što i na drugoj strani galaksije.

Što je najdosadnije u vašem poslu?

– Problem je što dobivam stotine e-mailova u kojima mi ljudi postavljaju pitanja. Ne mogu odgovoriti svima njima. Stoga im kažem hotline broj za moj radio show Science Fantastic tako da mi mogu postavljati pitanja. Tako u eteru odgovaram na najbolja pitanja.

Da niste fizičar, što biste voljeli biti?

– Nekad sam razmišljao kako bih mogao postati filozof. Međutim, kada sam krenuo na predavanja iz filozofije, bio sam razočaran. Toliko mnogo se diskutiralo o etici, moralu i "dobru": razmišljao, sam da sva ta pitanja ovise o tome odakle ste, a ne zasnivaju se na realnim filozofskim principima koji bi trebali biti univerzalni. Kasnije sam razmišljao da bi bilo zanimljivo istraživati umjetnu inteligenciju kako bih spoznao kako radi mozak i uvidio bi li ga se moglo umnožiti pomoću silicijskih tranzistora.

JL, 23. rujna 2012.

Ray Kurzweil
Ljudski mozak potpuno je beskoristan

Danas dijete u Africi ima na raspolaganju više tehnologije nego što je imao američki predsjednik prije 15 godina, ustvrdio je nedavno **Ray Kurzweil** na predstavljanju svoje nove knjige "How to Create Human Mind: the Secret of Human Thought Revealed". Kurzweil, poznati američki izumitelj i jedan od najkontroverznijih futurologa današnjice, već se proslavio besteselerima "The Age of Spiritual Machines" i "The Singularity Is Near" u kojima je ustvrdio da će umjetna inteligencija idućih desetljeća dostići i nadmašiti ljudsku. I njegova nova knjiga na putu je da postane uspješnica iako su reakcije na nju vrlo oprečne: jedni je poput **Marvina Minskog**, "oca umjetne inteligencije", smatraju veličanstvenom, dok je drugi oštro kritiziraju kao "bizarnu mješavinu dobrih i posve suludih ideja".

Tehnološki genijalac

Ray Kurzweil (64) sin je austrijskih Židova koji su se uoči Drugog svjetskog rata doselili u njujoršku predgrađe Queens. Svoju tehnološku genijalnost pokazivao je još u djetinjstvu pa je tako u dobi od 14 godina napisao softver koji je završio u IBM-ovu kompjutoru. Krajem sedamdesetih godina razvio je algoritme za prepoznavanje slova korištene za skeniranje dokumenata i članaka iz novina i časopisa, što je dovelo do stvaranja on-line baze podataka Lexis i Nexis. Kada je 1982. godine upoznao **Stevieja Wondera**, to ga je inspiriralo da stvori novu generaciju glazbenih sintisajzera. Nekoliko godina kasnije razvio je FatKat, automatski sustav za mešetarenje na burzi.

Predvidio pad SSSR-a

Kurzweil se iskazao i kao dobar pretkazivač budućnosti jer je mnogo godina prije ostalih futurologa predvidio pad Sovjetskog Saveza. Također, 1990. godine predvidio je da će do 1998. godine kompjutor u šahu biti bolji od čovjeka. Nije pogriješio, 1997. godine kompjutorski program Deep Blue pobijedio je svjetskog šahovskog prvaka **Garija Kasparova**.

Prošle godine, pak, IBM-ov superkompjutor Watson u kvizu Jeopardy (Izazov) pomeo je dvojicu iskusnih natjecatelja što je, tvrdi Kurzweil, znak da moramo ozbiljno raspravljati o perspektivama umjetne inteligencije koja će oponašati ljudske sposobnosti.

Umjetna inteligencija

– Razmotrimo Watson, kompjutor koji je bio uspješan u kvizu Jeopardy. Taj kviz uključuje metafore i igre riječi i šale i zagonetke. Watson ne samo da razumije zamršeni jezik u Jeopardyjevu upitniku, nego je on svoje znanje stekao čitajući Wikipediju – rekao je Kurzweil.

– Ako, pak, vi čitate Wikipediju, spoznat ćete da je nejasna. Ja sam ponekad morao čitati nekoliko uvoda iz drugih izvora kako bih riješio nejasnoće i dvosmislenosti. Watson je to sve napravio s boljim rezultatom nego dva najbolja natjecatelja zajedno. Watsonov uspjeh pokazatelj je da smo postigli stvaran napredak u kreiranju kompjutora koji rade slične stvari kao i ljudski mozak – dodao je Kurzweil.

U svojoj knjizi "The Singularity Is Near" iz 2005. godine zaključio je kako se kompjutorska tehnologija ubrzano približava singularitetu, trenutku preokreta kada će strojevi postati inteligentniji od nas. Ray Kurzweil od 2006. do 2010. godine bio je direktor Singularity Institute for Artificial Intelligence (SIAI) u Palo Altu u Kaliforniji, neprofitne organizacije usmjerene na razvoj "sigurne i prihvatljive superiorne umjetne inteligencije".

Medicina besmrtnosti

– Umjetna inteligencija nadmašit će ljudsku do 2029. godine. Neće to biti samo invazija inteligentnih strojeva iza horizonta nego ćemo se mi fuzionirati s tom tehnologijom. Umetat ćemo inteligentne naprave u svoje tijelo i mozak kako bismo živjeli i dulje i zdravije – ustvrdio Kurzweil koji ulaže velik trud i sredstva kako bi poživio do toga vremena. No, obiteljska genetika ne govori mu u prilog: Kurzweilov otac umro je od srčanog udara sa 58 godina, dok mu je djed preminuo u ranim 40-im godinama života. Rayu Kurzweilu, pak, u dobi od 35 godina dijagnosticiran je visok kolesterol i dijabetes tipa 2. Nakon što je godinama slijedio konvencionalne liječničke preporuke i prehranu prilagođenu toj bolesti, Kurzweil se okrenuo avangardnim tretmanima. Prije 10 godina upoznao je **dr. Terryja Grossmana**, "vodećeg proponenta medicine besmrtnosti" koji mu je preporučio koktel komplementarnih tretmana.

Nanomedicina

U realnosti to żnači da Kurzweil svakoga dana popije 150 tableta raznih vitamina i minerala za usporavanje starenja, pije 10 šalica zelenog čaja i osam čaša alkalne vode koja je jaki antioksidans te iz tijela uklanja štetne slobodne radikale. Kurzweil također prima injekcije testosterona i DHEA, hormona koji prirodno luči nadbubrežna žlijezda, a njegova se razina smanjuje s godinama. Istraživanja su pokazala da sintetska verzija DHEA usporava starenje, poboljšava kognitivne sposobnosti, libido i fizičku kondiciju. Zbog svega toga, Kurzweil tvrdi da njegov fizički profil sada odgovara nekome tko je mnogo mlađi od njega pa bi stoga mogao doživjeti medicinsku revoluciju u kojoj će se pomoću matičnih stanica nadomještati dotrajala tkiva i organi. No, Kurzweil mnogo očekuje i od nanomedicine.

– Za nekoliko desetljeća imat ćemo 'nanobote', minijaturne kompjutore veličine naših krvnih stanica koji će nas održavati zdravim na staničnom i molekularnom nivou – ustvrdio je Kurzweil.

– Nije to tako futuristički kako u prvi mah zvuči. Pa ljudi to već rade na životinjskim modelima. Ima ljudi koji već sada hodaju s kompjutorima prikvačenim na svoj mozak, poput oboljelih od Parkinsonove bolesti. U idućih 25 godina ti će kompjutori biti veličine krvne stanice – predviđa Kurzweil.

On smatra da će upravo zahvaljujući nanotehnologiji, matičnim stanicama i umjetnoj inteligenciji mnogi ljudi na Zapadu idućih desetljeća doživjeti 120 godina. U proteklih 160 godina čovjekov se životni vijek produljio za 40 godina, a sada se svake godine produlje za tri mjeseca. No, Kurzweil je tako optimističan da uopće ne vidi granica ljudskoj dugovječnosti. – Stalno pomičemo granice očekivanog životnog vijeka. Prema mojim modelima, unutar 15 godina mi ćemo svake godine dodavati jednu godinu više našem očekivanom životnom vijeku – rekao je Kurzweil.

U "How to Create Human Mind" predviđa "obrnuti inženjering ljudskog mozga kao jedan od najvažnijih projekata u svemiru" i vrijeme kada će se ljudi i tehnologija fuzionirati kako bi nastala nova vrsta postojanja. Objašnjavajući kako kompjutori rade, Kurzweil zaključuje da strojevi postaju sve sličniji ljudskom mozgu. Nadalje, smatra da napredak tehnologija poput magnetske rezonancije (MR) vodi boljem razumijevanja ljudskog mozga koji, tvrdi on, nije tako zakučast organ kako se misli. Zatim iznosi tezu o uniformnoj strukturi moždane kore, čija nas kompleksnost čini različitim od ostatka životinjskog svijeta. Naime, moždana kora jest središte našeg pamćenja, razumijevanja, jezika i simboličkog razmišljanja, a sastoji se od 22 milijarde neurona koji stvaraju 150 kilometara veza. No, Kurzweil tvrdi da se moždana kora sastoji od 300 milijuna modula koji se razvijaju u vrlo ranoj dobi. Jedan od razloga zašto djeca mogu lako učiti jezike i glazbu, po njemu, jest taj što moduli još nisu ispunjeni kao u dobi kad imamo 20 ili 30 godina i kada nam učenje jezika ide teže.

Biološki limiti

Naš mozak, dakle, ima biološke limite, no i to bismo mogli nadvladati pomoću "cloud computing", odnosno korištenjem kompjutorske tehnologije zasnovane na internetu.

– Internetske tražilice već na razne načine rade za mnoge ljude, a rezultat toga je da smo sada pametniji. I pojedinci i grupe stoga mogu napraviti više – ustvrdio je Kurzweil. Sviđa mu se i potencijal "Google naočala" koje imaju 14 funkcija, a pomažu u identifikaciji osoba koje srećemo, pružaju informacije o vremenu i dnevnim obavezama. Te bi se naočale, predstavljene u travnju ove godine, u idućih godinu dana mogle naći na tržištu.

– Koristit ćete ih kao pomagala u svakodnevnom životu – rekao je Kurzweil koji tehnološke inovacije poput "Google naočala" naziva "mind expanderima" (širiteljima uma). Kurzweil tvrdi da će idućih desetljeća "mind expandera" biti napretek, a oni će nam omogućiti da uklonimo biološka ograničenja našeg mozga i uma.

JL, 4. siječnja 2008.

Hiroshi Ishiguro
Moji roboti neće pobiti čovječanstvo. Štoviše, uvjeren sam kako će se ljudi s njima htjeti seksati

U velikoj predavaonici na zagrebačkom Fakultetu elektrotehnike i računarstva (FER) obavljane su posljednje pripreme za predavanje slavnog japanskog robotičara dr. Hiroshija Ishigura, direktora Laboratorija za inteligentnu robotiku Sveučilišta Osaka.

Potražila sam pogledom Ishiguru: nizak, odjeven od glave do pete u crno, s jednako tako crnom kosom, sjedio je nepomična izraza lica.

Je li to Ishiguro ili njegov blizanac android, upitala sam se, a slično je malo kasnije glasno komentirao i moj kolega fotoreporter Tomislav Krišto. Hiroshi Ishiguro (48), kojeg je britanski dnevnik Telegraph stavio na 26. mjesto liste 100 živućih genija, diljem svijeta postao je poznat kada je 2006. godine predstavio svoju androidnu repliku, robota Geminoida HI-1.

Nažalost, Ishiguro nije u Zagreb poveo Geminoida, ali je tijekom predavanja pomoću filmske prezentacije predstavio svojeg androidnog klona.

Rastrgan po svijetu

– Geminoid je robot kojim se upravlja izdaleka, putem interneta. Primjerice, ja mogu ostati u Japanu i poslati Geminoida na turneju po Europi. Budući da imam jako puno obaveza, i kad imam neki važan sastanak ostavim ga u predavaonici sa studentima – rekao mi je Ishiguro kad smo se dan nakon njegova predavanja ponovno našli na FERu. Pokazala sam Ishiguri svoja dva članka o njemu, što ga je obradovalo. Ipak, listao je Nedjeljni Jutarnji nervoznim pokretima čovjeka koji je stalno u žurbi.

Hiroshi Ishiguro uistinu jest jako zaposlen čovjek frenetičnoga životnog tempa. Rastrgan je između gostovanja po svijetu, predavanja za studente na Sveučilištu Osaka, istraživačkog rada u ATR laboratoriju za inteligentnu robotiku i komunikaciju blizu Kyota, rada u start-up kompaniji čiji je osnivač, bezbroj sastanaka i konferencija.

Nitko se stoga ne čudi što je naposljetku razvio svoga blizanca androida. Napravljen od čelika i silikonske gume, Geminoid ne samo da nalikuje na Ishiguru nego se i ponaša poput njega. Android diše, vjerno reproducira znanstvenikov glas, pokrete i grimase, a raspolaže s više od 60 izraza lica.

Neobični Japanac

– Zahvaljujući Geminoidu, mogu govoriti iz laboratorija u Osaki dok moje riječi izgovara moj blizanac u predavaonici na ATR Institutu koji je na sat vremena udaljenosti. Sjedim za kompjutorom, a ispred mene su dva ekrana koja mi dočaravaju pogled iz androidove perspektive te mogu kontrolirati pojedine pokrete – ispričao mi je Ishiguro.

Tijekom predavanja za studente na FER-u pokazao je i scenu tijekom koje je on sjedio na Sveučilištu Osaka, a Geminoid u kutu jednog kafića u 9000 kilometara udaljenom austrijskom gradu Linzu. Tamo je Geminoid sudjelovao na Festivalu Ars Electronica.

– Pogledajte kako djeca i odrasli radoznalo gledaju neobičnoga Japanca u kafiću, a zatim mu prilaze pokušavajući ga dodirnuti – rekao je Ishiguro.

Zanimalo me je li Ishiguro zaljubljenik u robote od djetinjstva.

– Ne, dok sam bio mali, želio sam postati slikar i slikati ulja na platnu. No, naposljetku sam upisao studij kompjutorskih znanosti i umjetne inteligencije na Sveučilištu Osaka. Tamo sam se zainteresirao za robotiku. No, mislim da je moj rad u robotici sličan umjetničkom. Da sam slikar, na platnu bih prikazivao ljudska stanja i izraze. Sada to radim na robotima, pokušavajući na njima prikazati ono što je tipično ljudsko – rekao je Ishiguro. Dok su mnogi znanstvenici njegova znanstvenog područja fokusirani na funkciju i ponašanje robota, Ishiguro je zaokupljen dizajniranjem robota nalik na ljude.

– Dok sam bio izvanredni profesor na Sveučilištu Kyoto, stalno sam se pitao koji je idealan dizajn za robote. Mislim da je to jako važno pitanje, a manjkao je odgovor na njega. Napravio sam brojne robote prije nego što sam shvatio važnost njihova izgleda. Spoznao sam da je naš mozak dizajniran za prepoznavanje ljudskih lica i oblika, a ne za manipulaciju tipkovnicama. To je bila motivacija da se počnem baviti androidima. Sliči li određenom čovjeku, robot na nas ostavlja snažan osjećaj prisutnosti te osobe – rekao je Ishiguro.

Prvi humanoliki robot Repliee R-1 predstavio je 2002. godine na Sveučilištu Osaka, a bio je to androidni klon njegove tada četverogodišnje kćerkice.

– Meni je to bio pravi izazov za mene, ali moja je kći u početku bila uplašena. No, nakon nekog je vremena prihvatila svoju 'bliznaku' – pojasnio je Ishiguro.

U ljeto 2005. Ishiguro je otišao korak dalje te je na Svjetskoj izložbi u Kobeu predstavio Repliee Q1 Expo, androidnu kopiju jedne popularne japanske TV najavljivačice.

Repliee Q1 Expo bila je tako vješta kopija svojega originala da su joj mnogi od posjetitelja prilazili i tražili je autogram.

Vuk Radić

Kako je moj mladi urednik Vuk Radić izrazio veliko zanimanje za tematiku seksa s robotima, spomenula sam prof. Ishiguru knjigu "Love and Sex with Robots" britanskog robotičara Davida Levyja, koji tvrdi da će ljudi u budućnosti sve češće seksualno zadovoljstvo pronalaziti u zagrljaju robota.

Uostalom, neke japanske i američke kompanije već sada prodaju seksualne lutke po cijeni od nekoliko tisuća dolara. Kada je 2004. godine u Južnoj Koreji objavljen rat prostituciji, u mnogim hotelima klijentima su počeli nuditi seks s lutkama po cijeni od 25 dolara na sat. U japanskim hotelima iznajmljivanje seks-lutke stoji 100 dolara na sat, koliko je i cijena jednog sata s call girl.

Brak s robotom

– Kad pogledate internet, spoznate da 70 posto prometa čine videosadržaji povezani sa seksualnom industrijom. Bez sumnje, slična će se stvar događati s robotima – rekao je Ishiguro.

Hoćemo li se u budućnosti vjenčati s robotima, kako to predviđa Levy, upitala sam Ishiguru.

– Ne znam, to ovisi o svakom pojedincu. Ne znam što vi mislite, ali ja to ne bih želio – rekao je Ishiguro.

Razgovor smo skrenuli na znanstvenofantastični film "Surogati", u kojem se pojavljuje i Ishiguro. U tom filmu, s Bruceom Willisom u glavnoj ulozi, ljudi žive tako da iz sigurnosti svojih domova upravljaju robotima surogatima: seksepilnim, fizički savršenim mehaničkim reprezentacijama samih sebe. To je idealan svijet u kojem zločin, bol, strah i posljedice ne postoje.

Kada prvo ubojstvo u mnogo godina protrese ovu utopijsku zajednicu, Bruce Willis će prvi put u deset godina službe napustiti svoj dom kako bi istražio ubojstva drugih surogata. Hoće li naš suživot s androidima u budućnosti izgledati tako, upitala sam Ishiguru.

– Znate da filmovi preuveličavaju neke teme. Ne mislim da će svi ljudi koristiti surogate, no pojedinci poput mene sigurno hoće. Kad budem star i smjeste me u bolnicu, vjerojatno ću poželjeti koristiti svojeg androida u javnosti. Hendikepiranim osobama androidi će sigurno biti korisni – rekao je Ishiguro.

Upitala sam ga za njegov novi projekt – Elfoid, vjerojatno najbizarniji mobitel koji se dosad pojavio na traištu. Elfoid je kombinacija mobitela i androida: izgleda kao duh Casper bez udova, a napravljen je od materijala koji podsjeća na kožu.

– Za razliku od mojih ostalih androida koji su kopije postojećih osoba, Elfoid ima mnogo općenitiji ljudski oblik. Ipak, kad ga koristite, imate doživljaj osobe s kojom razgovarate. Naša istraživanja ukazuju da bi mogao biti jako dragocjen starijim i slijepim osobama.na tržištu će se pojaviti iduće godine, a neće biti skuplji od ostalih mobitela – istaknuo je Ishiguro.

Upitala sam ga što misli o predviđanjima američkog futurista Raya Kurzweila koji u svojoj knjizi "Singularity is Near" tvrdi da će 2029.godine umjetna inteligencija nadmašiti ljudsku.

– Mislim da sve ovisi o tome što podrazumijevamo pod pojmom ljudske inteligencije. Ja to smatram jednim od ključnih i najkompleksnijih pitanja današnjice, na koje nemamo pravi odgovor – odgovorio mi je Ishiguro gledajući na sat.

Poznati uglednik

Upitala sam ga kakav je osjećaj biti jedan od najpoznatijih japanskih i azijskih znanstvenika. Naime, Asian Scientist Magazine u travnju ove godine stavio ga je na top listu 15 najpoznatijih azijskih znanstvenika u svijetu.

– Pa nije tako loše – rekao je i nasmiješio se. – To je razlog zbog kojeg sam ovdje. Japanska veleposlanstva diljem Europe i svijeta stalno me pozivaju da držim predavanja. Bilo mi je lijepo u Zagrebu, no mislim da će sljedeći put umjesto mene u vaš grad doći Geminoid – zaključio je Hiroshi Ishiguro.

JL, 20. studenoga 2011.

Graham Turner
Strašna ekonomska prognoza

Australski fizičar Graham Turner samo za Nedjeljni Jutarnji objašnjava svoj model koji predviđa iznimno pesimističnu budućnost

Nastavimo li prirodne resurse konzumirati na dosadašnji način, uskoro će doći do globalnog gospodarskog kolapsa. Štoviše, svijet je na putu koji vodi u katastrofu – upozorio je nedavno u Smitsonian Magazine australski fizičar **Graham Turner**.

Njegova kataklizmička najava poklapa se sa 40. godišnjicom objavljivanja glasovite knjige "The Limits to Growth" (Granice rasta). Riječ je o studiji iz 1972. godine koju je skupina znanstvenika s **Massachusetts Institute of Technology** (MIT) napravila za potrebe Rimskog kluba. Taj globalni think tank utemeljen je 1968. godine, a zaokupljen je različitim međunarodnim pitanjima na širokoj fronti, od politike do zaštite okoliša.

U studiji "The Limits to Growth" znanstvenici predvođeni **Dennisom Meadowsom** koristili su kompjutorske modele kako bi razmotrili nekoliko mogućih scenarija budućnosti čovječanstva.

Pesimistična budućnost

Scenarij business-as-usual (uobičajeni posao) predviđao je te davne 1972. godine da će u svijetu, nastave li ljudi neograničeno konzumirati prirodne resurse, doći do globalnog gospodarskog kolapsa, što će dovesti do strmoglavog pada svjetske populacije oko 2030. godine. Studija "The Limits to Growth", prevedena na 37 jezika i distribuirana u 12 milijuna primjeraka, izazvala je prije 40 godina kontroverzne reakcije te podijelila znanstvenike: dok su joj jedni aplaudirali, drugi su kritizirali metodologiju istraživanja.

Dr. Graham Turner, znanstvenik iz CSIRO Ecosysetem Sciences u Canberri, posljednjih je godina uspoređivao business-as-usual scenarij iz studije "The Limitis to Growth" sa stvarnim podacima prikupljenim u svijetu. Došao je do zaključka da se pesimistična predviđanja iz 40 godina stare studije u velikoj mjeri poklapaju s onim što se događa u svijetu.

– Uistinu, sve što u studiji 'The Limits to Growth' predviđa business-as-usu-
al (BAU) scenarij jako se dobro poklapa s javno dostupnim globalnim po-
dacima o populaciji, proizvodnji hrane, industrijskoj proizvodnji, zagađe-
nju i potrošnji neobnovljivih resursa. Kada sam prvi put radio usporedbe,
koristio sam podatke između 1970. i 2000. godine. No onda sam ponovio
istraživanja uzevši globalne podatke između 1970. i 2010. godine. Pokazalo
se da business-as-usual scenarij iz 1972. godine u najvećoj mjeri odgovara
realnosti – kaže mi Graham Turner, koji je kao fizičar zakupljen problemi-
ma održivosti okoliša i gospodarstva. Ranije se bavio učincima klimatskih
promjena na Australiju i zapošljavanjem u "zelenom gospodarstvu", a sada
se bavi problemima sigurnosti u opskrbi hranom.

Nestašica hrane

Kako je u Smithsonian Magazine izrazio bojazan o mogućem "globalnom
ekonomskom kolapsu" te padu svjetske populacije oko 2030. godine, pitala
sam Turnera zašto se ta godina smatra prekretnicom za čovječanstvo.

– BAU scenarij u 'The Limits to Growth' rezultira kolapsom globalne eko-
nomije u skoroj budućnosti. Zapravo, prema tom modelu kolaps globalnog
sustava počinje oko 2015. godine sa strmoglavim padom industrijske pro-
izvodnje po glavi stanovnika, praćen padom proizvodnje hrane i smanje-
njem dobara i usluga. Kao posljedica nestašice hrane i ograničenja zdrav-
stvene zaštite, od 2020. godine povećava se smrtnost stanovništva. Kada
oko 2030. godine stopa smrtnosti nadvlada stopu rađanja, dolazi do sma-
njenja svjetske populacije – rekao je Turner.

– Prema modelu, industrijska proizvodnja po glavi stanovnika, koja se ko-
risti kao mjera blagostanja, pada jer se znatan dio te proizvodnje koristi za
izvlačenje neobnovljivih resursa. Što je više industrijske proizvodnje po-
trebno za izvlačenje resursa, jer se njihove zalihe smanjuju, to je teže doći
do njih. To je važna i zanimljiva poruka – objasnio je Turner istaknuvši kao
primjer ono što se upravo događa s naftom.

– Brojne procjene pokazuju da smo prešli ili ćemo uskoro preći naftni vrhu-
nac u konvencionalnim izvorima, nakon čega će zalihe početi padati, a mi
nećemo biti u stanju ispuniti sve zahtjeve za naftom.

Zvono za uzbunu

Ograničenja oko nafte uključena su u gospodarske recesije, uključujući i
sadašnje ekonomske probleme. Dakle, ne samo da globalni podaci potvr-
đuju modele u "The Limits to Growth" nego i mehanizmi koji igraju ulogu
u BAU scenariju odgovaraju onima svijetu – istaknuo je Turner.

Zanimalo me zatim što je po njemu najveća prijetnja čovječanstvu: klimatske promjene, prenapučenost svjetskog pučanstva ili nekontrolirani gospodarski rast.

– Još jedna jasna lekcija iz 'The Limits to Growth', ali i drugih istraživanja jest da nijedan globalni problem, bilo da je riječ o klimatskim promjenama ili populaciji, nije sam po sebi najveća prijetnja. Drugim riječima, ne možemo se fokusirati samo na rješenje jednog problema jer, ako to radimo, ubrzava svijetu – istaknuo je Turner.

Zanimalo me zatim što je po njemu najveća prijetnja čovječanstvu: klimatske promjene, prenapučenost svjetskog pučanstva ili nekontrolirani gospodarski rast.

– Još jedna jasna lekcija iz 'The Limits to Growth', ali i drugih istraživanja jest da nijedan globalni problem, bilo da je riječ o klimatskim promjenama ili populaciji, nije sam po sebi najveća prijetnja. Drugim riječima, ne možemo se fokusirati samo na rješenje jednog problema jer, ako to radimo, ubrzavamo širenje drugih prijetnji. Modeli su, međutim, pokazali da je neograničeni gospodarski rast neizvediv čak i uz sve tehnološke napretke. Zvono za uzbunu vrlo jasno upozorava: nismo na održivom put – rekao je Turner.

Rastrošni narodi

Izvještaj Living Planet Report daje mu za pravo: čovječanstvo sada troši prirodne resurse 50 posto brže nego što ih Zemlja može obnoviti. Drugim riječima, kako bismo održavali naše sadašnje aktivnosti, već sada konzumiramo ekvivalent jednog i pol planeta. Naravno, nisu svi jednako rasipni. Kad bi svi trošili resurse kao Hrvati, trebali bismo na raspolaganju imati dva planeta, a kad bi cjelokupna svjetska populacija živjela kao prosječni Amerikanac, bile bi nam nužne četiri i pol Zemlje. Kako se boriti s tim problemom, pitala sam Turnera.

– Konzistentno rješenje, koje se pojavljuje u različitim i neovisnim studijama, uključujući one Petera Victora i Tima Jacksona, te moje, jest da se održiva budućnost može dostići kombinacijom različitih strategija. To uključuje stabilizaciju ili smanjenje populacije, tehnološki napredak, obnovljive izvore energije, ali i ono krucijalno: smanjenje radnog tjedna, nešto poput trodnevnog radnog tjedna u razvijenim gospodarstvima do sredine stoljeća – kaže Turner.

– Smanjenje radnog tjedna je učinkovit način da usvojimo 'inovacijsku dividendu' napornijeg, ali i pametnijeg rada. To će na prirodan način kontrolirati prekomjernu potrošnju i to je uistinu važno jer se gospodarski rast događa potaknut inovacijama i tehnologijom. Na taj način možemo nastaviti voditi bogate živote budući da još uvijek imamo na raspolaganju blagodati inovacija i tehnologije – ustvrdio je Turner.

Tehnološki napredak

Razgovor smo nastavili o knjizi "Abundance: The World is Getting Better" Petera Diamandisa i Stevena Kotlera. Poruka te knjige, o kojoj sam nedavno pisala u Nedjeljnom, jest da je svijet danas bolje mjesto nego u prošlosti i da se budućnost čini optimističnom. – Slažem se, svijet je doista bolje mjesto nego u prošlosti. I u 'The Limits to Growth' modeli pokazuju da je to slučaj: svi njihovi scenariji pokazuju napredak. No to nije garancija da se tako može nastaviti beskonačno. Fizičar sam okrenut tehnologijama i moja istraživanja pokazuju da je čovječanstvu nužan tehnološki napredak. No moja istraživanja, također, ukazuju da će se, ako se samo oslonimo na tehnološki napredak, situacija vjerojatno pogoršati. To se pokazuje i u scenarijima u kojima 'The Limits to Growth' razmatra sveobuhvatni tehnološki napredak – rekao je Turner.

– Lekcije koje smo naučili iz naše gospodarske prošlosti, ali i iz naših modela, pokazuju da što smo učinkovitiji i produktivniji, to trebamo manje zaposlenih ljudi da bismo proizvodili istu razinu dobara i usluga. Ako gospodarstvo ne bude raslo, onda ćemo nakon nekoliko desetljeća imati golemu radničku snagu koja će biti nezaposlena, što će nužno voditi do socijalnih nemira. Stoga je konvencionalno rješenje bilo potaknuti rast gospodarstva, kupovati i trošiti što više stvari, tako da bi se stvaralo što više poslova i da se ne bi povećavala nezaposlenost. No to istodobno znači i rast potrošnje resursa te povećanje razine zagađenja, što se, pak, pokušava neutralizirati '– čistom' tehnologijom i učinkovitošću. No, alternativa je, kao što sam već rekao, smanjiti radni tjedan, poboljšati ravnotežu između našeg rada i života te ne stvarati nezaposlenost – zaključio je Turner.

JL, 15. travnja 2012.

Steven Kotler
Lažu nam da je svijet u problemima

Cijene benzina vrtoglavo rastu, broj nezaposlenih sve je veći, opet se govori o inflaciji. EU se također bori s krizom. U Afganistanu i Iraku svaki tjedan nove žrtve, krvavi prizori građanskog rata u Siriji, opasne tenzije između Izraela i Irana koje mirišu na nuklearni rat. A proteklih dana još pobjesnjeli terorist u Toulouseu...

Ako ste pomislili da je ovaj mrak koji kulja iz medija samo uvod u globalnu kataklizmu koju najavljuje majanski kalendar, duboko griješite jer realno – čovječanstvu ide jako dobro.

Milijuni dolara

Zapravo, mi živimo u boljem, zdravijem, bogatijem i manje nasilnom svijetu nego u prošlosti, optimistično poručuju bogati poduzetnik **Peter Diamandis** i znanstveni novinar **Steven Kotler** u svojoj knjizi "Abundance: The Future Is Better Than You Think". Ta, nedavno objavljena knjiga izazvala je veliku pozornost u Americi te je dospjela na listu bestselera New York Timesa.

– Zahvaljujući svojim istraživanjima eksponencijanih tehnologija i poticajne kompeticije, Peter je postao uvjeren da je obilje postalo svima nama nadohvat. Ja sam, pak, zbog svoga pisanja i rada na području kognitivne neuroznanstvene i ljudske psihologije spoznao da je većina ljudi slijepa za taj važan uvid. Kako je naša budućnost u suprotnosti sa sadašnjim pesimizmom, nas smo dvojica odlučila napisati knjigu o tome – ispričao mi je **Steven Kotler**, hvaljeni i nagrađivani znanstveni novinar New York Times Magazinea, Wireda i National Geographica, o svojoj suradnji s **Peterom Diamandisom**, poznatim kao utemeljitelj X Prize Foundation.

"Abundance" je druga važna knjiga u posljednjih pola godine koja nas uči kako je svijet danas bolji nego u prošlosti. U listopadu prošle godine slavni harvardski psiholog Steven Pinker u svojoj knjizi "The Better Angels of Our Nature" zaključio je da živimo u najmiroljubivijoj eri otkad postoji naša vrsta.

– Nasilje je danas najmanje, a osobna sloboda najveća u povijesti čovječanstva – složio se Kotler, a zatim počeo nizati zašto danas ljudi žive neusporedivo bolje nego prije sto godina.

– Tijekom prošlog stoljeća smrtnost među djecom opala je za 90 posto, a prosječan ljudski vijek produljio se za 100 posto. Hrane je više nego ikada do sada i jeftinija je, a siromaštvo se u posljednjih 50 godina smanjilo više nego u proteklih 500 godina – rekao je **Kotler**, osvrnuvši se na siromašne Amerikance.

– Većina ljudi u SAD-u koja živi ispod granice siromaštva danas ima telefon, tekuću vodu, zahod, klima-uređaje i televiziju. Vratimo li se 150 godina u prošlost, shvatit ćemo da ni najmoćniji američki magnati nisu mogli sanjati o takvim blagodatima – naglasio je Kotler, koji smatra da promjene nisu ograničene samo na razvijeni svijet.

– Pripadnik afričkog plemena Masai danas ima mobitel i bolje mobilne komunikacije nego američki predsjednik Ronald Reagan prije 25 godina. Posjeduje li ratnik plemena Masai smartphone s Googleom, ima pristup većem broju informacija nego predsjednik **Bill Clinton** prije 15 godina. Samo 20 godina prije takva tohnologija koštala više od milijun dolara – objasnio je **Steven Kotler**.

Koji je pokretač tog napretka u svijetu bez presedana, upitala sam ga.

Dinamična inovacija

– Počele su izranjati četiri moćne snage, od kojih svaka ima golemi potencijal da promijeni svijet, no ništa nije važnije od stope ubrzavanja tehnološkog napretka. Sve informacijske tehnologije imaju krivulje eksponencijalnog rasta: one udvostručuju snagu po istoj cijeni svakih 12 do 24 mjeseca. To je razlog zašto jedan superkompjutor, koji je prije dva desetljeća stajao osam milijuna dolara, sada stane u vaš džep i stoji manje od 200 dolara – rekao mi je Kotler te istaknuo da se ista dinamika promjena opaža u cloud computingu, genetici, umjetnoj inteligenciji, robotici i još nekim područjima.

-Biotehnologija divlje raste, a to najbolje pokazuje podatak da analiza genoma koja je prije samo deset godina stajala milijune dolara danas košta manje od 10.000 dolara – dodao je.

Kao drugu pokretačku snagu napretka u svijetu **Kotler** i **Diamandis** vide do-it-yourself (DIY) inovatore.

– DIY revolucija postojano se kuhala u posljednjih 50 godina, a posljednje vrijeme počela je ključati. Mislioci iz garaža premjestili su se s područja kućnih računala u neuroznanost, biologiju, genetiku i robotiku. Danas mali timovi motiviranih DIY inovatora mogu obaviti ono što je bio posao velikih korporacija i vlada. Iako su zrakoplovno-svemirski divovi tvrdili da je to nemoguće, **Bert Rutan** letio je u svemir. Craig Venter prvi je sekvencirao genom, potukavši vladine istraživače – rekao je Kotler.

Tko je najveći DIY inovator, upitala sam.

– S više od 440 patenata, **Dean Kamen** je jedan od najvećih u povijesti. U posljednje se vrijeme bavi problemom nestašice vode, što se sve donedavno smatralo nemogućim pothvatom. Kada razgovarate sa stručnjacima, oni kažu da četiri milijarde ljudi zarađuje manje od dva dolara dnevno, pa nema valjanog poslovnog i ekonomskog modela koji bi riješio problem opskrbe pitkom vodom – kaže. Ujedno naglašava da 25 najsiromašnijih zemalja već troši 20 posto svog BDP-a na vodu.

– Četiri milijarde ljudi koji na dan troše na vodu 30 centi stvara dnevno tržište od 1,2 milijarde dolara, odnosno 400 milijardi dolara godišnje. Koliko bi samo kompanija na svijetu željelo imati godišnju prodaju od 400 milijardi dolara. **Dean Kamen** radi pokuse sa svojim Slingshotom. Riječ je o pročišćivaču koji može zagađenu i morsku, čak i zahodsku vodu pretvoriti u najčišću na Zemlji, i to tempom od 1000 litara dnevno po stroju. A po cijeni manjoj od 0,02 centa za litru – istaknuo je **Kotler**.

Iduća pokretačka sila svjetskog napretka jest novac, ali onaj koji se troši na vrlo poseban način.

Mozak u panici

– Visokotehnološka revolucija kreirala je novi soj bogatih tehnofilantropa koji svoje bogatstvo koriste kako bi rješavali globalne izazove. Bill Gates je fokusiran na iskorjenjivanje malarije, Naveen Jain vodi križarski rat protiv siromaštva, a Pierre i Pam Omidayar uvode struju – rekao je Kotler.

Naposljetku, među pokretačima napretka je "milijarda ljudi s dna", najsiromašniji među siromašnim.

– Zahvaljujući eksponencijalnom širenju komunikacija i informacijskih tehnologija, ti se ljudi naposljetku uključuju u globalnu ekonomiju i sada postaju 'milijarda u usponu'. Tijekom idućeg desetljeća, prvi put u povijesti, tri milijarde novih glasova pridružit će se globalnoj konverzaciji. Što oni žele i što će stvoriti? Imajte na umu: oni su moćna snaga za obilje – naglasio je Kotler. On smatra da većina ljudi nije svjesna kako stvari u svijetu zapravo idu u dobrom smjeru jer naš mozak daje prioritet lošim vijestima.

– Budući da za mozak ništa nije toliko važno koliko naše preživljavanje, prvi filtar vijesti je amigdala, struktura bademastog izgleda blizu čeonog režnja, a odgovorna je za primarne emocije poput mržnje, straha i bijesa. Amigdala je naš rani sustav za uzbunu: 'organ' visoke budnosti koji stalno skenira okoliš u potrazi za bilo čime što će nam ugroziti opstanak. Anksiozna u normalnim uvjetima, jednom stimulirana amigdala postaje hiperbudna i ne možete je isključiti, što je problem – rekao je Kotler.

Nerješivi problemi

Iako bi se mnogi od nas mogli složiti s Kotlerom i Diamondisom, činjenica jest da se danas suočavamo i s potencijalno globalnim problemima poput klimatskih promjena, rasta populacije i gubitka biološke raznolikosti. Uostalom, sadašnji stil života na planetu troši resurse na planetu 50 posto brže nego što ih priroda može nadomjestiti.

– To su grozni problemi, bez sumnje. Jedini način da svladamo klimatske promjene je usvajanje energetskih tehnologija bez emisije stakleničkih plinova, poput solarnih panela ili četvrte generacije nuklearki. Da bismo očuvali biološku raznolikost, nužne su goleme, međusobno povezane površine divlje, netaknute prirode. Kombinacija vertikalnih farmi, meso iz laboratorija i proizvodnja hrane na načelima genetskog inženjerstva mogla bi uzgoj i proizvodnju hrane već za našeg doba premjestiti u gradove i tako osloboditi velike površine tla. Najsnažnija oruđa u borbi s populacijskim rastom su pitka voda, ženska prava te pristup informacijama i kontracepciji. Ukratko, što su zdraviji, imućniji i obrazovaniji, ljudi imaju manje djece. Treba jasno reći – nijedna od spomenutih promjena neće doći preko noći. No, mi smo uvjereni da bi apsolutno svi problemi, kada bi ljudi zajednički radili na njima, bili rješivi. Trebamo djelovati i djelujmo brzo – poručio je naposljetku Steven Kotler.

JL, 25. ožujka 2012.

Marin Soljačić
Hrvat koji je izumio WiTricity

Kao dječak, odrastajući u Hrvatskoj, **Marin Soljačić** želio je biti izumitelj. Ali nije ga zanimao samo dizajn novih proizvoda; želio je otkrivati fizikalne fenomene koji bi omogućili posve nove tehnologije... Tako MIT News, glasilo prestižnog Massachusetts Institute of Technology, opisuje svoga profesora Marina Soljačića. Rođen u Zagrebu, gdje je završio osnovnu i srednju školu, Marin Soljačić (39) diplomirao je 1996. godine fiziku i elektrotehniku na MIT-u u Bostonu. Doktorirao je 2000. godine na Princetonu, a zatim se vratio na MIT, gdje je utemeljio svoj laboratorij. Njegov je uspon bio izvanredan pa je tako 2011. godine postao jedan od najmlađih profesora na MIT-u, jednom od najboljih svjetskih sveučilišta u prirodnim i tehničkim znanostima koje je dalo više od 60 nobelovaca. Soljačićev talent i inovativnost, koji se ogleda u njegova 142 znanstvena rada i šezdesetak patenata, u SAD-u je već nagrađen priznanjima poput "Adolph Lomb Medal", američke udruge za optiku, TR35, koji časopis Technology Review dodjeljuje najboljim mladim inovatorima na svijetu, i "stipendije za genije" američke zaklade MacArthur.

Dječački snovi

Marin Soljačić, kojega su mediji nazvali "novim Teslom", sada ostvaruje svoje dječačke snove: nepunih sedam godina nakon što je uspješno demonstrirao WiTricity, koncept bežičnog prijenosa energije na sobnoj udaljenosti, ta tehnologija izlazi na tržište. Na nedavnom CES-u u Las Vegasu, najvećem sajmu potrošačke elektronike u svijetu, predstavljen je prvi bežični punjač za iPhone 5 koji će se prodavati po cijeni od 99 dolara. Taj je punjač tek prvi korak u komercijalnoj primjeni Soljačićeva izuma WiTricity koji su New York Times, Scientific American i Technology Review okarakterizirali kao jednu od tehnologija koja će najviše utjecati na našu svakodnevicu.

Prije nepunih sedam godina došli ste do otkrića, a sada se na osnovi toga na tržištu nudi proizvod. Čini se da je to bilo jako brzo.

– Obično nove tehnologije imaju razdoblje od 10 do 15 godina od otkrića do široke komercijalne primjene. Rekao bih da razvoj naše tehnologije ide kako treba, zadovoljan sam time.

Do ideje za WiTricity došli ste zahvaljujući svome mobitelu jer vas je noću često budio signalom koji je upozoravao da je prazan. Koliko su za vas važni takvi eureka momenti?

– Zvuk pražnjenja moga mobitela me jako motivirao da se bavim WiTricityjem. Eureka momenti su jako važni u našem istraživanju jer imam dojam da se ponekad na nekim projektima dva ili tri mjeseca ništa ne događa ili da čak nazadujemo. No onda se nešto dogodi u pet minuta ili sat vremena i imaš dojam da si napravio više nego u zadnjih šest mjeseci. A ustvari su ta dva ili tri zadnja mjeseca bila nužna da ideja kulminira i sazre u tebi.

Kad ste prvi put predstavili WiTricity?

– Bilo je to u jesen 2005. na simpoziju u povodu 90. rođendana nobelovca Charlesa Townesa, jednog od izumitelja lasera, na kojemu je bilo 20-ak nobelovaca. Tom prigodom dodjeljivale su se i nagrade, a u povjerenstvu je bio i nobelovac Steven Chu, poslije Obamin ministar energetike. Iako je WiTricity u to doba bio samo koncept, dodijelili su mi jednu od nagrada. Tada sam tek postao docent na MIT-u i to me jako ohrabrilo da nastavim istraživanja na bežičnom prijenosu energije iako je to tada djelovalo jako bizarno.

Kako se dalje razvijala ideja?

– U jesen 2006. godine WiTricity sam predstavio na konferenciji Američkog instituta za fiziku, i to je jako odjeknulo u medijima. Koliko se sjećam, 300 medija iz cijelog svijeta, uključujući i one u Hrvatskoj, izvijestilo je o tome. Onda smo uspješno napravili eksperiment i u jesen 2007. osnovali smo kompaniju WiTricity koja se bavi komercijalizacijom otkrića.

Avangardne stvari

Pokazuje li vaš primjer da svaki znanstvenik i izumitelj treba ići za svojim interesom, ma kako on bio bizaran i udaljen od znanstvenog mainstreama?

– Da, slažem se. Einstein je jednom rekao: 'Kad bismo mi znali što radimo, to se ne bi zvalo istraživanje, zar ne?' Jedna od poanti akademske znanosti jest da istražujemo avangardne stvari. Od tih 100 stvari koje istražujemo, od 99 neće biti ništa, ali od jedne će možda biti nešto.

No mnogi se mladi znanstvenici žale da su razočarani jer ne mogu istraživati ono što žele, nego su pod stalnim pritiskom objavljivanja radova i rezultata koji će donijeti neku korist. Nobelovac Peter Higgs nedavno je rekao da u današnjoj znanosti ne bi bio dovoljno produktivan.

– Peter Higgs ima 85 godina i meni je jako teško komentirati kako je u znanosti bilo ranije. Postoje sigurno pritisci koje navodite jer novac dolazi iz proračuna i industrije. Država uzima porez od građana, a porez se troši na određena istraživanja. Onda je normalno da ljudi žele znati kako je taj novac uložen. Sve jači i jači je pritisak na vas da obrazložite u što ste uložili novac. Ljudima je riskantnije ulagati u ono za što nemaju pojma kako će se razvijati nego u istraživanje koje se može opravdati da će nečim rezultirati. To ne znači da ljudi ne investiraju u rizična istraživanja, ali teško je nekome dati novac i reći: 'Hajde se ti sad igraj pa ćemo vidjeti što će biti'. Sigurno postoje takvi pritisci, ali možda smo mi na MIT-u privilegirani pa smo zaštićeniji. Naime, mnogi vjeruju da će naša istraživanja uroditi plodom i imati primjenu čak iako to danas ne vide.

Vi ste redovni profesor na MIT-u, ali i jedan od osnivača kompanije WiTricity, koja se bavi komercijalizacijom proizvoda. Kako je to na MIT-u regulirano?
– Da, ja sam jedan od osnivača kompanije i jedan od članova njezine uprave. Bitno je da ne bude sukoba interesa između onoga što ja radim na MIT-u i onoga što radi WiTricity. U tom smislu mora biti jasna razdioba. Tako ne mogu biti CEO kompanije niti imati vodeću menadžersku poziciju u njoj. U pravilu, profesori na MIT-u nemaju vodeće menadžerske pozicije u kompanijama jer bi moglo doći do sukoba interesa. Također, sva istraživanja bežičnog prijenosa energije trenutno se rade u kompaniji, a ne na MIT-u. Postoje stroga pravila da se izbjegne taj sukob interesa.

Tko je želio uložiti

Čini se da nije bilo problema s ulaganjem u kompaniju WiTricity, u koju je od 2007. godine dosad uloženo 45 milijuna dolara. Tko su bili najvažniji investitori u WiTricity?
– Naš prvi investitor je bio Ray Stata, jedan od najbogatijih ljudi u Massachusettsu i prijatelj naše grupe. Zatim, tu je bio i George Kaiser, jedan od 20 najbogatijih ljudi u Americi. Većina kasnijih investitora bila je vezana uz stratešku prirodu: dakle, neke velike kompanije kojima nije primarni interes da zarade novac od investicije, nego da sklope strateško partnerstvo s mladom kompanijom da bi imale brži doticaj s tehnologijom WiTricity. Onda su tu investirali Toyota, Intel, Foxconn itd.

Koliko ljudi zapošljava WiTricity?
– Malo više od 50, a na početku smo bili mi osnivači i četiri-pet zaposlenika.

Prva primjena WiTricityja je punjač za iPhone 5. Što slijedi?
– To je samo prvi korak koji služi kao demonstracija mogućnosti naše tehnologije. Poanta je da ćemo drugim kompanijama ponuditi tzv. Reference Design, odnosno objasnit ćemo kako smo to napravili i dati im nacrte kako bi to inkorporirali u svoje mobitele. Jedan segment je ta osobna elektronika,

drugi segment je punjenje automobila, što među ostalim zanima Toyotu. Treći segment je medicinski, za razne medicinske uređaje koji se ugrađuju u tijelo, poput pumpe za srce itd. Postoji i segment koji radimo za vladu, odnosno vojsku.

Je li MIT privatno sveučilište?

– Mi to zovemo neprofitnom institucijom: nismo državno sveučilište, kakvih ima u SAD-u, ali ni privatno koje funkcionira tako bi njegov vlasnik zaradio novac. Slične neprofitne institucije poput MIT-a, su i Harvard i Stanford.

Daje li država novac za MIT iz raznih fondova?

– Da, jako puno novca za Harvard i MIT dolazi od države kroz istraživačke fondove.

Vi ste nakon završetka srednje škole u Hrvatskoj otišli na studij na MIT koji stoji oko 40.000 dolara godišnje. Niste imali novac za studij, ali ste dobili stipendiju. Znači li to da ponajbolja američka sveučilišta omogućavaju studij siromašnima, ali talentiranim mladim ljudima?

– Pojednostavljeno rečeno: ako si dovoljno kvalitetan, na MIT-u te prime. Onda u uredu za financijsku pomoć utvrde koliko novaca imate ti i tvoji roditelji i toliko ti naplate. Ako nemaš ništa, ne naplate ti ništa. To je tako za američke državljane, a za strane je malo drugačije. Poanta je u tome da činjenica imaš li ili nemaš novca ne smije utjecati na to hoćeš li moći biti student na MIT-u. Studenti se biraju isključivo prema kvaliteti i ako neki studenti nemaju novca, dio troškova, ili čak sve, pokriva MIT. Mislim da 70 ili 80 posto studenata MIT-a dobije barem neku financijsku pomoć. To koliko imaš novaca nije preduvjet za vodeća sveučilišta Harvard, MIT ili Stanford, ali na drugim sveučilištima igra ulogu. Naravno da je djetetu rođenom u nekom siromašnom kvartu gdje su škole loše s 18 godina puno teže doći do toga da bude kandidat na studij na MIT-u ili Harvardu. No, jednom kad se probije tamo, njegovo siromaštvo nije više prepreka.

Što MIT čini jedinstvenim sveučilištem na svijetu kome je možda jedini pandan ETH u Zürichu?

– Meni je MIT odličan jer je uz Stanford najbolje mjesto na svijetu za moja istraživanja. Osim toga, ima pristup koji se meni sviđa da su granice između grupa jako otvorene pa tako često 'dijelim' svoje doktorande s drugim profesorima I ono što je bitno za mene: na MIT-u je znanost bliska tehnologiji i tranziciji tehnologije u praksu. U tome je MIT bio među pionirima u svijetu jer se nakon Drugog svjetskog rata opredijelio da sveučilište bude pokretač ekonomskog razvoja.

Zašto je Amerika i dalje obećana zemlja koja privlači znanstvenike i izumitelje danas baš kao što je i krajem 19. stoljeća privukla Nikolu Teslu, vašeg velikog uzora?

– Svi Amerikanci su imigranti i onda su vrlo skloni novim ljudima koji dolaze, pogotovo visoko obrazovanima. Shvaćaju da je to esencijalno kako bi Amerika zadržala svoju prevlast i premoć u svijetu. Negdje sam pročitao da je 50 posto ljudi u Americi, koji imaju magisterij ili još viši stupanj obrazovanja, rođeno je izvan SAD-a. Ima puno članaka o tome kako većina start up kompanija ima barem jednog osnivača koji nije rođen u Americi. Amerikanci znaju da je to presudno da zadrže vodeće mjesto u svijetu, a s druge strane su jako otvoreni prema strancima. Amerikancem se smatra svatko tko ima američko državljanstvo. U većini drugih zemalja, pogotovo europskih to nije tako.

Koje je za vas najvažnije iskustvo Amerike?

– To mi je teško reći. U Americi sam 21 godinu, dakle više nego što sam živio u Hrvatskoj. Bio sam godinu dana u sklopu doktorata u Izraelu, a prošle godine sam bio šest mjeseci u Kini. Svako to iskustvo me obogatilo i na osobnom i na poslovnom planu.

Što ste radili u Kini?

– Imao sam slobodnu studijsku godinu, a kako nismo znali kako će nam se sviđati izabrao sam šest mjeseci u Kini. Sad mi je žao što nismo ostali godinu dana. Želio sam otići u Kinu i naučiti nešto o njihovoj kulturi i razmišljanjima: meni, mojoj supruzi i sinu se to činilo kao obogaćujuće iskustvo. Bili smo u Šangaju, a uglavnom sam radio s ljudima iz Kineske akademije znanosti, Sveučilišta Fudan te novog sveučilišta ShanghaiTech. Osnivač sveučilišta ShanghaiTech prof. Mianheng Jiang, sin bivšeg kineskog predsjednika Jiang Zemina, bio je moj domaćin.

Je li Kina na putu da preuzme primat u znanosti od Amerike?

– Mislim da će joj za to još trebati dosta vremena. U puno stvari Kini ide super, u nekima je već pretekla Ameriku. Ali, za primat u znanosti trebat će još barem 20 godina. Moram se pohvaliti da sam malo naučio kineski što baš nije lako. Imam i jednu anegdotu s kineskim. U mojoj grupi ima mnogo istraživača iz Koreje, Tajvana, Japana, Kine i većina ih je došla sa mnom na mjesec-dva u Kinu. Bio je tako i dečko iz Koreje koji izgleda azijski, ali ne priča kineski. Jednog dana mu je blagajnica u restoranu obratila se na kineskom, a on je gledao u nju u čudu. Onda sam ja, koji sam stajao iza u redu, rekao blagajnici: Ali, on vam ne zna kineski. Blagajnica je bila začuđena, kako je netko tko izgleda kao Kinez ne razumije, a neki bijelac progovara kineski.

Imate obilje patenata. U Hrvatskoj je malo patenata i inovacija, a zaostajemo i za zemljama poput Češke i Slovenije.

– Ako se pogledaju statistike Američkog ureda za patente, samo jedan ili dva posto američkih patenata ikad zaradi neke novce. Znači ovi ostali nisu bili korisni. Nije važno samo patentirati, nego je mnogo bitnije ima li to smisla što ste patentirali i dali će to onda netko koristiti i licencirati. Dakle, sam broj patenata ne znači ništa sam po sebi. Neću reći da Češka i Slovenija nisu inventivnije od Hrvatske, ali sam broj patenata nije jasan indikator da radite prave stvari.

U Zagrebu vam živi obitelj, no surađujete i s hrvatskim znanstvenicima?

– Vrlo uspješno surađujem s Hrvojem Buljanom s PMF-a, a njegovi doktorandi Marinko Jablan i Dario Jukić su bili kod mene na MIT-u i s njima sam objavio neke radove. Nedavno smo prof. Buljan i dobili novi projekt u sklopu fonda Jedinstvo uz pomoć znanja koji povezuje naše znanstvenike vani i u domovini.

Da ste ostali u Hrvatskoj, biste li smislili WiTricity? Ili je ipak za to bilo važno okruženje u kome živite i radite?

– Jako mi je teško komentirati bilo što oko Hrvatske jer u njoj nikad nisam radio. No, činjenica jest da su MIT i Boston među najboljim mjestima na svijetu za razviti i napraviti nešto kao WiTricity. Teško je pojedincu nešto napraviti bez okruženja koje ga potiče, kao i odgovarajuće infrastrukture.

JL, 18. siječnja 2014.

Daniel Shechtman
Vlada mora podupirati obrazovanje i do kraja iskorijeniti korupciju

Zovite me **Danny** – rekao mi je na početku razgovora **nobelovac Daniel Shechtman**, profesor na Izraelskom tehnološkom institutu (Technion) u Haifi. **Prof. Shechtman** zajedno sa skupinom izraelskih stručnjaka ovih dana boravi u našoj zemlji, gdje će održati nekoliko predavanja o svom radu, ali i važnosti razvoja poduzetništva zasnovanog na znanosti i tehnologiji.

Rođen u Tel Avivu 1941. godine, **Daniel Shechtman** zainteresirao se znanstveno-tehnološka postignuća kada je kao dječak pročitao roman "Tajanstveni otok" **Julesa Vernea**. Diplomirao je i doktorirao strojarstvo na Technionu, a prijelomni trenutak u njegovoj karijeri dogodio se u travnju 1982., kada je otkrio kvazikristale, neobične kemijske strukture za koje je većina znanstvenika u to vrijeme smatrala da nisu mogući.

– Otkriće kvaziperiodičnih materijala, čiji je nadimak kvazikristali, dovelo je u pitanje paradigmu našeg razumijevanja materije. Ono je dovelo do izmjene definicije kristala i generiralo novu paradigmu u našem razumijevanju strukture čvrste tvari. Neki od tih kvaziperiodičnih materijala već sada imaju primjenu – rekao je **Shechtman**. Do otkrića kvazikristala koji su mu donijeli Nobelovu nagradu za kemiju 2011. godine došao je u američkom Nacionalnom institutu za standarde i tehnologiju u Marylandu, gdje je tada bio na studijskoj godini.

To što vidiš – ne postoji!

– Kada sam došao do otkrića i počeo razgovarati s kolegama o tome, reakcije su bile pomiješane. Moj domaćin **John Kahn** mi je rekao: 'Tvoja spoznaja nam nešto govori i ti moraš nešto više reći o tome'. To je za mene bilo ohrabrenje. No, jednog dana je došao u moj ured i stavio knjigu na moj stol. Rekao mi je: 'Danny, pročitaj tu knjigu pa ćeš shvatiti da to što ti vidiš nije moguće'. Odgovorio sam da znam za tu knjigu jer sam iz nje učio na Technionu. 'Moj materijal nije u toj knjizi', rekao sam mu. Nekoliko dana poslije napustio sam Kahnovu grupu jer je smatrao da sam ga osramotio – prisjetio se Shechtman događaja iz 1982. godine.

Nakon što je 1984. godine objavio prve radove o kvazikristalima, njegovo je otkriće privuklo pozornost većeg broja mlađih znanstvenika. Oni su uspješno ponovili njegove eksperimente i poslije stvorili nove vrste kvazikristala. **Znanstvena** zajednica bila je podijeljena: jedni su podržavali Shechtmana, a drugi su u potpunosti odbijali njegovo otkriće.

– Lider otpora bio je **Linus Pauling**, dvostruki nobelovac, za kemiju i mir, te zacijelo najeminentniji kemičar 20. stoljeća. Na znanstvenoj konferenciji u Perthu došao je na pozornicu i rekao: ' **Danny Shechtman** priča gluposti, ne postoje kvazikristali, nego samo kvaziznanstvenici'. No, bio je u krivu – ispričao je Shechtman koji se s Paulingom nakon toga sreo nekoliko puta.

– Jednom smo razgovarali sat vremena, no on nije poznavao elektronsku mikroskopiju uz pomoć koje sam došao do otkrića, nego isključivo kristalografiju. Nastavili smo se dopisivati. Jednom mi je poslao pismo s prijedlogom da objavimo zajednički rad. Odgovorio sam: 'Profesore **Pauling**, bit ću oduševljen, ali prije nego što počnemo pisati, morat ćete priznati da kvazikristali uistinu postoje'. Poslao mi je pismo: 'Možda je prerano za to'. Umro je 1994. i to je bio kraj otpora – ustvrdio je Shechtman i zatim pojasnio ključ velikih otkrića.

– Znanost se u prošlosti zasnivala na eureka momentima kao kod **Arhimeda** i **Einsteina**. No, većina Nobelovih nagrada danas se dodjeljuje eksperimentalcima, ljudima koji uz pomoć eksperimenta otkrivaju nešto novo. Ponekad rade mnogo godina da bi došli do nekoga postignuća, a sva ta otkrića su važna i dovode do promjene u znanstvenim smjerovima – rekao je **Shechtman**.

Širok put do otkrića

– Da bi znanstvenik došao do otkrića, on mora znati mnogo: mora imati široko znanstveno obrazovanje. Preporučujem i neznanstveno obrazovanje, poput glazbe, književnosti, povijesti, umjetnosti itd., koje nas čini boljim ljudskim bićima. Dakle, važno je široko obrazovanje, ali i usko područje na kojem ste ekspert. To povećava mogućnost da dođete do otkrića – dodao je **Shechtman** koji više od 27 godina predaje tehnološko poduzetništvo na Technionu.

– Više od 10.000 znanstvenika i poduzetnika u Izraelu slušalo je moja predavanja. Vjerujem da je poduzetništvo zasnovano na znanosti i tehnologiji ključ mira i prosperiteta u svijetu. Živimo u zanimljivom svijetu u kojem je velika razlika između bogatih i siromašnih. S jedne strane su razvijene zemlje u kojima natalitet stalno pada, a s druge strane siromašne zemlje čija populacija raste. Siromašni ljudi koji ne mogu prehraniti svoje obitelji puni su bijesa i, kako bi preživjeli, slušaju svoje lidere koji ih usmjeravaju da se bore protiv drugih ljudi. Tako se vodi niz lokalnih ili međuplemenskih ratova – rekao je Shechtman.

– Tvrdim i to propovijedam: mi trebamo razvoj u svim zemljama zasnovan na tehnološkom poduzetništvu jer će donijeti viši životni standard, a svijetu će donijeti mir. Pogledajte Singapur, gdje žive Indijci, Kinezi i Malezijci među kojima je u prošlosti bilo tenzija. Svi su sretni u Singapuru: tamo nema rata, nasilja i kriminala. BDP po stanovniku iznosi 60.000 dolara, a u Hrvatskoj je 11.000 dolara – dodao je **Shechtman**.

Što je nužno da se u nekoj zemlji razvije poduzetništvo na bazi znanosti i tehnologije, upitala sam.

– Prvo, važno je imati dobro opće i temeljno obrazovanje koje će biti dostupno svima. Drugo, nužno je dobro obrazovanje na znanstvenom i inženjerskom planu jer znanstvenici, inženjeri, liječnici, kompjutorski stručnjaci otvaraju nove start-up kompanije. No, u cijeloj zemlji mora vladati duh koji potiče tehnološko poduzetništvo, što nije lako i što se ne stvara preko noći. Jedan sam od pionira razvoja toga duha na Technionu koji je osnovan prije 100 godina, prije nego što je i postojala naša država. Kada je Izrael 1948. godine utemeljen, naš je izvoz iznosio šest milijuna dolara i bio je zasnovan na narančama. Danas je izvoz 90 milijardi dolara, a zasniva se na visokoj tehnologiji – pojasnio je Shechtman.

– No, morate imate dobru vladinu politiku koja će podupirati obrazovanje i znanstveno-tehnološko poduzetništvo. I naravno, ono što je jako važno: ne smije biti korupcije. Ako imate korupciju, male kompanije ne mogu preživjeti. U Izraelu korupcije temeljno nema – dodao je **Shechtman**.

Bill Gates i Steve Jobs

Zanimalo me tko je po njegovu mišljenju najuspješniji poduzetnik na svijetu.

– Ima mnogo uspješnih poduzetnika koji su mijenjali našu zbilju. **Bill Gates** i **Steve Jobs** bez sumnje. No, mogu vam reći da u Izraelu imamo izvrsne pionirske poduzetnike poput **Stefa Wertheimera** koji je kreirao kompaniju Iskar. Znanstveno-tehnološko poduzetništvo sada je duh naše zemlje i svako tko je sposoban želi biti poduzetnik – rekao je Shechtman.

'Anđeli i demoni žive među nama'

– Takvo stvorenje ne može postojati – uzviknuo je Daniel Shechtman kad je u travnju 1982. godine pod mikroskopom prvi put vidio da se novi materijali koje je stvorio sastoje od savršeno uređenih jedinica što se nikada ne ponavljaju (za razliku od onih u pravim kristalima koji se uvijek precizno ponavljaju).

Slični pravilni oblici nalik mozaiku koji se nikada ne ponavljaju mogu se vidjeti u palačama Alhambra u Španjolskoj i svetištu Darb-e Imam u Iranu.

Nakon Shechtmanova otkrića znanstvenici su u laboratorijima stvorili druge vrste kvazikristala, a jedna je pronađena i u prirodnim mineralnim uzorcima jedne ruske rijeke.

Kvazikristali imaju čvrste strukture koje se ne lijepe i slabi su vodiči struje i topline. Zbog tih svojstava koriste se u izradi tava i izolaciji vodova te u proizvodnji predmeta od najtrajnijih čelika poput noževa i kirurških igala. Njihova primjena moguća je i u brojnim drugim proizvodima, od svjetlećih dioda do dizelskih motora.

Shechtman se osvrnuo i na najvažnije znanstveno područje današnjice.

– Molekularna biologija bez sumnje je sada najuzbudljivije područje znanosti. Biolozi su došli do velikih spoznaja, a u budućnosti mogu biti i anđeli i demoni. Anđeli jer nam mogu pomoći da spasimo mnoge ljudske živote, preveniramo ljudsku bijedu i naučimo kako liječiti bolesti. No, oni mogu postati i demoni zbog mogućnosti manipulacija nad ljudskom genomom i kontrole nad njim. To ne možete izbjeći – zaključio je Shechtman.

JL, 18. travnja 2013.

Umjetno Sunce,
najveći znanstveni projekt današnjice

Reporterka Magazina u istraživačkom centru Cadarache. Ovdje se gradi najkompleksniji stroj u povijesti civilizacije

Autobus je jurio autocestom A51 koja vijuga između rijeke Durance, šarenih livada, polja netom procvjetale lavande, pokojeg naselja čije kuće sa solarnim panelima i impresivnim okućnicama odaju ugodan život njihovih vlasnika... Provansa, jedna od najbogatijih francuskih pokrajina, blještala je u punom sjaju. Dojam idile stvarala je i atmosfera u autobusu u kojem se čuo žamor na ruskom, engleskom, njemačkom, japanskom, kineskom, francuskom... Ukratko, bio je to svijet u malome.

Oslobađanje energije

Nas 50-tak novinara iz cijeloga svijeta protekloga smo se ponedjeljka iz grada Aix-en-Provencea uputili prema 40-tak kilometara udaljenom francuskom nuklearnom istraživačkom centru Cadarache, gdje se gradi ITER (međunarodni termonuklearni eksperimentalni reaktor), najkompleksniji stroj u povijesti naše civilizacije. Prema sadašnjim procjenama, vrijedan oko 13 milijardi eura, ITER je najveći međunarodni znanstveni projekt današnjice na kojem zajednički surađuju EU, Kina, Japan, Južna Koreja, Indija, Rusija i SAD. Te politički često suprotstavljene zemlje ujedinjene su u zajedničkoj namjeri da na Zemlji stvore "mini Sunce", odnosno da proizvodnjom energije pomoću fuzije riješe energetske probleme našeg planeta.

– Cadarache ima status nuklearnog centra i nije otvoren za javnost. Zabranjeno je fotografiranje, no kako ste vi novinari, omogućit ćemo vam danas snimanje, izuzev onih mjesta koja su sigurnosno važna – upozoravaju nas na ulazu u glavnu zgradu ITER-a, novo i moderno zdanje s odličnom kantinom. No, ideja dobivanja energije pomoću fuzije, koja je izvor energije na Suncu i ostalim zvijezdama, mnogo je starija od glavne zgrade ITER-a.

Datira iz vremena Hladnog rata, kada su fizičari došli na ideju da oponašaju tu svemirsku energetiku. Naime, tijekom reakcije fuzije, što je proces spajanja jezgri lakih atomskih elemenata, oslobađa se golema količina energije.

Primjerice, pri fuziji svega pet grama materijala dobije se energije koliko i izgaranjem 60 tona vrlo kvalitetna ugljena. – Fuzija je siguran izvor energije na neograničenoj skali – rekao je glasnogovornik ITER-a **Robert Arnoux**. Za razliku od fisije, odnosno cijepanja atomskih jezgri, što je temelj nuklearki, ali i atomskih bombi, kod fuzije nema opasnosti od nekontrolirane reakcije. Drugim riječima, nije moguć scenarij kao u Černobilu. – Kod energije dobivene fuzijom, nema dugoživućeg radioaktivnog otpada, a nema ni emisije ugljičnog dioksida – naglasio je Arnoux.

Fuzijska je reakcija naizgled jednostavna: primjerice, vodikovi izotopi deuterij i tricij se spajaju, a pritom nastaju helij i neutron. Kako bi se to dogodilo, gorivo mora biti u stanju plazme, tj. mora se ugrijati na više od 150 milijuna Celzijevih stupnjeva. Nadalje, kako bi došlo do spajanja jezgri, plazma dovoljne gustoće mora se držati dovoljno dugo bez dodira sa stijenkama posude u kojoj se nalazi. To se postiže pomoću jakih magnetskih polja u tzv. magnetskima bocama ili tokamacima koje su osmislili ruski fizičari **Andrej Saharov** i **Igor Tamm** na osnovi ideje **Olega Lavrentijeva**. Andrej Saharov, tvorac ruske termonuklearne bombe, ali i dobitnik Nobelove nagrade za mir 1975. godine, krajem 1950-ih predviđao je da će fuzijski reaktor zasnovan na njegovom nacrtu proizvoditi energiju za svega 10 ili 15 godina. Slično su predviđali i drugi fizičari.

Snovi znanstvenika

Mnogi od snova o kojima su znanstvenici maštali u to doba u međuvremenu su ostvareni. Tako je sovjetski kozmonaut Jurij Gagarin 1961. godine postao prvi čovjek u svemiru, Neil Armstrong 1969. godine na Mjesecu je napravio "mali korak za čovjeka, a veliki za čovječanstvo", a 2000. godine **Craig Venter** i **Francis Collins** u društvu **Billa Clintona** predstavili su mapu ljudskog genoma. Zatim je 2008. godine pokrenut Veliki hadronski sudarač (LHC) koji je fizičarima u CERN-u omogućio da 2012. godine otkriju Higgsov bozon, popularnu Božju česticu. No, fuzija je i dalje ostala neostvareni san jer znanstvenici dosad još nisu uspjeli postići najvažnije: proizvesti više energije nego što je uloženo u proces.

– Još od 1970-ih fizičari stalno ponavljaju: "Fuzija će biti komercijalni izvor energije za 50 godina". Ja sam za fuziju prvi put čuo 1976. godine, kada sam imao 14 godina. Tada je počeo moj san o fuziji – rekao nam je dr. **Mark Henderson**, voditelj jednog od sektora na ITER-u. Sin američkog vojnog časnika koji se do svoje punoljetnosti selio 18 puta, Mark Henderson istaknuo je kako su lajtmotiv njegova odrastanja bili obećanje predsjednika **Johna F. Kennedyja** iz 1961. godine da će se Amerikanci do kraja desetljeća spustiti na Mjesec, te glasoviti govor Martina Luthera Kinga iz 1963. godine "I have a dream" protiv rasne diskriminacije. – **Kennedyjevo** obećanje ostvareno je 1969. godine, kada se Apollo 11 spustio na Mjesec, a 2008. godine Barack Obama postao je prvi Afroamerikanac na čelu SAD-a. Možete voljeti ili ne voljeti Obamu, ali taj događaj me uvjerio da snovi mogu postati realnost – naglasio je Henderson. Opisujući sebe kao strastvenog i radoznalog znanstvenika, Henderson je istaknuo kako u ITER-u vidi put za ostvarenje svoga sna o fuziji kao izvoru energije koji će čovječanstvu pomoći da se liši ovisnosti o fosilnim gorivima.

No, ITER, zamišljen kao eksperimentalni stroj koji neće proizvoditi električnu energiju za mrežu, tek je korak prema komercijalnom korištenju fuzije. Iako se rokovi u Cadaracheu stalno pomiču, ITER bi mogao biti dovršen do 2022. godine, kada bi i počeli prvi eksperimenti. Do 2035. godine trebala bi biti gotova i gradnja demonstracijskog reaktora DEMO, snage tri gigavata, koji će proizvoditi električnu energiju. Krajnji je cilj da do 2050. godine pomoću fuzije počne i komercijalna proizvodnja energije.

Japanac na čelu

Projekt ITER (na latinskom *iter* znači put) rođen je 1985. godine, kada su se u Ženevi sastali sovjetski predsjednik Mihail Gorbačov i američki predsjednik **Ronald Reagan**. Tadašnji lideri Istočnog i Zapadnog bloka sklopili su sporazum o gradnji zajedničkog fuzijskog reaktora, čija će gradnja pomoći i ostvarenju ideje mira u svijetu. Sporazum su podržali i britanska premijerka **Margaret Thatcher**, francuski predsjednik François Mitterrand, te tadašnji japanski premijer, a kao jedna od mogućih lokacija spominjala se nesvrstana Jugoslavija. Kasnije su kao dva glavna konkurenta ostali francuski nuklearni centar Cadarache i japanski Rokkashomura. Kada su 2005. godine konačno bili dovršeni nacrti za gradnju reaktora, odlučeno je da on bude smješten u Cadarachu, a da generalni direktor ITER-a bude Japanac **Kaneme Ikeda**. Kako je Ikeda bio tadašnji japanski veleposlanik u Hrvatskoj, u prosincu 2005. godine intervjuirala sam ga za Jutarnji list.

Divovski kranovi

ITER se nalazi na ukupno 160 hektara površine, na kojima uz znanstvene zgrade dominira golemo gradilište veličine 60 nogometnih igrališta. Na gradilište dolazimo odjeveni u zaštitne kute i s neizostavnim kacigama na glavi. Oko nas su divovski kranovi, stotine betonskih blokova, kilometri žica, kamioni, užurbani radnici... Središnji dio ITER-a činit će tokamak zasnovan na nacrtima koje su 1950-ih godina napravili **Saharov** i **Tamm**, a čiji je model izložen u lobiju glavne zgrade. U svijetu danas ima više desetaka tokamaka, od kojih se Tore Supra Tokamak (CEA) u Cadaracheu od 1988. godine koristi za znanstvena istraživanja. No, ITER tokamak bit će najveći na svijetu. U usporedbi s njim, kažu nam na gradilištu, space shuttle, nuklearna podmornica ili nosač aviona čine se relativno jednostavnim objektima.

– Inženjerstvo je najkompleksniji dio projekta. Naime, ITER će raditi na temperaturi između 100 i 200 milijuna stupnjeva Celzija, što je deset puta više nego u središtu Sunca – rekao je dr. **Mario Merola**, voditelj Odjela za međunarodne komponente. Kako će ITER u konačnici izgledati, mogli smo vidjeti u sobi za virtualnu stvarnost, gdje smo zahvaljujući specijalnim naočalama ušli u tokamak. – ITER tokamak bit će visok 28 metara i promjera 29 metara, što je otprilike veličina Jefferson Memoriala u Washingtonu. Bit će težak 23.000 tona, dakle dvostruko više od Eiffelova tornja u Parizu – pojasnio je Merola. Zatim je opisao i glavne izazove s kojima se susreću inženjeri: od stvaranja jakih magneta, zadržavanja plazme dovoljne gustoće, do potrebe za visokim vakuumom i ekstremno niskim temperaturama, baš kao i daljinskim upravljanjem cijelim sustavom. – Kada bude završen, ITER će sadržavati 10 milijuna različitih komponenti. Svakako je golemi izazov postaviti i uskladiti te komponente, koje se rade u nizu zemalja s različitim stupnjem tehnologije. Sve to čini ITER najvažnijim znanstvenim pothvatom za miroljubive svrhe u 21. stoljeću – naglasio je Merola.

Vlastita valuta

U procijenjenih 13 milijardi troškova projekta, EU sudjeluje s 45 posto, a svaka od ostalih šest članica ITER-a snosi devet posto troškova. Kako bi se mogle balansirati razlike u tečajima, ITER ima i vlastitu valutu IUA (Iter Unit of Account). Nadalje, kako bi mogla koordinirati sudjelovanje svoga gospodarstva u gradnji ITER-a, svaka od članica osnovala je agenciju. Tako je EU osnovao agenciju Fusion for Energy (F4E) koja je od 2008. godine sklopila 400 ugovora s 250 kompanija u europskim zemljama. No, agencija računa na barem 1000 tehnološki naprednih europskih tvrtki. – Prije otprilike godinu dana imali smo vrlo uspješan radni sastanak u Zagrebu. Hrvatske kompanije tada su pokazale svoj interes kako bi se uključile u projekt. ITER nudi mogućnost sklapanja ugovora koji su najpogodniji za kreativne i tehnološki napredne tvrtke male i srednje veličine. Hrvatske tvrtke to, također, vide kao mogućnost, a mi ćemo biti sretni ako se i one uključe u projekt – rekao mi je **Aris Apollonatos** iz agencije Fusion for Energy.

Što će raditi Hrvati?

Dok čekamo da se i hrvatske tvrtke uključe u gradnju ITER-a, naši znanstvenici ne gube vrijeme. – Hrvatska se fokusirala na dva područja fuzijskih istraživanja: matematičko modeliranje fuzijskog reaktora, što vode kolege u splitskom FESB-u, te razvoj naprednih materijala za fuziju, što vode IRB i Institut za Fiziku u Zagrebu – rekao je dr. **Tonči Tadić** s Instituta Ruđer Bošković (IRB) u Zagrebu i koordinator Hrvatske fuzijske istraživačke jedinice (CRU). – Na IRB-u se gradi DiFU komora za ispitivanje fuzijskih materijala, posebno čelika, pomoću istodobnog ozračavanja s dva snopa iona. Gradnju DiFU financira EUROfusion sa 220.000 eura, a bit će to četvrta takva komora u EU, uz one u Saclayu, Rosendorfu i Manchesteru. Već drugu godinu u IRB-u provodimo ispitivanja oštećenja površine materijala izloženih plazmi u fuzijskim uvjetima – pojasnio je Tadić.

Rast troškova

Dok je s jedne strane ITER fascinantan primjer međunarodne znanstveno–tehnološke suradnje u mirnodopske svrhe, u realnosti je mnogo problema. Neučinkovita administracija, slab menadžment i neprihvatljivo spor napredak na projektu, zbog čega su troškovi gradnje ITER-a s pet milijardi eura, koliko je bilo planirano 2005. godine, skočili na 13 milijardi eura, samo su neke od kritika navedenih u izvještaju ITER-ova Savjeta (nadgleda rad projekta) koji je prošle godine procurio u američki magazin New Yorker. Očekivano, u vodstvu ITER-a došlo je do smjene pa je tako u ožujku ove godine novim glavnim direktorom imenovan dr. **Bernard Bigot**. Bivši direktor francuske Agencije za atomsku energiju (CEA) koja zapošljava 16.000 ljudi, Bernard Bigot uvjeren je da može uspješno voditi projekt ITER.

– Prihvatio sam angažman iz dva razloga. Prvo, uvijek sam bio zaokupljen energetskim problemima. Energija je ključ društvenog i gospodarskog razvoja čovječanstva. Danas 80 posto energije dolazi od fosilnih goriva, a svi znamo da oni neće trajati vječno. S fuzijskom energijom imamo potencijalni izvor za milijune godina. Stoga je korištenje fuzije prilika koju ne smijemo propustiti – zaključio je Bernard Bigot.

JL, 23. svibnja 2015.

ITER International Fusion Energy Organizat
Headquarters
iter

VI. (BIO)ETIKA

Don Živko Kustić
Božićni duel s Tanjom Rudež:
"Trebao bih se pomoliti za vas"

Posljednjih dana loše se osjećam. No, dođite danas poslijepodne pa ćemo pokušati razgovarati – rekao mi je **don Živko Kustić** kada sam ga nazvala i predložila razgovor.

Don Živko i ja pišemo u Jutarnjem listu od početka njegova izlaženja i naši se naizgled nepomirljivi svjetonazori – njegov katolički, a moj nevjernički – svakodnevno susreću i katkad sukobljavaju na stranicama novina. No, imamo i nešto zajedničko, a to je strast prema prirodnim znanostima i novinarstvu. Stoga sam nakon gotovo 13 godina rada u zajedničkoj redakciji odlučila razgovarati s don Živkom o njegovu životu, odnosu prema znanosti, vjeronauku, ateizmu...

Domski dani

– Mene su od djetinjstva najviše zanimale prirodne znanosti. Kad sam imao pet godina, naučio sam čitati zahvaljujući knjizi 'Gibanje i sile' Otona Kučere. Mami sam dodijavao pitanjima o znanosti. Zato sam nakon teologije studirao teorijsku fiziku – rekao mi je Kustić na početku razgovora koji smo vodili u Domu umirovljenika gdje živi već 12 godina.

Don Živko je nedavno navršio 80 godina. Budući da teško hoda, a više ne vozi automobil, vrijeme uglavnom provodi u Domu.

– Nastojim svaki dan voditi misu u našoj kapelici, a najviše vremena provodim čitajući i pišući za Jutarnji. No, to mi je sve teže jer me je jedno oko izdalo, a i drugo me polako izdaje – rekao je **don Živko**, nastavljajući priču o svom životu.

– Rođen sam u Splitu, a odrastao na Pagu. Moji su roditelji bili intelektualci, a radili su kao službenici u solani. No, moja draga baka je bila religiozna – objasnio je **Kustić**.

Na njegovo je formiranje snažno utjecao i **don Joso Felicinović**, katolički svećenik, sociolog i književnik.

185

– Don Joso je imao golemu biblioteku koju mi je dao na raspolaganje. Tako sam povezivao katolički način mišljenja s prirodnim znanostima i razvio to kao jedan zajednički pogled na svijet i Boga – ispričao je don Živko koji se školovao u Pagu, Senju i Splitu.

Zatim je studirao teologiju, u Splitu i u Zagrebu. Nakon četiri godine studija poslan je na služenje vojnog roka u Srbiju gdje je došlo do prekretnice u njegovu životu.

– Studirao sam teologiju s velikim žarom, ali nisam bio siguran da ću postati svećenik. Pred kraj vojske upoznao sam djevojku **Maricu Radenković** i zaljubio se. Moglo bi se reži da je to bila ljubav na prvi pogled. Otišao sam u Zagreb i prekinuo studij teologije, a Marica je došla za mnom pa smo tražili podstanarsku sobicu. Kada danas o svemu tome razmišljam, ne mogu vjerovati koliko smo bili ludi jer smo pripadali različitim kulturama. No, vjerovali smo u našu zajednicu. Odmah smo se vjenčali i jedno po jedno rađala su se naša djeca, njih petero – otkrio je **Kustić**.

Voljena Marica

Sa sjetom je dodao kako je njegova voljena Marica umrla prije četiri mjeseca.

– Marica se u Zagrebu zaposlila u bolnici, a ja sam tri godine nastavio studirati teorijsku fiziku. Mučili smo se, pa je onda došla i moja mama s Paga koja je imala malu mirovinu. No, jedne srijede 1957. moj ispovjednik, pater Scheibel, iznio mi je iznenađujući prijedlog. 'Kustiću, vi biste se ipak trebali zarediti', rekao mi je pater. A ja sam ga u čudu upitao: 'Tko je tu lud, vi ili ja? Treće dijete mi je na putu, a vi govorite o zaređivanju'. Onda mi je pater rekao kako je u Crkvi postignut dogovor da se zaredim u Križevačkoj biskupiji grkokatoličkog obreda. Bio sam veseo – prisjetio se Kustić koji je odmah nakon zaređenja s obitelji otišao u grkokatoličku župu Mrzlo Polje.

– Kardinal **Alojzije Stepinac**, koji je tada bio zatočen u nedalekom Krašiću, poslao mi je svoga župnika s porukom da je proučio moj slučaj i da mi čestita – rekao je Kustić, naglasivši kako u to doba kao svećenik nije dobivao prihode ni od Crkve, ni od države, nego je živio od darova siromašnih vjernika i obrađivanja zemlje.

– Marica mi je bila prvi savjetnik u poslanju, a vodila je i crkveno pjevanje – dodao je Kustić koji je u Mrzlom Polju ostao četiri godine, a zatim je prebačen u župu Sošice gdje je proveo dvije godine.

Novinar i propovjednik

– Dok sam 1963. s djecom kopao krumpir kod crkve, došao mi je kolega Pavlinić, rimokatolički svećenik iz Oštrca. 'Ostavi to, idemo raditi novine', rekao je, a zatim mi objasnio da se država složila oko pokretanja Glasa Koncila. Uzeo sam pisaći stroj, spakirao se i otišao u Zagreb. Od jeseni 1963. bio sam u Glasu Koncila. Brzo sam postao glavni urednik i to bio do 1990., dakle, cijelo vrijeme komunizma. Mučili smo mi njih, ali i oni nas – ispričao je Kustić koji je po nalogu Hrvatske biskupske konferencije u Zagrebu pokrenuo Informativnu katoličku agenciju. Don Živko voli novine, a članci su mu i dalje čitani, često više od mojih.

– Novinar i propovjednik su isto zanimanje. Nas su kao bogoslove učili da u jednoj ruci moraš imati Bibliju, a u drugoj dnevne novine. Mislim da sam bio dobar propovjednik. Zvali su me da držim propovijedi u cijeloj bivšoj Jugoslaviji. U novinama rado čita teme iz prirodnih znanosti.

– Za mene je svijet djelo Božjeg uma i divim se Bogu. Bog je vrhunska izvorna mudrost i ljubav, i nikad nisam doživio suprotnost između vjere i znanosti.

U zajednički dnevni boravak stiglo je u tom trenutku još dvoje umirovljenika koji su počeli slušati razgovor.

Kako don Živko gleda na Galileja čije je stradanje postalo simbol sukoba vjere i znanosti. Pa tu je Crkva pogriješila.

– Inkvizicije u Crkvi nije smjelo biti. No, Galileo je bio vjernik koji je znao da ima posla s budalama pa je to podnio. Crkva ne može imati stabilnu vlast jer bi onda vjera propala, a opet ne može biti bez vlasti jer bi onda institucija propala.

A što mislite o Darwinu?

– Crkva sve više priznaje njegovo djelo. Sjećam se kako sam župnika gnjavio pitanjima o evoluciji kad sam imao 14. On bi mi rekao: 'Sinko, pazi dobro, vidiš muhu i pčelu. Muha se u pčelu ne pretvara i nemoj me ništa pitati'. Za mene je evolucija način na koji Bog stvara svijet. Ja, pak, smatram da je Darwinova teorija evolucije najsnažnija pojedinačna misao u povijesti ljudskog roda.

– Isus Krist za mene je najsnažnija misao i osoba u povijesti ljudskog roda. O kršćanstvu ne možete ništa znati ako ne prihvatite središnju ulogu Krista koji je u istoj osobi Bog i čovjek. Ja to ne prihvaćam. Moji omiljeni autori su Dawkins, Dennett i Hitchens, koji religiju smatraju proizvodom evolucije ljudskog mozga.

– Vi to i ne morate prihvatiti, a ja ne volim te vaše autore jer su neznalice. Dawkins ne zna ništa o Bibliji i kršćanstvu. Njegov pojam Boga nije kršćanski.

Brojni potomci

Don Živko je nedavno napisao pomirljivu kolumnu o ateistima.

– Smijem li se moliti za vas? – upitao me don Živko smijući se.

Naravno. No, don Živko, najbolje je da svatko od nas vjeruje u ono što želi, a da možemo razgovarati. Evo, ja sam vam oprostila što ste me u nekoliko kolumni napali jer cijenim vašu radoznalost prema znanosti.

Žali li don Živko za čime u životu?

– Svjestan sam da se polako gasim, ali sam siguran u Boga koji je moj prijatelj. Nemam iluzija da sam u svemu dobar, ali ne žalim ni za čim. Nedavno sam proslavio 80,a za stolom su, sa zetovima i snahama, bila 32 moja potomka. Petero djece, 14 unuka. Rađa mi se peto praunuče. Marice više nema, a ja sam pomislio: 'Ženo, možda smo bili ludi. Nitko se pametan ne bi oženio kao mi. Da to nismo napravili, ja bih možda bio profesor ili svećenik'. Ali, ne bi bilo djece, a ona su divna. Dobro je sve što mi se dogodilo.

Kako sam upoznao Tita

Don Živko mi je ispričao kako je bio blizak prijatelj s nadbiskupom Franjom Kuharićem.

– Upoznali smo se kad sam došao u Mrzlo Polje jer je on tada bio župnik u Samoboru. Bili smo bliski prijatelji sve do njegove smrti. Jedino se nismo složili u ocjeni Franje Tuđmana jer sam bio malo pregrub. On je Tuđmanu povjerovao jer se ovaj ispovjedio i vjenčao u crkvi – ispričao je Kustić koji je kao bogoslov u Zadru upoznao i Tita.

– Tito je boravio u Zadru i iz muzeja su nam javili da hoće vidjeti katedralu. Bio sam s nadbiskupom Garkovićem i dva svećenika u tom trenutku. 'A, neće u crkvu bez mene', rekao je nadbiskup pa smo pred katedralom dočekali Tita. Posjet je bio korektan, a ja sam razgovarao s Bakarićem. Zadržali su se dosta dugo. Poslije sam doznao da je Tito pratio djelovanje Glasa Koncila – dodao je don Živko Kustić.

Učenje religije umjesto vjeronauka

Don Živko, što mislite o vjeronauku u školama zbog kojega se 20 godina vode rasprave?

– Kad se vjeronauk uvodio u škole, bio sam među onima koji na to nisu gledali s oduševljenjem. Vjeronauk je opterećen razmjernim neuspjehom. Radije bih da se u škole uvelo obavezno poznavanje religije kao elementa kulture tako da svako dijete zna što je kršćanstvo, budizam, islam. Dakle, ne mislim da je vjeronauk u školi uspio – rekao je Kustić.

JL, 26. prosinca 2010.

Elio Sgreccia
Papin bioetičar

Biskup Elio Sgreccia (78), predsjednik Papinske akademije za život (PAV), medijski je najeksponiraniji reprezentant etičkih i bioetičkih stajališta koja zagovara Katolička crkva. Utemeljena 1994. godine dekretom "Vitae Mysterium", Papinska akademija za život bavi se različitim aspektima biomedicinskih znanosti i etičkim pitanjima povezanim s dignitetom ljudskog života. Akademija se sastoji od 70 članova iz cijelog svijeta koje imenuje Papa, a tijesno surađuje s Papinskim akademijama znanosti i socijalne znanosti.

Rođen 1928. godine u gradiću Archevia u pokrajini Marche, Elio Sgreccia već se desetljećima bavi etikom i bioetikom, a objavio je i mnoštvo knjiga. Jedan je od začetnika Instituta za bioetiku katoličkog Sveučilišta Sveto Srce, a bio je i tajnik Papinskog vijeća za obitelj i potpredsjednik Papinske akademije za život, da bi ga početkom veljače 2005. godine Ivan Pavao II. postavio na mjesto predsjednika. U posljednje dvije godine Elio Sgreccia često se pojavljuje u talijanskim i inozemnim medijima, a raspon tema o kojima diskutira je vrlo različit: od tragičnog slučaja Terri Schiavo do embrionalnih matičnih stanica. Kad sam se prije dva tjedna javila Papinskoj akademiji za život s molbom za intervju, Elio Sgreccia javio mi se elektronskom poštom. Odmah je pristao na intervju, ali je zbog mnoštva obaveza zamolio da moj ambiciozni plan razgovora o gotovo svim bioetičkim izazovima današnjice ograničimo na nekoliko tema.

S monsinjorom Sgreccijom razgovarala sam u sjedištu Papinske akademije za život u Vatikanu. Iako je priznao da je vrlo umoran, "Papin bioetičar" ljubazno je odgovarao na moja pitanja.

Monsinjor Sgreccia, mnogi znanstvenici tvrde da embrionalne matične stanice imaju veliku terapijsku moć i da bi se u budućnosti mogle koristiti u liječenju bolesti, primjerice dijabetesa, srčanih oboljenja, Parkinsonove i Alzheimerove bolesti. No, Katolička je crkva glavni protivnik tih avangardnih istraživanja.

– Važno je znati zašto se Katolička crkva protivi uzimanju matičnih stanica iz embrija kako bi one služile kao sredstvo za terapiju. Naime, treba imati na umu da se danas embrionalne matične stanice uzimaju na način koji dovodi do uništavanja embrija. Dakle, da bi se dobile embrionalne matične stanice, treba uništiti jedno ljudsko biće. Embrij je ljudsko biće koje mora imati dignitet čovjeka. Ne smije se ubiti nijedna osoba kako bi se razvio neki lijek ili terapija. Nadalje, ne smije se eksperimentirati na ljudima kako bi se razvile nove terapije. Poznato je kakve su eksperimente obavljali nacisti u koncentracijskim logorima: svi smo to osudili i ne želimo da se slične stvari ponove. Dakle, motiv zbog kojeg Katolička crkva kaže ne eksperimentima na embrionalnim matičnim stanicama, isti je kao i motiv zašto osuđujemo nacističke eksperimente u koncentracijskim logorima.

Crkva se ne protivi eksperimentima na odraslim matičnim stanicama?

– Jedna međunarodna znanstvena banka prikupila je podatke o 500 istraživanja publiciranih u znanstvenim časopisima koji su dali pozitivne rezultate na odraslim matičnim stanicama. Nasuprot tome, nema nijednog istraživanja koje bi dalo pozitivne rezultate na embrionalnim matičnim stanicama. Nema još znanstvene studije koja bi pokazala da je netko pomoću embrionalnih matičnih stanica ozdravio. Valja istaknuti da nije samo Katolička crkva u prvoj liniji opozicije prema embrionalnim matičnim stanicama. Mnogi se znanstvenici, koji k tome nisu katolici, protive tome i stoga se odlučuju za istraživanja na odraslim matičnim stanicama. To je vrijedno sa znanstvenog stajališta, ali i s etičkog.

Prije nekoliko mjeseci američki znanstvenik Robert Lanza objavio je u časopisu Nature postupak dobivanja matičnih stanica, a da se pritom ne uništava embrij.

– Kako znate, odmah nakon toga, objavljeno je da se tim postupkom ipak uništavaju embriji. Lanza je dobio matične stanice iz embrija u stadiju blastomera, a pokazalo se da embriji iz kojih je dobio matične stanice nisu preživjeli eksperiment. Ispada tako da je prva vijest bila lažna. Dobivanje embrionalnih matičnih stanica dosad je uvijek rezultiralo uništavanjem embrija.

Danas se mnogi embriji nakon umjetne oplodnje ili pobačaja bacaju. Zašto se ne bi mogli koristiti za istraživanja kad se već ionako odbacuju?

– Priča je malo složenija. Embriji preostali nakon umjetne oplodnje već su oštećeni kad su zamrznuti. Osim što zamrzavamo embrije, što znači da zamrzavamo jedno ljudsko biće, trebali bismo počiniti i drugi delikt pa te embrije podvrgavati istraživanjima. To nije terapija, nego dvostruki delikt.

Danas se mnogo govori o kloniranju. Mnogi se znanstvenici protive reprodukcijskom kloniranju, ali podržavaju terapijsko, tj. kloniranje embrija u svrhu dobivanja matičnih stanica?

– I terapijsko je kloniranje reprodukcijsko. Prije svega treba stvoriti embrij, zatim se iz njega dobivaju matične stanice, a embrij uništava. Stvara se jedno ljudsko biće, potpuno fabricirano u epruveti, a zatim se uništava kako bi se dobile embrionalne matične stanice. A za te se stanice tek treba pokazati mogu li biti korisne. Riječ je ponovno o dvostrukom deliktu. Kod reprodukcijskog kloniranja, riječ je o deliktu; stvara se ljudsko biće bez odnosa oca i majke. Kod terapijskog kloniranja, pak, riječ je o dva delikta. Jedan se počini pri stvaranju embrija, a drugi pri njegovu uništavanju. Sada se mnogo priča o kloniranju jer je izbio skandal oko dr. Hwanga iz Južne Koreje koji je falsificirao svoje rezultate objavljene u prestižnim znanstvenim časopisima. Vjerujem da su mnogi znanstvenici slučaj shvatili kako bi odustali od toga puta na kojem se znanost igra sama sa sobom.

Ne bih se složila s vama jer se znanstvenici u Velikoj Britaniji i Španjolskoj, koja je katolička zemlja, i dalje bave istraživanjima embrionalnih matičnih stanica.
– Da, oni pritom za to imaju dozvolu. To je legalizirani delikt.

Mnogi znanstvenici smatraju da su bolesne osobe te koje trebaju biti jedini moralni autoritet u odlučivanju gdje treba povući granicu u znanstvenim istraživanjima, a ne Crkva. Kako to komentirate?
– Vjerujem da bolesna osoba treba priželjkivati ozdravljenje, ali ne po cijenu smrti drugog ljudskog bića. Smatram također da bolesne osobe imaju povjerenje u znanstvenike i da vjeruju da će ozdravljenje omogućiti humana znanost, a ne znanost spremna na ubijanje embrija u cilju razvijanja terapija.

Darwinova teorija evolucije jedna je od najvećih, najljepših i najjednostavnijih znanstvenih ideja, a dosad je puno puta eksperimentalno potvrđena, pogotovo na molekularno-biološkoj razini. Papa Ivan Pavao II. 1996. godine priznao je Darwinovu teoriju?
– Precizno govoreći, Ivan Pavao II. je rekao da je to dosad bila jedna hipoteza. Dodao je, također, da Darwinova terorija treba mnoga istraživanja i mnoge potvrde. Konačno, to priznaju i sami znanstvenici s toga područja. No, prihvatimo da ta teorija dobiva čvrste potvrde. Treba reći da to nije u suprotnosti s genezom. Evolucionizam je u suprotnosti s fiksizmom, učenjem koje objašnjava da su različite biljne i životinjske vrste stvorene onakve kakve su sada. Sada je fiksizam vrsta odbačen. No, ako govorimo o evolucionizmu, onda mora postojati uzrok za taj evolucionizam. Dana je materija s mogućnošću evolucije, a mi to danas tumačimo pomoću inteligentnog dizajna.

Mnogi evolucionisti današnjice su praktični katolici poput dr. Josipa Balabanića koji je preveo Darwinovo "Porijeklo vrsta" na hrvatski jezik. I pater George Coyene, dugogodišnji voditelj Vatikanskog opservatorija, veliki je pobornik Darwinove teorije.

– Evolucionizam nije u suprotnosti s učenjem da jedan Stvoritelj stoji iza porijekla svega. Naravno, teolog treba pričati s teologom, a filozof s filozofom, dok istraživač treba tražiti potvrde za svoje teorije. Ne treba miješati uloge, mi koji se bavimo teologijom ili filozofijom nismo sposobni za verifikaciju znanstvenih teorija ili analizirati antropološka i paleontološka otkrića. To je posao znanosti. S druge strane, znanstveniku ne treba smetati ako netko pita za ultimativni razlog za sve to, odakle porijeklo svega.

Slavni evolucionisti današnjice poput Daniela Dennetta i Richarda Dawkinsa tvrde da je religija prirodni, a ne nadnaravni fenomen i da je "Bog zapravo u našem mozgu". Kako to komentirate?
– To nisu argumenti. Ne može biti Bog u mozgu jedne osobe kada imamo toliko ljudi, toliko mozgova. Treba se pitati tko je kreirao sposobnost da se stvori mozak. Ne smijemo zamijeniti uzrok posljedicom. Bog se ne može definirati kao materija, a naš mozak je sastavljen od materije. Bog se mora razmatrati kao odvojeni princip, mora se razmatrati odvojeno od materije, od nesavršenog svijeta koji se razvija.

Je li moguć dijalog između znanosti i religije?
– Naravno, taj dijalog je moguć i on postoji. Mnogi su znanstvenici religiozne osobe. Primjerice, Galieo Galiei je bio religiozan čovjek. Gregor Mendel, utemeljitelj genetike, bio je redovnik. Poljak Nikola Kopernik, tvorac heliocentričnog sustava, bio je katolik. Dakle, nema prepreke da se neki znanstvenik bavi znanošću, a da istodobno bude religiozna osoba. Također, danas brojni znanstvenici-ateisti inzistiraju na dijalogu znanosti i religije. Taj dijalog već dugo traje.

Crkva prihvaća GM hranu pod uvjetom da ne šteti čovjeku

Kakav je stav Katoličke crkve prema genetski modificiranoj hrani? Za razliku od Amerikanaca koji bez predrasuda prihvaćaju GM hranu, većina Europljana jako strahuje od GMO?
– Katolička se crkva se u principu ne protivi genetskim modifikacijama živih organizama pod uvjetom da to nije čovjek. Naravno, Crkva prihvaća eksperimentiranje pod uvjetom da ne predstavlja rizik po zdravlje ljudi ili okoliš. Dakle, može se reći da Crkva kaže da pod određenim uvjetima. Ako se uspije modificirati neki proizvod u svrhu poboljšanja ili napretka u prehrani ljudi, a da to nije štetno za čovjekovo zdravlje, nismo protiv genetski modificiranih organizama. Čini se da mnogi genetski modificirani proizvodi nisu štetni ni za zdravlje ni za okoliš. No, postavlja se drugo pitanje. Europske države, ali i mnoge od zemalja u razvoju imaju niz strahova zbog toga što biotehnološka industrija predstavlja jedan oblik ekonomskog kolonijalizma. Mislim da ljudi danas najviše strahuju od monopola te industrije.

JL, 30. studenoga 2006.

Biblija nas uči kako biti bliže Bogu,
a sami moramo doznati kako je nastao svemir

Biblija nas ne uči kako je stvoreno nebo, nego kako se ide u nebo. O tome kako su nastali Zemlja i planeti trebamo učiti znanstvenom spoznajom, a Biblija nas uči kako biti bliže Bogu – rekao mi je otac **Sabino Maffeo** dok smo s terase na vrhu Papine ljetne rezidencije u Castel Gandolfu promatrali jezero Albano. Budući da je bilo oblačno i na mahove kišno, nije se mogao vidjeti 26 kilometara udaljeni Rim, koji se inače vidi za sunčana i vedra dana. No s terase sam jako dobro vidjela obližnji balkon s kojega se Papa ljeti obraća vjernicima, ali i dvije velike kupole u kojima su tri teleskopa. Jer Papina ljetna rezidencija u Castel Gandolfu već sedamdesetak godina istodobno je i "dom" Vatikanskog opservatorija, jedinstvene astronomske institucije koju financira Sveta Stolica.

Počelo s Grgurom VIII.

– Evo, ja ovdje često dočekujem goste izvana, uključujući i novinare, kako bi im ispričao povijest našeg opservatorija – pojasnio mi je otac Sabino, vitalni 87-godišnji isusovac i jedan od 13 "Papinih astronoma" koji žive i rade u okrilju Vatikanskog opservatorija (Specola Vaticana). Podrijetlom iz okolice Napulja, Sabino Maffeo diplomirao je fiziku, teologiju i filozofiju, a u Vatikanski je opservatorij došao 1985. na poziv bivšeg ravnatelja, karizmatičnog **Georgea Coynea**, kako bi mu pomogao u vođenju administrativnih poslova.

Otac Sabino već dugo se ne bavi aktivno astronomijom, ali je prava osoba za razgovor o povijesti opservatorija jer je o tome napisao i knjigu "Specola Vaticana: Nove Papi, una missione" (Vatikanski opservatorij: Devet papa i jedna misija).

Sklonost papa prema astronomiji seže iz vremena Grgura VIII. On je 1582. godine isusovačkom matematičaru **Christopheru Claviusu** dao zadatak da reformira tadašnji julijanski kalendar. Novi kalendar, kojim se i danas koristimo, u čast pape Grgura VIII. nazvan je gregorijanskim.

– Prije reforme kalendara, papa Grgur VIII. podigao je u Vatikanu toranj La Torre dei Venti, preteču današnjeg Vatikanskog opservatorija. Ta zgrada i danas postoji, a u njoj je sada tajni arhiv Vatikana – rekao je otac Sabino.

Iako su i neki pape nakon Grgura VIII. aktivno podupirali razvoj astronomije, papa Lav XIII. 1891. formalno je utemeljio Vatikanski opservatorij.

– Lav XIII. želio je utemeljiti opservatorij koji će se samostalno baviti istraživanjima ne bi li tako s Katoličke crkve skinuo stigmu da je protiv znanosti. Na čelu opservatorija, koji se nalazio u Vatikanu, postavio je isusovce. Ta se tradicija zadržala do danas; svi astronomi u našem opservatoriju su isusovci – naveo je otac Sabino pokazujući mi povijesne fotografije iz svoje knjige.

Vatikan u Arizoni

Kako je s vremenom Rim rastao, jačalo je i "svjetlosno zagađenje" pa se 1933. Vatikanski opservatorij preselio u Papinu ljetnu rezidenciju u Castel Gandolfu. Riječ je o palači koja je 1590. podignuta za kardinala **Maffea Barbarinija** koji će kasnije postati Urban VIII., u povijesti poznat kao papa za čijega je pontifikata vođen inkvizicijski proces Galileu Galileju.

– Evo, ove su stube potpuno iste kao u doba Urbana VIII. – rekao mi je otac Sabino dok smo se širokim, kamenim stubama spuštali prema biblioteci u kojoj se čuvaju vrijedna djela **Galileia**, **Kopernika**, ali i našeg **Ruđera Boškovića**. Upitala sam svoga domaćina što s povijesne distance misli o slučaju **Galilei**.

– Crkva je naposljetku, ali s velikim zakašnjenjem priznala da je proces **Galileiju** bio pogreška. S kulturnog stanovišta onoga vremena, ta je pogreška psihološki gledano bila neizbježna. Po meni mnogo je teži grijeh što je Crkvi trebalo previše vremena da prizna svoju pogrešku – rekao je otac Sabino. Stigli smo i do kupole s teleskopom koji je nekad bio posljednje tehnološko čudo, ali danas služi uglavnom za promatranja tijekom ljetnih škola astronomije kada se u Vatikanskom opservatoriju okupljaju mladi astronomi iz cijelog svijeta.

U potrazi za tamnim nebom, kako bi mogli istraživati našu Mliječnu stazu i obližnje joj galaksije, papini su astronomi 1981. utemeljili Vatikansku istraživačku skupinu u Arizoni. Na Mounth Grahamu na nadmorskoj visini od oko 3200 metara nalazi se Vatican Advanced Technology Telescope uz pomoć kojeg papini astronomi obavljaju većinu istraživanja.

– Teleskop u Arizoni jest rezultat priloga koje je otac Coyne skupio među američkim katolicima. Taj teleskop jednu četvrtinu vremena koristi Sveučilište Arizona, a tri četvrtine naši astronomi – pojasnio je otac Sabino pokazujući mi slike teleskopa u Arizoni gdje je trenutačno većina Papinih astronoma. Dan ranije iz Arizone je stigao otac **Jose Funes** (45), sadašnji ravnatelj Opservatorija, ali je u vrijeme moga posjeta bio u Rimu.

Kava u palači

– Vrijeme je za kavu, dođite, idemo u kuhinju – rekao je otac Sabino i proveo me kroz dio zgrade gdje isusovci imaju svoje privatne prostorije.

– Osjećam se kao da sam u nekom obiteljskom okružju – rekla sam mu. Kad smo stigli u ugodnu kuhinju čiji prozori gledaju na jezero Albano, ukazalo se vedro vrijeme. U kuhinji nas je dočekala domaćica Gina, no kapučino mi je napravio otac Sabino. Dok me nudio slasnom krostatom, pojavio se i otac **Giuseppe Koch**, zamjenik ravnatelja Specole Vaticane. – Ja sam fizičar kao i otac Sabino. Tijekom svog profesionalnog života predavao sam fiziku u isusovačkim školama u Palermu i Rimu, a imao sam nekoliko godina punog pastoralnog iskustva u Rimu i Firenzi – rekao mi je otac Giuseppe koji je, kako sam kaže, dobro prevalio sedamdesetu godinu. Uz kavu, nastavili smo pričati o ekstrasolarnim planetima i Darwinu o kome će Giuseppe Koch idući mjesec objaviti rad. Rekla sam ocu Giuseppeu da sam ateistkinja i da me zanima kako povezuje znanost i religiju.

– Mi u Specoli Vatikani formirali smo se tako da smo tražili jezik kojim bismo današnji svijet, koji je velikim dijelom determiniran sa znanošću i tehnologijom, povezali s vjerom – odgovorio je otac Giuseppe, a zatim me proveo kroz pontifikalni dio zgrade gdje se nalazi balkon s kojeg se vjernicima obraća Papa.

Selidba zbog Benedikta

– Došli ste u zadnji čas jer se već za nekoliko dana počinjemo seliti u naše nove prostorije. To je u blizini, u sklopu vrtova koji također pripadaju Vatikanu – pojasnio mi je otac Giuseppe ne navodeći razlog selidbe opservatorija iz Papinske palače koja je više od 75 godina bila i dom vatikanskih astronoma. No u dnevniku Corriere della Sera ranije sam pročitala da je razlog selidbe to što papa **Benedikt XVI.** treba više prostorija kako bi primao diplomate.

Ubrzo smo stigli do prostorija gdje se nalaze izloženi meteoriti. Vatikanska zbirka meteorita, jedna od najvrednijih i najvećih na svijetu, nastala je iz kolekcije minerala koju je Svetoj Stolici još 1896. donirao **markiz de Mauroy**. U međuvremenu, zbirka je obogaćena nizom meteorita koji su pali na različitim mjestima na našem planetu, a o njoj se brine otac **Guy Consolmagno**, po kome je nazvan i jedan asteroid. I otac Consolmagno trenutačno je u Arizoni.

– Pogledajte ovaj kamenčić. To je Vatikanu darovao američki predsjednik **Nixon** – pokazao mi je otac Giuseppe komadić stijene s Mjeseca. Kada su 1972. godine astronauti posljednji put bili na Mjesecu, donijeli su sa sobom 300 kg kamenja koji su darovani različitim zemljama. Tako je i Vatikan dobio svoj "komadić Mjeseca".

Otac Giuseppe zatim me ponovno "predao" ocu Sabinu koji mi je pokazao nebrojena godišta astronomskih časopisa u biblioteci. Bilo je vrijeme da pođem kako ne bih zakasnila na vlak za Rim. I otac Sabino imao je posla jer je pripremao predavanje koje je te večeri trebao održati skupini astronoma amatera u Rimu. Spustila sam se sama liftom iz opservatorija u dvorište Papine palače te na izlazu ponovno srela oca Giuseppea koji je u rukama imao mnoštvo vrećica s hranom. – Moram se brinuti o obitelji – rekao je s osmijehom zaželjevši mi sretan povratak u Hrvatsku.

Coyne: Otkrića o svemiru nisu prijetnja vjeri

Povijest Vatikanskog opservatorija neraskidivo je povezana s imenom oca **Georgea Coyna** (75), koji je 28 godina vodio tu instituciju i slovio kao neformalni znanstveni savjetnik za znanost pape Ivana Pavla II.

– Ništa što naučimo o svemiru nije prijetnja našoj vjeri – često je govorio Coyne na čiju je inicijativu u Vatikanu održan niz znanstvenih konferencija. Kada je prije tri godine austrijski **kardinal Schonborn**, bliski suradnik pape **Benedikta XVI.**, u New York Timesu dao podršku inteligentnom dizajnu, otac Coyne oštro ga je kritizirao u javnosti. Ubrzo je Coyne odstupio s pozicije ravnatelja Vatikanskog opservatorija. Iako je tvrdio da se povlači zbog zdravstvenih razloga, u medijima se spekuliralo da je otišao pod pritiskom. Otac Coyne trenutno je u Arizoni, a nedavno ga je intervjuirao **Richard Dawkins**, najpoznatiji ateist današnjice. Dawkins, kojega optužuju da vodi križarski rat protiv svih religija, Coynea smatra svojim prijateljem.

JL, 7. ožujka 2009.

Burna rasprava katolika i ateista:
"Katolicima je i islam bliži od ateizma"

Mogu li ateisti i vjernici, te dvije naizgled nepomirljive skupine ljudi, postići suglasnost oko nekih kontroverznih tema? Potaknuti dnevnim raspravama, u našoj redakciji odlučili smo se za mali eksperiment te organizirali okrugli stol na koji smo pozvali dva ateistička i dva katolička intelektualca kako bi raspravljali o tri provokativne teme: vjeronauku u školama, umjetnoj oplodnji i toleranciji u hrvatskom društvu. Ateističku stranu zastupali su filozof dr. **Pavel Gregorić** i fizičar dr. **Slobodan Danko Bosanac**, a vjernike su predstavljali teolog dr. **Ivica Raguž** i fizičar dr. **Branko Guberina**.

Andrijanić: Iako već gotovo 20 godina imamo vjeronauk u školama, još se oko toga vode rasprave.

Raguž: Kao teolog, rekao bih da Crkva ne ovisi o vjeronauku i nema razloga grčevito ga braniti. No, čini mi se da postoji nekoliko razloga zašto je vjeronauk potreban i prikladan za hrvatsko društvo. Prvi je tradicija jer pripadamo srednjoeuropskoj i mediteranskoj tradiciji gdje je vjeronauk u školama, a Njemačka, Austrija i Italija su najbolji primjer. Te kulture su pokazale da vjeronauk nije štetan ni za društvo, ni za Crkvu. Drugi je još važniji: zbog dijaloga religije i sekularizma. Religija je preživjela sve sekularizacije, no u europskim društvima postoji opasnost getoizacije i privatizacije religije. Vjeronauk u školama izvlači religiju iz getoizacije, ne dopušta religijski fundamentalizam ni sekularizmu da bude jedina mjerodavna misao, da se pretvori u bojovni sekularizam. Treći je razlog što vjeronauk može koristiti dijalogu između religije i znanosti. Religija se susreće sa svijetom znanja, a to koristi i samoj znanosti kojoj je potrebna religijska tradicija i njezino kritičko promišljanje.

Gregorić: Meni drži vodu samo prvi razlog koji ste naveli kao najslabiji. Smatram da bi se dijalog sekularizma i religije, kao i religije i znanosti mogao mnogo bolje ostvariti putem sekularnog predmeta Religije svijeta. Takav bi predmet puno bolje omogućio da se religija izvadi iz getoizacije i da se tematizira na artikulirani način naspram drugih sekularnih vrijednosti, konkretno znanosti. Rekao bih da postoji izravna korelacija između onih društava u kojima je vjeronauk u školama i država u kojima ga nema, s činjenicama o znanstvenom napretku. Primjerice, pogledajte nordijske zemlje, Veliku Britaniju, SAD ili Japan u kojima nema vjeronauka u školama. Te zemlje imaju vrlo razvijen znanstveno-obrazovni sustav.

Guberina: Mislim da je korelacija jako slaba. Ne vidim po čemu Norveška ima jaču znanost od Grčke, ovisi možda o području. Možda je u filozofiji jača nego u fizici.

Religija i znanost

Raguž: Mislite i na Kubu? Imali smo komunistički sustav koji je bio ateistički pa znanost nije prosperirala.

Gregorić: Ne govorim o ateističkim, nego o sekularnim državama. Zemlje u kojima nema vjeronauka u školama imaju tendenciju biti znanstveno razvijenije.

Bosanac: Moj prigovor vjeronauku kod nas jest da se specifičnom edukacijom djecu već od najranije dobi upućuje u jednom smjeru koji nije budućnost. Jer, budućnost je u globaliziranom svijetu, stoga je važno upoznavanje s ljudima raznih svjetonazora. Danas dijete ode s vjeronauka i odmah je putem interneta u kontaktu s Japancima, Kinezima, općenito s ljudima drukčije tradicije.

Guberina: Iako nemam uvid u sve argumente koje Crkva nudi, vjeronauk u crkvama činio mi se simpatičnijom opcijom. No, u svim sam raspravama zastupao i stav da je jedna od opcija da se uči i u školi. Pritom vjeronauk u školi ni sa čim ne smije opterećivati druge predmete. Pitanje vjeronauka u školi je stvar društva, parlamenta, političkih stranaka, a to je nakon 50 godina zabrana, šikaniranja i ponižavanja vjernika još uvijek osjetljivo. Treba biti osjetljiv na taj dio koji nije samo tradicija, nego nešto što živi u naciji, a možda će s vremenom birači promijeniti stav i biti protiv vjeronauka.

Bosanac: Temelj znanosti je sumnja, a religija se temelji na vjerovanju. Mene zanima svijet oko mene, priroda, događaji, a na konceptu Boga ne mogu naći nijedan odgovor. No, mogu u znanosti, i to je vrlo uzbudljivo. Mnogo toga ne znamo, ali znanost će nam otkriti, a ne vjerovanje u Bogu. Kaže se da je religija utjeha u stresnim situacijama. Jedva sam ostao živ u bolnici, a spasili su me kirurzi. Nijednog trenutka nisam trebao Boga, nego obitelj i prijatelje.

JL, 23. listopada 2010.

Istina o monstruoznim eksperimentima na djeci
Iza kulisa pokusa koji su spasili milijune

Osjećao sam se kao da je stalno Božić. Utakmice Red Soxa i zabave. Dobio sam čak i sat s Mikijem Mausom koji i danas čuvam, prisjetio se Charlie Dyer,72-godišnji umirovljenik iz američke države Massachusetts, davne 1954.godine kad je počeo pohađati Državnu školu Fernald u Walthamu. Rođen u siromašnoj i mnogobrojnoj obitelji dvoje alkoholičara, Charlie je imao teško djetinjstvo. Njegov otac bio je drvosječa i stalno odsutan, pa su tako mali Charlie i njegovih sedmero braće i sestara bili prepušteni stalno pijanoj majci. Nije stoga bilo ni čudno što je plavokosi i plavooki Charlie u školi postizao loše rezultate: imao je problema s čitanjem, pisanjem i matematikom, a bio je i jako nediscipliniran dječak.

Tajni pokusi

Prebacivali su ga iz škole u školu, što je samo produbljivalo njegove traume dok kao 14-godišnjak nije prebačen u Državnu školu Fernald, instituciju s dugom tradicijom njegovanja eugeničkih principa. Tamo je Charliju napokon bilo dobro, no tek 1994. godine saznao je kako su on i ostali dječaci, etiketirani kao "moroni", u toj školi bili zapravo pokusni kunići. Naime, tijekom hladnog rata u školi Fernald u tajnosti se provodio mračni znanstveni eksperiment u sklopu kojega je pedesetak dječaka s poteškoćama u razvoju svakodnevno dobivalo obrok od radioaktivnog mlijeka i zobene kaše. – Osjećali smo ipak da nešto nije u redu, ali nismo znali što – rekao je Dyer, jedan od junaka nedavno objavljene knjige "Against Their Will" o tajnim pokusima koje su američki znanstvenici provodili nad djecom.

Autori knjige Allen Hornblum, Judith L. Newman i Gregory Dober pet godina istraživali su podatke u medicinskim i sveučilišnim arhivama te intervjuirali preživjele aktere pokusa kojih se ne bi postidio ni Josef Mengele.

– Svatko od nas troje imao je neki svoj razlog za ovu knjigu, a moj interes za etiku i istraživanja na djeci datira s kraja sedamdesetih godina. Tada sam radila disertaciju o poimanju smrti i vremena kod djece. Kada je krajem devedesetih godina moj dobar prijatelj Allen Hornblum objavio knjigu "Acres of Skin" o istraživanjima koje su medicinari u SAD provodili na zatvorenicima, to me zaintrigiralo. Prije pet-šest godina počeli smo diskutirati o mogućnosti da napišemo knjigu o sličnim istraživanjima na djeci – rekla mi je dr. Judith Newman, profesorica na Penn State University. Moja sugovornica istaknula je da su se eksperimenti na djeci tijekom hladnog rata odvijali diljem SAD-a.

– Mi smo se, međutim, fokusirali na ključne državne škole poput Fernalda u Massachusettsu, Willowbrooka u New Yorku i Vinelanda u New Jerseyju, sirotišta poput Soldier's Orphans' Homea u Iowi, Soldiers' and Sailors' Orphans' Homea u Ohiu i psihijatrijske bolnice kao što je Bellevue Hospital u New Yorku, gdje su se vodili svi ti pokusi uključujući one sa zračenjem, cijepljenjem, dermatološke, psihološke ili druge. U pokuse su bile uključene tisuće djece, ali mi ne znamo točan broj jer neka od tih istraživanja nikad nisu objavljena – rekla je J. Newman.

Da su Amerikanci od 1930. pa do kraja pedesetih godina provodili niz etički neprihvatljivih, ponekad i monstruoznih eksperimenata, u javnosti se saznalo tek mnogo godina kasnije. Tako je 1972. godine izbio veliki skandal zbog "Studije Tuskegee neliječenog sifilisa u crnaca". Riječ je o istraživanju na Afroamerikancima u gradu Tuskegee u Alabami, koje je američka vlada financirala čak 40 godina s ciljem da se istraži patologija neliječenog sifilisa. Prije nekoliko godina objavljena je i dugo čuvana tajna o monstruoznom pokusu u Gvatemali, gdje su američki liječnici od 1946.do 1948.godine hotimice sifilisom zarazili oko 700 zatvorenika, mentalnih bolesnika i siročadi u dobi od šest godina kako bi mogli provjeriti učinkovitost penicilina. Sada, pak, autori knjige "Against Their Will" iznose neugodnu istinu o američkim pokusima na djeci.

Odgovorni vladi

Mogu li se američka istraživanja usporediti s nacističkim medicinskim eksperimentima, upitala sam. – Ne zapravo, osim što smatramo da je eugenička filozofija bila u pozadini opravdavanja za izbor 'subjekata'. No američki su liječnici uvijek bili odgovorni nekome kao što je vlada ili korporacijski sponzor. Primjerice, kad su se 30-ih godina pojavili problemi s cjepivom protiv paralize, koje je razvio William Park, vlada je tu studiju povukla. Nacistički liječnici nisu imali odgovornost ni prema kome. Nadalje, smrtnost i morbidnost u američkim eksperimentima bila je neželjeni popratni učinak dok su u nacističkoj medicini eksperimenti išli za tim da izazovu smrt ljudi koji su sudjelovali u eksperimentu – objasnila je J. Newman.

Jedan od najpoznatijih primjera zlostavljanja djece dogodio se u Državnoj školi Willowbrook na Staten Islandu u New Yorku, gdje su znanstvenici stotine mentalno i fizički onesposobljene djece hotimice zarazili hepatiti-som kako bi razvili cjepivo. U nekim su, pak, eksperimentima mala djeca s teškoćama u razvoju zaražena gonorejom, a bilo je i studija gdje se dječake u pubertetu kastriralo kako bi se spriječila masturbacija. Koji je prema mišljenju autora knjige "Against Their Will" bio najstrašniji eksperiment na djeci, upitala sam moju sugovornicu.

Svjedoci eksperimenata

– Svako od nas troje ima različito mišljenje iako smo zasigurno najviše raspravljali, i bili jako uznemireni, kad smo proučili dokumente o lobotomijama obavljenim na djeci s teškoćama u razvoju. Ti su zahvati trajno oštetili mališane. Podjednako su nas užasnuli eksperimenti u kojima se autističnu djecu pokušalo liječiti dnevnim dozama LSD-a kao i studije u kojima bi se zdravu djecu zarazilo virusom – rekla je J. Newman.

– Naposljetku, problem nedostatka informiranog pristanka za sudjelovanje djece u eksperimentima kao i fizička i psihološka šteta koja im je nanesena je ono što je zastrašujuće u cijelom nizu studija koje smo prvi put skupili u našoj knjizi. Iako je krajem 70-ih u SAD-u počelo uvođenje legislative, tužna je činjenica da se prema sudionicima eksperimenata nije odnosilo s poštovanjem. Ami smo i dalje zabrinuti jer se slična neetična istraživanja još uvijek provode u dijelovima svijeta gdje ne postoji legislativa – rekla je J.Newman.

Zajedno s kolegama Hornblumom i Doberom, ona je razgovarala s nizom svjedoka tragičnih eksperimenata, poput Charlieja Dyera, pokusnog kunića iz Fernalda.

– Ono što našu knjigu čini tako zanimljivom, a istodobno teškom za čitanje je to što smo uključili priče svjedoka koji su preživjeli eksperimente, kao i članova njihovih obitelji. Iako smo mogli samo katalogizirati istraživanja i narušavanje etike u objavljenim studijama koje smo proučili, smatrali smo da jedino riječi žrtava mogu razotkriti istinski horor kad si toliko devalviran kao osoba da te eksploatiraju na takav način – rekla je J. Newman.

Zanimalo me kakva je bila uloga poznatih znanstvenika poput Egasa Moniza i Jonasa Salka u eksperimentima na djeci.

– Egas Moniz bio je dobitnik Nobelove nagrade za medicinu 1949. godine i imao je veliki uvid u istraživanja na ljudskom mozgu te povezanosti s emocionalnim poremećajima. U knjizi smo naglasili kako je Monizova tehnika lobotomije, koju su u SAD donijeli liječnici poput Waltera Freemana, korištena, ili bolje rečeno prekomjerno korištena. Ona je čak korištena kod djece kojoj su dijagnosticirali poremećaje u ponašanju – rekla je J. Newman. Zatim se osvrnula na Jonasa Salka, liječnika i znanstvenika koji 1954. godine razvio cjepivo protiv dječje paralize.

– U slučaju slavnog znanstvenika Jonasa Salka naglasili smo kako u potpunosti razumijemo u kojoj je mjeri cjepivo protiv dječje paralize pomoglo čovječanstvu. No dovodimo u pitanje Salkov izbor onih koji su testirani kada se s pokusa na životinjama prešlo na ispitivanje cjepiva na ljudima. Mi propitujemo zašto su djeca, smještena u državnim institucijama, koja nisu bila na pravi način informirana o rizicima niti su mogla dati suglasnost za pristanak, izabrana kao pokusni kunići u tim istraživanjima. Tvrdimo da su izabrana jer se smatralo da takve osobe ne vrijede mnogo te se njihovo prisilno sudjelovanje u eksperimentima smatralo načinom njihova doprinosa društvu – istaknula je J. Newman.

Javne isprike

Je li se američka vlada ikad ispričala zbog sramnih eksperimenata koje je provodila, upitala sam.

– Da, bile su formalne isprike sudionicima Tuskegee i Gvatemala studija o sifilisu. Nadalje, mislim da se bivši predsjednik Clinton ispričao za studije radioaktivnosti na maloljetnim Amerikancima. Nažalost, institucije poput sveučilišta manje su spremne ponuditi javnu ispriku. No, vidjeli smo neke od isprika, a i neke od žrtava su pokrenule sudske procese u kojima su dobili zadovoljštinu – zaključila je Judith Newman.

JL, 28. srpnja 2013.

VII. NUKLEARNA FIZIKA
I ASTROFIZIKA

Fabiola Gianotti
Žena koja je ulovila božju česticu

Bio je to jedan od najimpresivnijih dana u **modernoj znanosti**: 4. srpnja 2012. godine, talijanska fizičarka dr. **Fabiola Gianotti** predstavila je rezultate istraživanja eksperimenta ATLAS, koji je baš kao i konkurentski eksperiment CMS, potvrdio postojanje Higgsova bozona, popularne "Božje čestice".

Stotine fizičara okupljenih u velikoj dvorani CERN-a (Europski centar za nuklearna istraživanja) oduševljeno je zapljeskalo, a snimke toga jedinstvenog zanosa obišle su svijet. Iako je izvanrednom događaju prisustvovao i **Peter Higgs**, škotski fizičar koji je 1964. godine zajedno s Belgijancima **Francoisom Englertom** i **Robertom Broutom** predvidio postojanje famozne čestice, čini se da je glavnina medijske pažnje bila usmjerena na Fabiolu Gianotti, "uspješnu ženu u dominantno muškoj znanstvenoj disciplini" koja je vodila tim od više od 3000 istraživača.

Nekoliko mjeseci kasnije, Gianotti je u izboru američkog magazina Time, zajedno s američkim predsjednikom **Obamom**, egipatskim predsjednikom **Morsijem**, novim šefom Applea **Cookom** i pakistanskom djevojčicom **Malala Yousafzai**, proglašena jednom od pet najvažnijih osoba 2012. godine.

– To je bez sumnje bila velika čast za mene, ali čast koju dijelim s tisućama fizičara koji su sudjelovali u otkriću Higgsova bozona. Jer otkriće Higgsova bozona nije rezultat rada jedne osobe nego cjelokupne zajednice fizičara tisuća ljudi koji su 20 godina radili na tom projektu. Mislim da je jako pozitivno to što je magazin Time izabrao među osobama godine nekoga tko se bavi fundamentalnim istraživanjima. To je snažna poruka koja pokazuje zanimanje javnosti za naša istraživanja – rekla mi je Fabiola Gianotti.

Upoznala sam je na Novinarskoj školi iz neuroznanosti nedavno održanoj u Znanstvenom centru Ettore Majorana u gradiću Erice na Siciliji. Elegantna i ozbiljna, dr. Fabiola Gianotti došla je kao posebna gošća da bi znanstvenim novinarima iz cijele Europe te Egipta i Izraela govorila o jednom od najambicioznijim intelektualnim pothvatima današnjice: potrazi za Higgsovim bozonom.

Kako je lov na tu neuhvatljivu česticu desetljećima bio neuspješan, nobelovac **Leon Lederman** 1993. godine smislio je naziv Božja čestica. Naposljetku, Božja čestica je uhvaćena zahvaljujući gotovo šest milijardi eura vrijednom podzemnom akceleratoru LHC (Veliki hadronski sudarač) te divovskim detektorima ATLAS i CMS.

Zašto je otkriće te čestice toliko važno na znanstvenom i tehnološkom planu, upitala sam Fabiolu Gianotti dok smo u pauzi predavanja ispijale kavu na terasi s koje se u daljini naziralo more (Erice je gradić-muzej na 800 metara nadmorske visine). – Na znanstvenom nivou ta je čestica posebna jer omogućava razumijevanje zašto elementarne čestice imaju masu.

Ona objašnjava kako sastavnice atoma kao što su elektroni i kvarkovi dobivaju masu. Da nema Higgsova bozona, ne bi bilo atoma i ne bi bilo nas, ni našeg svemira. Ili bi bio jako različit od ovoga – rekla je Fabiola Gianotti. – Što se tiče važnosti Higgsova bozona na naš svakodnevnicu , to otkriće već utječe na naše živote. Naime, da bismo došli do toga otkrića morali smo razviti mnogo novih tehnologija kako bismo napravili LHC, akcelerator bez presedana, te instrumente ATLAS i CMS pomoću kojih je otkriven Higgsov bozon. Oni su pravi dragulji tehnologije koja je već transferirana u društvo i nalazi primjenu na medicinskom planu, za liječenje tumora, na dijagnostičkom planu i još mnogo toga – dodala je Fabiola Gianotti.

Rođena je prije 52 godine u Milanu u obitelji intelektualaca. Njezin otac je geolog, a majka je studirala književnost i glazbu. Činilo se da će mlada Fabiola ići majčinim stopama jer je kao djevojčica voljela umjetnost i glazbu. U glazbenoj školi je učila svirati klavir, dok je u gimnaziji učila grčki i latinski te preferirala filozofiju i povijest umjetnosti. Ipak, u potrazi za odgovorima na "velika pitanja" izabrala je studij fizike, a krivci za taj izbor su i njezini znanstveni junaci.

– U gimnaziji me fascinirala Marie Curie čiju sam biografiju čitala kad sam imala 17 godina. Jedan od mojih junaka svakako je i talijanski fizičar Enrico Fermi koji je emigrirao u Ameriku – rekla je Fabiola Gianotti. Ona je 1989. godine doktorirala nuklearnu fiziku na Sveučilištu Milano, a od 1994. godine radi u CERN-u. Početkom 2009.

godine izabrana je za voditelja kolaboracije ATLAS postavši tako prva žena na čelu jednog eksperimenta u CERN-u.

Kako se osjeća uspješna žena u svijetu kojim dominiraju muškarci, upitala sam je.

– Ima tu nekoliko aspekata koje valja istaknuti. Prvo, udio žena u CERN-u nije tako mali kao što se misli: ima nas oko 25 posto. U eksperimentu ATLAS su mnoge žene na važnim i odgovornim pozicijama. Ja sam bila voditeljica eksperimenata, ali ima žena koje vode projekte unutar ATLAS-a. CERN je s humanog aspekta bogati ambijent u kome nobelovci rade zajedno s mladim studentima, mjesto gdje osobe različitih kultura i tradicija rade zajedno. Biti žena ili muškarac, nobelovac ili student ne igra ulogu jer svi radimo zajedno.

Eksperiment ATLAS, na kome radi 3000 fizičara iz cijelog svijeta, demokratskim me načinom izabrao za voditeljicu eksperimenta. Biti voditeljica eksperimenta u krucijalnom trenutku pokazuje da su žene na istoj razini kao i njihovi muške kolege – rekla je F. Gianotti čiji je četverogodišnji mandat voditeljice ATLAS-a istekao u veljači ove godine.

No, kako je na novinarskoj školi istaknuo jedan talijanski znanstveni novinar, Fabiola Gianotti mogla bi, kao voditeljica ATLAS-a u trenutku otkrića Božje čestice, biti nagrađena i Nobelovom nagradom za fiziku.

Ima prijedloga da se Nobelova nagrada za mir dodijeli CERN-u kao jedinstvenoj instituciji koja je doprinijela širenju pacifizma u svijetu. CERN je utemeljen 1954. godine u predgrađu Ženeve, na samoj švicarsko-francuskoj granici i taj se laboratorij jednim dijelom nalazi u Švicarskoj, a drugim u Francuskoj. Osnovalo ga je 12 europskih zemalja, uključujući i bivšu Jugoslaviju. Danas je CERN najveći svjetski laboratorij za istraživanja u fizici elementarnih čestica te "rodilište" visokih tehnologija poput World Wide Weba koji je stvoren 1990.godine.

– Kada je početkom pedesetih osnovan CERN, jedan od ciljeva je bio zaustaviti odlazak europskih fizičara u Ameriku. No, namjera je bila i kreirati jedan centar izvrsnosti u Europi kako bi se nakon Drugog svjetskog rata ponovno lansirala istraživanja – rekla je F. Gianotti.

– Danas je CERN je istinski svjetski centar, jer tamo ne rade samo znanstvenici iz europskih zemalja. CERN je otvorio svoja vrata zemljama izvan Europe, zemljama poput Brazila ili Izraela koje su pridružene članice. Danas CERN okuplja više od 10.000 znanstvenika iz 70 zemalja svijeta. To je uistinu globalni projekt i posebno mjesto na kome razni narodi mogu raditi na mirnodopskim osnovama: CERN-u često surađuju znanstvenici iz zemalja koje nemaju prijateljske odnose. To je jedno uistinu čudesno mjesto koje jača ideju mira u svijetu – rekla je Fabiola Gianotti istaknuvši da svakog građanina EU CERN godišnje stoji kao i jedan cappuccino.

Upitala sam je zašto je važno ulagati u temeljna istraživanja čak i u vremenima ekonomske krize kakva sada vlada u Europi.

– To je ekstremno važno jer napredak čovječanstva se zasniva na novim idejama. Ako ne financiramo temeljna istraživanja koja kreiraju nove ideje ili mogu biti izvor u kome se one rađaju, napredak se zaustavlja. To je onda enormna šteta za gospodarstvo. Kako u krizno doba postoji tendencija smanjivanja ulaganja u temeljna znanstvena istraživanja, to bi moglo uistinu ubiti napredak. Vratimo se u prošlost: električna sijalica nije bila evolucija svijeće nego revolucija koja je došla iz nove ideje. Ta nova ideja omogućila je prijelaz iz svijeće u električnu sijalicu. Ako ne dozvolimo rađanje novih ideja, prije ili kasnije zaustavit će se napredak društva što će se odraziti i na ekonomskom planu – naglasila je F. Gianotti.

Naposljetku, upitala sam je što bi poručila mladim ljudima koji sanjaju o tome da postanu znanstvenici.

– Neka slijede svoje snove s hrabrošću i posvećenošću. Također, neka budu skromni i razmišljaju da smo u znanosti zato jer to želimo. I neka ne napuste svoje snove kada se suoče s poteškoćama na svome putu kojih ima mnogo – zaključila je Fabiola Gianotti.

JL, 9. lipnja 2013.

Brian Cox
Ne vjerujem u Boga, ali vjerujem u Božju česticu, sveti gral fizike

Fizičara Briana Coxa (40) sa Sveučilišta Manchester britanski su mediji prozvali rock-zvijezdom fizike. Razlog tomu nije samo činjenica da je godinama svirao u rock sastavima Dare i D:Ream, nego i izvanredna gledanost BBC-jevih popularno-znanstvenih televizijskih i radijskih emisija putem kojih Cox popularizira fiziku.

Da fundamentalna znanstvena istraživanja iz fizike elementarnih čestica mogu biti zanimljiva i zabavna ovdašnjoj publici, pokazalo se na tribini "Božja čestica: Je li znanost nova religija", koju je u utorak u Zagrebačkom kazalištu lutaka organizirao British Council, a na kojoj su uz dr. Briana Coxa sudjelovali hrvatski fizičar dr. Krešimir Kumerički te filozofi dr. Boran Berčić i dr. Davor Pećnjak.

S dr. Brianom Coxom razgovarala sam u srijedu kada su do mene, jer nisam bila na tribini, već stigle informacije da je više od dvije stotine gledatelja gotovo dva sata uživalo u izvanrednoj raspravi o "Božjoj čestici", istraživanjima u CERN-u, ali i odnosu znanosti i religije. Pitala sam ga kako objedinjuje različite interese: istraživanja u fizici, rock-glazbu i popularizaciju znanosti.

– Sjećam se da sam, kad sam imao pet ili šest godina, znao da ću biti fizičar. Kad sam imao 16-17 godina, počeo sam otkrivati djevojke i glazbu, a sa 18 godina pridružio sam se bendu. No, nakon studija ponovno sam se vratio fizici – rekao je Cox koji smatra da su najveći fizičari u povijesti bili Einstein, Newton i Galilei, dok je u novije vrijeme "istu razinu genijalnosti posjedovao Richard Feynman". Brian Cox član je skupine za Fiziku visokih energija na Sveučilištu Manchester, a surađuje i u Europskom centru za nuklearna istraživanja (CERN) blizu Ženeve.

– CERN je jedinstveno mjesto globalne komunikacije u svijetu u znanosti jer tamo rade znanstvenici iz cijelog svijeta – naglasio je Brian Cox. Potraga za Božjom česticom Nakon 20 godina iščekivanja, planiranja i konstrukcije

u CERN-u će ovoga ljeta naposljetku početi eksperimenti na Velikom ha-
dronskom sudaraču (LHC) čiji je cilj "uloviti" Higgsov bozon, poznat i po
imenu "Božja čestica" jer se smatra da ostalim česticama daje masu.

– Ta su istraživanja uzbudljiva jer očekujemo da ćemo naći Higgsov bozon.
Ako naš stroj bude radio onako kako smo zamislili, mi se nadamo da ćemo
ga otkriti. No, mi ne možemo jamčiti da ćemo išta naći. Možda ćemo otkriti
nešto drugo, a to bi tek bilo uzbudljivo. Uostalom, dosadašnja istraživanja u
fizici elementarnih čestica pokazala su da je često otkriveno nešto drugo, a
ne ono za što je taj akcelerator bio napravljen.

*Mnogi kažu da je Higgsov bozon sveti gral fizike. Je li to i najveće pitanje
moderne fizike?*

– Može se reći da je Higgsov bozon neka vrsta Svetog grala. Mislim da je
stoga naziv Božja čestica, kako ga je nazvao veliki fizičar Leon Lederman,
jako dobar. Želimo otkriti odakle česticama dolazi masa, kakvo je porijeklo
mase u svemiru. No, tu su i mnogi drugi zanimljivi problemi poput pitanja
od čega se sastoji 95 posto svemira. Nedavno je otkriveno da je 25 posto
svemira tamna tvar, a 70 posto tamna energija. Imamo ideje o tome što bi
mogla biti tamna tvar, a što tamna energija, i to je po meni čak i uzbudljivije
od Higgsova bozona – rekao je Brian Cox. Ako fizičari otkriju da Higgsov
bozon postoji, to će biti dokaz Standardnog modela, fizikalne teorije za koju
većina fizičara misli da na najbolji način opisuje materijalni svijet.

– Standardni model jest fizikalna teorija koja opisuje kako 12 elementarnih
čestica gradi materiju i kako se drže zajedno pomoću tri sile: elektroma-
gnetskog, jakog i slabog nuklearnog međudjelovanja. Problem je što u tom
Standardnom modelu treba jedan ekstra-sastojak, jasni mehanizam koji će
česticama dati masu, a to je Higgsov bozon – pojasnio je Brian Cox. Sve-
mirska crvotočina No, u CERN-u bi moglo biti još uzbuđenja. Prema ne-
davno objavljenim predviđanjima matematičara Irine Arefeve i Igora Volo-
viča, ova bi godina mogla postati i prekretnica u povijesti jer bi se u LHC-u
mogli stvoriti uvjeti za stvaranje minijaturne svemirske crvotočine, što bi
subatomskim česticama moglo omogućiti put kroz vrijeme.

– Prema Einsteinovoj teoriji prostora i vremena, Specijalnoj teoriji relativ-
nosti, ne možete putovati u prošlost. Dakle, nije moguć paradoks da ot-
putujete u prošlost prije nego što su se sreli vaši roditelji. Međutim, Opća
teorija relativnosti, koja je zapravo teorija gravitacije, naizgled ipak dopušta
putovanje kroz vrijeme. No, većina fizičara, uključujući i Stephena Hawkin-
ga, smatra da gravitaciju ne razumijemo dovoljno i da će buduća teorija
kvantne gravitacije pokazati da put kroz vrijeme nije moguć. Ja mislim da
putovanje kroz vrijeme nije vjerojatno i bit ću iznenađen ako se to dogodi
u LHC-u – kaže Cox. Projekt LHC, čija je cijena pet milijardi eura, jedan

je od intelektualno najambicioznijih, ali i najskupljih znanstvenih stremljenja današnjice. Budući da je svijet elementarnih čestica i fundamentalnih fizikalnih spoznaja većini ljudi zamršen i nerazumljiv, mnogi se, a među njima i političari, pitaju ne bismo li novac uložen u CERN mogli korisnije upotrijebiti.

– LHC nije samo projekt jedne zemlje. Primjerice, jedan od velikih pridonositelja LHC-u jest Velika Britanija. Svakog građanina Velike Britanije LHC godišnje košta kao pinta piva. Naravno, mogli biste reći da vas to ne zanima. Ali, osvrnite se oko sebe; sve što vidite, i mobilni telefoni i medicinska tehnologija, i električna energija, sve to dolazi iz te vrste istraživanja. Fundamentalne spoznaje o svemiru važne su i za budućnost našeg opstanka u njemu. Kao što je rekao Carl Sagan, da su dinosauri imali svemirski program, oni bi i dalje bili oko nas – naglasio je Brian Cox. Razgovor smo nastavili o odnosima religije i znanosti.

Briane, jeste li religiozni? Vjerujete li u Boga?
– Ne.

Volite li Dawkinsa? Jeste li čitali njegovu posljednju knjigu "Iluzija o Bogu"?
– Dawkins je dobar znanstvenik, ali nisam poklonik njegovih ideja. No, mislim da je ta knjiga dobra. Nisam antireligiozan, zanima me što ljude čini religioznima. Mislim da je u osnovi ista motivacija koja ih potiče da budu znanstvenici. Kada pogledate u svemir i spoznate da je lijep i zanimljiv, želite saznati što više o njemu. Možete nagađati zašto postoji 12 elementarnih čestica i kako je postao svemir.

Znanost kao nova religija

– Kako nemate odgovor, počnete raditi eksperimente. Biti spreman reći 'Ja ne znam' vrlo je moćna stvar u znanosti. Recimo, reći 'Ja ne znam kako je svemir nastao'. Kada se kaže 'Bog je to napravio', to je nagađanje koje nije kompatibilno sa znanstvenim načinom razmišljanja. No, motivacija je ista – kaže Cox. Pitala sam ga naposljetku može li u budućnosti znanost postati nova religija.

– Mogla bi postati. Znanost bi mogla ponuditi odgovore na sva pitanja i oko toga se slažem s Dawkinsom. Na svako pitanje možete ponuditi odgovor ako napravite eksperiment. Naravno, pitanje kako je svemir postao jest znanstveno. Mogao bih reći da je sve što je otkriveno u svemiru definirano znanošću – ustvrdio je Cox.

Oženjen ženom koja je porijeklom Hrvatica

Brian Cox rođen je 1968. godine. Diplomirao je fiziku na Sveučilištu Manchester, a doktorirao u centru za fiziku visokih energija Desy u Hamburgu. Oženjen je Giom Milinovich, Amerikankom hrvatskog podrijetla s kojom ima sina. Brian Cox dobitnik je niza priznanja za popularizaciju znanosti, a surađivao je i na znanstveno-fantastičnom filmu "Sunshine" Dannyja Boylea. Često sudjeluje na tribinama iz popularne znanosti, a smatra da mnoge ljude zanima fizika.

– Ljudi ne mrze fiziku nego samo način na koji se ona poučava u školama. Zanimaju ih astronomija, zvijezde, što se zbiva u CERN-u. Ako BBC-jevu emisiju "Horizon" o gravitaciji gleda tri milijuna ljudi, onda to znači da ih fizika itekako zanima – rekao je Brian Cox koji je nakon našeg razgovora otputovao u Beograd na znanstvenu tribinu.

Oči u oči s Božjom česticom

Kada sam u utorak sletjela u ženevsku zračnu luku, odmah sam zamijetila mračnu naslovnicu tvrdog švicarskog tabloida Blick posvećenu CERN-u (Europski centar za nuklearna istraživanja). Poput niza švicarskih, ali i svjetskih tabloida, Blick se posljednjih tjedana intenzivno bavio CERN-om šaljući neupućenoj javnosti poruke tipa "Prijete crne rupe!".

Da je ta kampanja bila uspješna, uvjerila sam se proteklih dana kada su mi počeli stizati zabrinuti e-mailovi čitatelja, a čak mi je i mlada pomoćnica moga frizera u ponedjeljak spomenula smak svijeta u srijedu 10. rujna.

Ništa drukčije nije bilo ni u Ženevi; o Crnoj rupi govorile su sobarica i recepcionarka hotela u kojem sam odsjela, dok mi je vozač gradskog autobusa koji vozi na liniji za CERN rekao da će 10. rujna nestati i Ženeva, Švicarska, Francuska, a zatim i cijeli svijet. Slatko sam se nasmijala i došla u iskušenje da mu kažem da je "vjerojatnost da će CERN stvoriti crne rupe ista kao i da će stvoriti zmajeve koji rigaju vatru", što je duhovito izjavio slavni japanski fizičar Michio Kaku, autor bestselera "Einstein's Cosmos". No, suzdržala sam se.

– Nije mi jasno zašto se lansiraju takve besmislice koje plaše ljude – rekao je dr. Daniel Denegri kad sam mu, stigavši u ženevsko predgrađe Meyrin gdje se nalazi sjedište CERN-a, ispričala te zabavne dogodovštine. Taj 67-godišnji fizičar, sin Parižanke i Splićanina, već godinama radi u CERN-u. Poput većine tamošnjih fizičara, nestrpljivo je očekivao početak rada LHC-a, najvećeg znanstvenog instrumenta na svijetu pomoću kojega će fizičari rekonstruirati uvjete kakvi su vladali u trenucima nastanka svemira za koji se smatra da je nastao Velikim praskom (Big Bang) prije 13,7 milijardi godina.

Hipotetska čestica

U LHC-u, smještenom na dubini od 100 metara u tunelu opsega 27 kilometara, koji je jednim dijelom smješten u Švicarskoj a drugim u Francuskoj, sudarat će se protoni. Znanstvenici se nadaju da će kao rezultat tih sudara nastati "Božja čestica", odnosno Higgsov bozon, hipotetska čestica koja je ključ za razumijevanje mase. Riječ je o čestici koju su 1964. godine teorijski predvidjeli Britanac Peter Higgs te Belgijanci Francois Englert i Robert Brout.

213

– Moram priznati da sam u neku ruku uzbuđen. Naime, projekt smo počeli još u rujnu 1989. godine kada je na čelu CERN-a bio Carlo Rubbia. Ovaj dan čekamo već 20 godina, a to nije malo – rekao je Denegri žureći na sastanak i ostavljajući me na terasi CERN-ova kafića u društvu dr. Danila Vranića (60). I on je "veteran" CERN-a jer na različitim projektima surađuje već 31 godinu.

Danilo Vranić dugogodišnji je znanstvenik Instituta "Ruđer Bošković", a posljednjih godina zaposlen je u Nukelarnom centru Darmstadt. Poznam ga "cijelu vječnost", upoznali smo se u proljeće 1989. godine na jednoj konferenciji u Zagrebu na kojoj je sudjelovao nobelovac Leon Lederman. Upravo je Leon Lederman tvorac imena "Božja čestica" koje je skovao kada je pisao svoju knjigu "If the Universe Is the Answer, What Is the Question?".

No, navodno je Lederman prvobitno za Higgsov bozon smislio ime "Vražja čestica", što se, pak, nije svidjelo njegovu izdavaču koji je strahovao da se knjiga s takvim nazivom neće moći prodavati. Onda je nobelovac ime "Vražja čestica" promijenio u "Božja čestica".

– Bilo bi zapravo puno uzbudljivije da umjesto Higgsova bozona otkrijemo nešto novo što nismo predvidjeli pa da to zatim pokušamo objasniti – rekao je Danilo Vranić kada smo se iz CERN-ova kafića autom uputili u Francusku gdje se nalazi kontrolni centar detektora ALICE. Eksperiment ALICE, na kojem radi dr. Vranić, istraživat će novo stanje materije, tzv. kvark-gluonsku plazmu, za koju se smatra da je postojala netom iza Velikog praska. Na projektu ALICE radi i dr. Guy Paić (71), također bivši "ruđerovac", koji sada predaje na Meksičkom nacionalnom sveučilištu (UNAM).

Pobjeda znanosti

– Sigurno je da početak rada LHC-a ima i za mene veliko emocionalno značenje. Mislim da je svakako važno naglasiti da je ovo velika pobjeda europske znanosti i tehnologije – rekao je dr. Paić, koji nam se u utorak kasno poslijepodne pridružio na terasi CERN-ova restorana. Dr. Paić doputovao je dan prije iz Meksika gdje zbog političkih i inih problema javnost nije mnogo razglabala o crnim rupama i Armagedonu.

Ubrzo su nam se pridružili i dr. Denegri te dr. Vuko Brigljević (40), znanstveni suradnik Instituta "Ruđer Bošković". Iako Hrvatska nije članica CERN-a (bivša Jugoslavija bila je jedna od 12 europskih zemalja koje su 1954. godine osnovale tu organizaciju), dvadesetak naših fizičara surađuje na tamošnjim projektima.

Tih dana, pak, u CERN-u, uz spomenute fizičare, bilo je još samo dvoje mladih znanstvenih novaka, Senka Đurić i Srećko Morović, koji surađuju na projektu CMS, a namjeravaju doktorirati na osnovi rezultata dobivenih u CERN-u. Senka i Srećko dio vremena provode u Zagrebu na Institutu "Ruđer Bošković", a dio u Ženevi gdje stanuju u CERN-ovu hotelu. Kada sam ih posjetila poslije 18 sati, oboje su još radili. No, svuda u CERN-u vladala je radna atmosfera, mnoštvo fizičara iz cijelog svijeta predano je radilo do kasno u noć. Vladala je pozitivna, optimistična i vedra atmosfera iščekivanja velikoga događaja.

Konačno, došao je i taj famozni 10. rujna. Press-centar Globe, rezerviran za nas novinare koji smo se prije tri tjedna akreditirali, otvarao se u 7.30, a ja sam kao poznata paničarka stigla među prvima. No, Globe se brzo punio i već u osam sati atmosfera je bila "puna adrenalina" koji prati velike događaje. Savršena švicarska organizacija nije ni ovaj put zakazala: dok smo svi povezivali svoje laptope na internet, organizatori su nas nudili kroasanima i kavom.

U devet sati pozvali su nas na prvi kat Globea gdje su se uživo prenosila zbivanja iz Glavnog kontrolnog centra CERN-a.

Kako se očekivalo da će oko 9.30 biti pušten prvi snop protona, u 9.15 iz Centra se obratio dr. Robert Aymar, generalni direktor CERN-a.

– Ovo je vrlo značajan datum za CERN, ali i za sve nas. Ovo je početak nove ere i danas slavimo zbog onoga što smo dosad postigli, ali i zbog nade u nova otkrića – izjavio je Aymar uz kojega je stajao dr. Lyn Evans, voditelj projekta LHC-a. Odjeven u bijelu košulju, traperice i tenisice, Evans je djelovao jako "cool".

Kada je nekoliko minuta nakon 9.30 rečeno da je pušten prvi snop, odjurila sam u prizemlje kako bih poslala tekst za on-line izdanje Jutarnjeg lista. Tek što sam se vratila na prvi kat, snop protona već je prošao tri kontrolne točke. Naime, puštanje prvog snopa na 27 kilometara dugom putu protona bilo je zamišljeno u osam etapa. – Ne bih bio u koži inženjerima koji su sada tamo.

Moraju biti maksimalno koncentrirani, a svi ih gledamo preko ekrana – rekao mi je dr. Vuko Brigljević, koji je zajedno s dr. Danijelom Denegrijem bio među fizičarima zaduženima za pomoć novinarima u Globeu.

Prvi đir

Kako su minute odmicale, bilo je sve napetije. Nisam nogometni fan, no mislim da se euforično raspoloženje koje je vladalo kod novinara svaki put kad je snop protona stigao do sljedeće kontrolne točke može usporediti s onim kada se da gol protivničkoj ekipi.

Napokon, u 10.25 "utakmica" je završila, jer je snop protona završio svoj 27 kilometara dugi put. Zapljeskali smo, dok su fizičari oko Lyna Evansa, čije se lice napokon razvuklo u osmijeh, uzviknuli "bravo". Bio je to veliki trenutak za CERN i zajedno sa sadašnjim direktorom Aymarom proslavila su ga i trojica bivših direktora, nobelovac Rubbia te Chris Llewellyn Smith i Luciano Maiani.

– Eto, napravili smo prvi 'đir'. Bio sam uvjeren da će uspjeti – rekao mi je dr. Denegri dok su od njega izjavu tražili francuski novinari. Dr. Brigljević mi je, pak, priznao da je ugodno iznenađen što je od "prve" sve tako glatko išlo. Uspješno puštanje prvog snopa protona, po čemu je cijeli događaj dobio ime "First Beam Day", istodobno je označilo početak eksperimenata u sklopu projekta LHC, intelektualno najambicioznijeg znanstvenog pothvata u povijesti.

Oko 11.30 putem video linka fizičarima u CERN-u obratili su se njihovi kolege iz Fermilaba u blizini Chicaga. Iako je u Chicagu bila noć, američki fizičari iz Fermilaba, koji surađuju u CERN-u, bili su budni kako bi se mogli pridružiti slavlju. To samo pokazuje kako je CERN jedinstven primjer globalne suradnje u znanosti jer na različitim projektima radi više od 6000 fizičara iz 85 zemalja. Među njima je i više od 1000 Amerikanaca, a SAD je u projekte u CERN-u uložio više od 500 milijuna dolara. – Mi se s Amerikancima istodobno natječemo i surađujemo – rekao je Daniel Denegri.

Idućih dana fizičari će "uhodavati" sudarač, a zatim bi trebali početi i prvi sudari. Intenzitet rada LHC-a postupno će se pojačavati, a punim pogonom trebao bi početi raditi za tri godine kada će svake sekunde biti milijardu proton-proton sudara.

Ako postoji, Higgsov bozon trebao bi nastati jednom u tisuću milijardi sudara. No, neće biti opažen direktno nego će se odmah raspasti na takav način da će ga moći detektirati, svaki na svoj način, dva golema detektora CMS i ATLAS. No neki fizičari poput nobelovca Martina Veltmana i slavnog Stephena Hawkinga smatraju da LHC neće uloviti Higgsov bozon.

– Ne bi me iznenadilo da ne otkriju Higgsa. Ja naprosto ne vjerujem u teoriju koja stoji iz toga – rekao je Veltman dok se Hawking kladio na 50 funti da Božja čestica neće biti otkrivena.

Uzbuđenja slijede

– Pristajem odmah na tu okladu – rekao je Vuko Brigljević. – Hawking se kladi na 50 funti, a cijeli projekt vrijedi pet milijardi eura. Mogao je povećati ulog – rekao je Danilo Vranić dok smo u kasnim popodnevnim satima "Dana D" sjedili na terasi CERN-ova kafića.

S nama je bio i mladi Juraj Klarić, koji na jesen počinje studirati fiziku i koji je u srijedu došao kako bi mogao prisustvovati velikom događaju. No, prava će uzbuđenja tek doći kada se dođe do prvih otkrića koja priželjkujemo idućih mjeseci i godina.

Euforična atmosfera
– Ovo je jedinstven dan u mome životu – rekla mi je mlada turska fizičarka Bilge Demirkoz koju su u press-centru Globe zadužili da mi pokaže kontrolni centar ATLAS. – Bila sam u Hrvatskoj, a poznajem i neke hrvatske fizičare.

Krajem mjeseca opet dolazim u vašu zemlju na jednu konferenciju u Splitu – rekla mi je Bilge dok smo ulazile u kontrolni centar gdje je vladala euforična atmosfera zbog prolaska drugog snopa protona.

Iako je fizika elementarnih čestica još tradicionalno muška disciplina, u Meki svjetske fizike sve su češće i fizičarke poput mlade Turkinje Bilge Demirkoz.

JL,13. rujna 2008.

Korado Korlević
Čekaju me još mnoge zvijezde

– Uvijek govorim djeci da je znanost najljepša zabava koju si čovjek može priuštiti. Ima li što ljepše nego otkrivati ono što nijedan čovjek prije tebe nije istražio – kaže Korado Korlević.

Taj 48-godišnjak iz idiličnog istarskog mjestašca Višnjan u posljednjih je desetak godina postao svojevrsna "institucija": jedan je od najuspješnijih svjetskih lovaca na asteroide, ali i jedan od najboljih hrvatskih edukatora specijaliziranih za rad s darovitom djecom. Upoznala sam ga prije šest i pol godina: željela sam napisati članak o njemu pa sam se tako u ranu zoru jednoga hladnoga zimskog dana početkom 2000. godine uputila u Višnjan.

Kako oboje dijelimo zajedničku strast prema popularizaciji znanosti, odmah smo našli zajednički jezik i počeli surađivati. Korada rijetko viđam, ali zato stalno upoznajem neke od mladih genijalaca koji su se, prošavši kroz kultnu Zvjezdarnicu u Višnjanu, razmiljeli diljem svijeta te sada postižu zapažene međunarodne rezultate.

Korado traktorist

– Počeo sam raditi s djecom još kao gimnazijalac, dok sam vodio malu sekciju u astronomskom društvu Istra u Puli. Imao sam tek 15 godina, no za klince sam već bio 'barba' koji ih uvodi u svijet astronomije – ispričao je Korado kada smo ga u petak posjetili u Višnjanu, gdje je upravo završila posljednja od šest škola što ih je ljetos organizirao. Pet škola bilo je organizirano za djecu i omladinu, dok je posljednja bila namijenjena skupini vrsnih profesora iz Južne Koreje koji su došli u Višnjan na usavršavanje.

– Južna Koreja je država koja trenutno ima najveći indeks rasta izdvajanja za edukaciju. Tamo se u obrazovanje slijeva golema količina novca, o čemu najbolje govori podatak da prosječna južnokorejska obitelj izdvaja 60 posto budžeta za edukaciju djece. Unatoč tome, u njihovu sustavu manjka kreativnosti, a od nas u Višnjanu učili su kako se radi sa strašću i 'srcem' – pojasnio je, dodavši da je goste iz Južne Koreje toga jutra otpratio na izlet u Veneciju.

Korado Korlević rođen je u Poreču, ali je praktički cijeli život proveo u Višnjanu. Potječe iz stare hrvatske obitelji koja u Istri živi već 400 godina, a talijansko je ime dobio zahvaljujući kumi. – Moja je kuma bila fascinirana tim imenom, ali sam kršten kao Marijan Konrad jer župnik nije htio ni čuti da jedan Korlević nosi talijansko ime. Korlevići su, naime, dosta 'nadrljali' tijekom talijanske okupacije i držali su snažno do nacionalnih osjećaja – ispričao je naš sugovornik, dodavši da se i njegov predak Ante Korlević bavio znanošću te bio jedan od osnivača Hrvatskog prirodoslovnog društva.

Kao dječak, Korado Korlević pokazivao je veliki interes za znanost, a do osmog razreda pročitao je sve knjige iz školske knjižnice. Ipak, u svojim maštanjima nije bio naročito ambiciozan jer je želio postati kovač ili traktorist. – Drugi su odlučili umjesto mene, jer je psiholog inzistirao da upišem gimnaziju u Puli. No, odlazak u Pulu bio je za mene golemi kulturološki šok. Iako me isti psiholog nakon završetka gimnazije nagovarao da upišem fiziku kako bih se poslije negdje u svijetu bavio znanošću, zaključio sam da to ne želim.

Znao sam da želim raditi s djecom kako bih mladima pomogao da otkrivaju nove horizonte – prisjetio se Korado Korlević koji je 12 godina radio u osnovnoj školi u Višnjanu. Iako po struci nastavnik politehnike i informatike, neko je vrijeme, zbog manjka nastavnika, predavao sve predmete osim glazbenog. No, 1992. godine u jeku rata dao je otkaz u školi jer je shvatio da ima sve manje mogućnosti za rad s nadarenom djecom.

Dvije godine bez posla

– Dvije godine bio sam bez posla i u tom sam periodu 'dizao na noge' astronomsko društvo te ga, zajedno s kolegama, pretvarao u javnu zvjezdarnicu. Paralelno s rastom zvjezdarnice u Višnjanu razvijali su se i edukacijski programi – rekao je Korlević, ponosno naglasivši da je astronomsko društvo sada preraslo u edukacijski centar Višnjan. U međuvremenu, Zvjezdarnica Višnjan postala je poznata diljem svijeta po izvanrednim otkrićima.

– Službeno smo dosad otkrili 1750 asteroida, dva kometa, a suotkrivači smo ili smo pomogli u otkrivanju još desetak tisuća drugih nebeskih tijela – ispričao je naš sugovornik. Iako bez formalnog obrazovanja iz astronomije, Korado Korlević jedan je od najuspješnijih svjetskih otkrivača novih nebeskih objekata.

Po njemu se zove komet P/1999WJ7, dok se komet P/1999DN4 zove Korlević/Jurić jer ga je nekoliko mjeseci ranije otkrio zajedno sa svojim učenikom, mladim genijalcem Marijom Jurićem koji je sada na glasovitom Sveučilištu Princeton. Kada ga ljudi pitaju u čemu je tajna golemoga znanstvenog uspjeha Zvjezdarnice Višnjan, kaže da je na početku najvažnije imati dobru ideju.

– Mi smo rano shvatili prednosti koje pruža kompjutorska tehnologija. Prvo računalo u Zvjezdarnici nabavljeno je već 1980. godine, dok priključak na internet postoji još od 1986. godine. Mislim da smo u primjeni računala u svom poslu uvijek korak ispred drugih – objašnjava Korado Korlević koji idućih godina edukacijski centar Višnjan želi pretvoriti u kampus kako bi se edukacijski programi s nadarenom djecom mogli odvijati tijekom cijele godine. Taj bi kampus bi smješten na oko desetak hektara prostora na brdu Tićan pokraj Višnjana, gdje je još 1999. godine postavljen veliki teleskop od 25 tona, poklon talijanskih astronoma.

Nikad u mirovinu

– U sklopu kampusa bit će spavaonice, laboratoriji i biblioteka, s nadom da ćemo imati i nekolicinu zaposlenih. Zamislili smo da tijekom godine organiziramo 30-ak edukacijskih programa s darovitom djecom. Ti bi se programi odvijali neovisno o školskim praznicima i vikendima pa se nadam da ćemo sa školama postići dogovor da darovitu djecu puste na sedam dana u naš kampus – objasnio je Korlević, naglasivši da sličan kampus već 20-ak godina djeluje u Petnici kod Valjeva.

– Posjetio sam taj kampus i mislim da od njih imamo što naučiti. Naime, kampus podržavaju i tamošnja vlada i obitelj Karađorđević, a opremljen je tako da može odjednom primiti 200 djece. Godišnje kroz istraživačku stanicu Petnica prođe oko 3000 nadarene djece iz Srbije. Neka od te djece bila su i u Višnjanu, a na specijalizaciji kod nas bio je tjedan dana i doministar zadužen za reformu školstva u Srbiji – ispričao je Korlević koji se nada da bi u idućih pet godina na Tićanu moglo "niknuti" prvih pet stambenih kontejnera.

– Sada polako kupujemo zemlju na Tićanu i prikupljamo financijsku pomoć u Hrvatskoj. Dosad smo imali veliku pomoć Istarske županije, a naš je glavni sponzor Vipnet. No, za uspostavljanje kampusa trebat će nam mnogo šira pomoć. Ne uspijemo li u Hrvatskoj prikupiti sredstva, dio naših aktivnosti preselit ćemo u Italiju, Sloveniju i Južnu Koreju kako bismo na taj način zaradili novac – rekao je Korlević koji i nakon 19 godina rada s nadarenom djecom njihovoj edukaciji pristupa s jednakim entuzijazmom i strašću kao na početku.

– Ponekad se i razljutim, ali svaki put imam pred sobom novu djecu koja trebaju pomoć. Kad jedni odu, dođu drugi koji imaju iste ili slične probleme. Oni samo trebaju vodiča koji će im biti podrška. Ja stoga neću nikad otići u mirovinu, radit ću s nadarenom djecom do kraja života, rekao je Korado Korlević.

Da sam ministar obrazovanja

– Jako bi me trebalo nagovarati na takav posao. No, mislim da bi se svaki ministar trebao ispričati prosvjetnim radnicima za sve nepravde koja su dosad doživjeli. Mandat ministra obrazovanja trebao bi trajati 12, a ne četiri godine.

– Reforma školstva ne traje četiri godine nego mnogo dulje. Inače, ne mislim da se ministar posebno mora baviti nadarenima.

Njegov je posao da sredi sustav, a kad je to sređeno, onda postoji okvir u kojem je organiziran posao s darovitima, baš kao što mora biti organiziran i rad s hendikepiranom djecom – istaknuo je Korlević, navodeći Izrael, Finsku i Južnu Koreju kao zemlje koje su na dobar način riješile problematiku edukacije darovite djece.

Ljubav s najboljom matematičarkom

Nikad ne bih uspio da nisam imao podršku svoje supruge. Primjerice, kad sam želio ostaviti posao u školi rekla mi je da učinim ono što mislim da je pravo. Bila je to dosta gruba odluka, a umjesto šest mjeseci koliko sam rekao supruzi da ću biti bez posla, bio sam nezaposlen dvije godine – prisjeća se Korado Korlević vremena kad je donio odluku da napusti posao u školi.

– Klara i ja se znamo od vrtića, ali smo se našli nakon fakulteta. Ona je bila najbolja matematičarka u generaciji, ali sada radi u ljekarni – ispričao je naš sugovornik. Klara i Korado imaju dvije dvije kćeri: Petra (18) najesen počinje studirati molekularnu biologiju dok je Maju upisala jezičnu školu u Poreču. – Petra niti ne zna da je otkrila 200-300 astreoida jer se kao mala igrala na Zvjezdarnici dok sam 'lovio' asteroide – rekao je Korlević.

JL, 28. kolovoza 2006.

Mario Jurić
Hrvat koji je izradio prvu mapu svemira

– Ono što me privuklo znanosti zadovoljavanje je obične, dječje znatiželje: kako funkcionira ovo, a zašto je ono baš takvo kakvo je. I to mi je danas posao: zadovoljavati svoju dječju znatiželju – kaže astrofizičar Mario Jurić (28), jedan od najtalentiranijih i najuspješnijih mladih hrvatskih znanstvenika.

O izvanrednim postignućima tog mladoga Zagrepčanina, mapi svemira i otkriću nove galaksije već su pisali ugledni svjetski mediji poput New York Timesa te popularno-znanstvenih časopisa Astronomy i New Scientist. Mario Jurić prije nekoliko mjeseci doktorirao je na prestižnom Sveučilištu Princeton, a sada je na poslijedoktoratu u Institutu za napredne studije u Princetonu. Taj elitni institut u javnosti je poznat kao Einsteinov jer je slavni fizičar tamo proveo 20 posljednjih godina života.

– To je jedinstven institut u svijetu, a njegova je ideja da se mladim znanstvenicima koji obećavaju osiguraju svi uvjeti kako bi pokazali što mogu. Dakle, u iduće tri godine plaćen sam da potpuno slobodno radim i istražujem ono što želim – objašnjava Mario Jurić koji je u Einsteinovu institutu jedan od svega petnaestak postdokoranata iz astrofizike.

Ljubav prema astronomiji i kompjutorima Mario je spoznao još u osnovnoj školi uz svog profesora matematike Branka Margetića. No kako se zapravo "radi u znanosti" otkrio je u Zvjezdarnici Višnjan uz pomoć svoga mentora Korada Korlevića, neumornog entuzijasta i popularizatora znanosti.

– Prvi put sam otišao u Višnjan u osmom razredu osnovne škole. Nakon toga sam odlazio u Višnjan svakih nekoliko mjeseci jer smo radili na programima za otkrivanje asteroida i na automatizaciji teleskopa – prisjeća se Mario koji je još kao srednjoškolac otkrio oko 2000 asteroida te zajedno s Koradom Korlevićem i komet P/1999DN4 koji se po njima zove Korlević/Jurić.

– Višnjansku školu astronomije prošli su svi mladi astronomi i astrofizičari koji su sada na najboljim pozicijama u svijetu. Da nisam prošao kroz Višnjan gdje sam naučio praktični posao, moj put definitivno ne bi bio ovakav – ističe Mario. Zahvaljujući svome "lovu na astroide" iz Zvjezdarnice Višnjan stupio je u vezu s hrvatskim astrofizičarem Željkom Ivezićem sa Sveučilišta Watshington te počeo plodnu suradnju koja i danas traje.

Nakon završenog studija fizike na Prirodoslovno-matematičkom fakultetu u Zagrebu, Mario Jurić se odlučio za poslijediplomski studij u Americi. Primljen je na sedam elitnih sveučilišta, ali se naposljetku odlučio za Princeton, koji slovi kao meka u svijetu teorijske fizike. Već prvih godina boravka na tom glasovitom sveučilištu Mario je pokazao svoj talent i kreativnost. Tako je u listopadu 2003. godine zajedno sa svojim profesorom Richardom Gottom napravio mapu svemira koja se proteže od središta Zemlje do kraja svemira. Mapa je najprije objavljena u britanskom popularno-znanstvenom časopisu New Scientist, a zatim i u časopisu Astronomy, najtiražnijem astronomskom časopisu za širu publiku.

– Jako me je iznenadilo kako je ta mapa bila prihvaćena u javnosti jer je prvotno bila zamišljena kao mali edukacijski dodatak znanstvenom radu. Početkom ove godine bio sam u posjetu California Institute of Technology (Caltech) i na dva sam mjesta u zgradi vidio našu mapu nalijepljenu na zidu – kaže Mario naglašavajući da je sada u pripremi novo izdanje mape svemira. Prošle je godine, pak, mladi hrvatski astrofizičar privukao pozornost otkrićem nove galaksije koja se stapa s našom Mliječnom stazom. Na tom je istraživanju tri godine radilo nekoliko znanstvenika; uz Marija, koji je glavni autor, jedan od koautora je i dr. Željko Ivezić.

– To mi je najdraži rad dosad. Zanimala nas je struktura naše galaksije i mislim da smo uspjeli riješiti neka pitanja oko toga kako izgleda Mliječna staza te kakva je distribucija zvijezda u njoj – objašnjava Mario Jurić koji je istraživanje o "Mliječnoj stazi koja raste proždirući manje galaksije u susjedstvu" prošle godine predstavio na sastanku Američkog astronomskog društva. O otkriću su potom izvijestili i američki mediji, uključujući New York Times.

– To je jako zanimljivo područje pa ću se idućih godina i dalje baviti istraživanjem strukture naše galaksije – ističe Mario Jurić koji je došao u Zagreb kako bi posjetio obitelj te prisustvovao 10. godišnjici mature. Što se tiče planova za budućnost, u iduće tri godine u potpunosti će biti posvećen istraživanjima na Einsteinovu institutu. Ovisno o rezultatima koje postigne, prijavit će se na nekome od prestižnih američkih sveučilišta za novi postdoktorat ili čak profesorsku poziciju.

– U ovom trenutku ne namjeravam se vratiti u Hrvatsku, prvenstveno iz osobnih razloga. K tome, kod nas još ne postoje ni uvjeti za istraživanja kojima se bavim. No surađujem na stvaranju takvih uvjeta, primjerice uspostavljanjem studija astrofizike u Splitu i tamo ću provesti cijeli kolovoz. Nadam se da ćemo u idućih 10 do 15 godina u Splitu imati astrofizički centar koji će biti kompetitivan na europskoj sceni – rekao je naposljetku dr. Mario Jurić.

JL, 8. svibnja 2007.

Bliski susret s najudaljenijim "planetom"

Nakon punih devet godina putovanja svemirom 14. srpnja NASA-ina letjelica Novi horizonti bit će 10 tisuća kilometara udaljena od Plutona. Nikad u povijesti čovječanstvo nije bilo bliže tom patuljastom planetu

Kada je 1930. godine otkrio Pluton, američki astronom **Clyde Tombaugh** nije mogao ni sanjati da će 85 godina poslije ampula s nekoliko grama njegova posmrtnog praha stići nadomak toga nebeskog tijela. U utorak, 14. srpnja, NASA-ina letjelica Novi horizonti (New Horizons), koja sa sobom, među ostalim, nosi Tombaughov prah, proletjet će pokraj Plutona na udaljenosti oko 10.000 kilometara. Taj "bliski" susret letjelice i Plutona već danima, pa i mjesecima izvor je velikog uzbuđenja među astronomima diljem svijeta. Za neke, poput 57-godišnjeg američkog astrofizičara **Alana Sterna**, glavnog istraživača misije Novi horizonti, utorak je i kraj iščekivanja dugog 15 godina. Stern je još 2000. godine postavljen za voditelja misije Novi horizonti koja je (nakon dva neuspjela pokušaja) lansirana 19. siječnja 2006. iz Cape Canaverala na Floridi. – Letjelica je lansirana raketom Atlas 5 koja koristi ruski motor RD -180. To je poznata američka raketa koja lansira mnoge važne američke satelite za vladu i ministarstvo obrane.

Ubrzanje kraj Jupitera

Lansiranje je obavljeno tako da su na gornji stupanj rakete Kentaur morali dodati još jedan mali raketni stupanj na kruto gorivo kako bi postigli brzinu koja je bila veća od 16 kilometara u sekundi – kaže mi **Ante Radonić**, voditelj planetarija Tehničkog muzeja u Zagrebu i jedan od najpoznatijih popularizatora znanosti u nas. Sjedimo na klupi ispred Tehničkog muzeja, a iako je najtopliji dan ove godine, Radonićev entuzijazam i strast djeluju zarazno na mene pa saharskih 37 Celzijevih stupnjeva gotovo ne osjećam. Novi horizonti najbrža su letjelica dosad lanisirana. Usporedbe radi, dok su astronautima misija Apollo trebala tri dana da dostignu orbitu Mjeseca, letjelica Novi horizonti tamo je bila već za devet sati. – Ta je letjelica već na početku dobila veću brzinu od onih koje su dobile sonde Pioneer i Voyager. Zbog te brzine letjelica Novi horizonti već je od početka imala putanju koja će je odvesti izvan Sunčeva sustava. No, misija je nakon 13 mjeseci leta zahvaljujući tzv. gravitacijskoj praćki tijekom prolaska pokraj Jupitera dobila dodatnu brzinu od četiri kilometra u sekundi.

Nekadašnji planet

Na taj način putovanje do Plutona skraćeno je za tri godine – dodao je Radonić. U popularnoj kulturi Pluton je jedno od najpopularnijih svemirskih tijela. Zanimljivo je i to kako je dobio ime. Kada ga je u proljeće 1930. godine Clyde Tombaugh (1906. – 1997.) otkrio iz opservatorija Lowell u Flagstaffu, o tome su izvijestili mediji u cijelom svijetu. Tada 11-godišnja britanska djevojčica **Venetia Phair** s djedom je pročitala članak o tome da novi planet nema ime. Zaljubljenica u grčke i rimske mitove, djevojčica je rekla da bi zgodno ime bilo Pluton, prema grčkom bogu podzemlja. Venetijinu djedu, koji je bio bibliotekar na Sveučilištu Oxford, ideja se svidjela pa je prijedlog poslao svome prijatelju **Herbertu Hallu Turneru**, članu Kraljevskog astronomskog društva. Turner je, pak, telegramom Venetijin prijedlog poslao opservatoriju Lowell, pa je 1. svibnja 1930. deveti planet Sunčeva sustava dobio ime Pluton. Venetia Phair umrla je 2009. u dobi od 90 godina prethodno svjedočivši brisanju Plutona s popisa planeta Sunčeva sustava. Kada je misija Novi horizonti lansirana, Pluton je još imao status najudaljenijeg i najmanjeg planeta Sunčeva sustava. No, krajem kolovoza 2006. na kongresu Međunarodne astronomske unije (IAU) u Pragu glasanjem je odlučeno je da to ledeno svemirsko tijelo (temperatura na površini Plutona iznosi minus 233 Celzijeva stupnja) izgubi status planeta. Rasprave o tome treba li Pluton imati status planeta ili ne vođene su praktički još od njegova otkrića. Iako su godinama mnogi astronomi upozoravali da Pluton ne zaslužuje planetarni status ne samo zato što je bitno manji od ostalih planeta nego i zato što nema jedinstvenu putanju nego je dijeli sa stotinama drugih svemirskih tijela.

'Lutajući' Ceres

Uostalom, u prošlosti je već zabilježeno brisanje statusa planeta u slučaju Ceresa. Taj asteroid promjera 1000 kilometara, koji "luta" između Marsa i Jupitera, otkrio je 1801. godine sa zvjezdarnice u Palermu talijanski astronom **Giuseppe Piazzi**. Ceres je proglašen planetom, ali mu je prije 150 godina oduzet taj status. No, kako je Pluton jedini planet koji je otkrio neki Amerikanac, to je bio i jedan od glavnih razloga zašto su američki astronomi pokušavali zadržati njegov planetarni status. – Danas je Pluton, čiji je promjer 2360 kilometara, službeno u kategoriji patuljastog planeta. Do promjene u njegovu statusu došlo je nakon što je 2005. godine otkriveno svemirsko tijelo Eris koje je veliko gotovo kao Pluton. Tada se postavljalo pitanje koliko još ima takvih tijela, stoga je bolje rješenje bilo proglasiti Pluton patuljastim planetom. No, neki smatraju da bi Pluton i Haron, najveći od pet Plutonovih mjeseci koji ima promjer oko 1000 kilometara, trebali biti proglašeni dvojnim patuljastim planetom – rekao je Ante Radonić. Oko 700 milijuna dolara vrijedni Novi horizonti prva je svemirski misija čiji je cilj istražiti Pluton i njegov mjesec Haron. Trokutastog oblika, mase 478 kilograma i visoka 76 centimetara, letjelica Novi horizonti opremljena je sa sedam sofisticiranih instrumenata. Energiju dobiva od radioizotopnog termoelektričnog generatora koji je pri lansiranju davao 240 W električne energije, no sada daje oko 200 W.

Restrikcije u NASA-i

– Glavne kamere troše samo oko šest W električne energije. Ukupna težina svih sedam instrumenata je oko 30 kilograma i svi oni zajedno troše oko 20 W energije. Radioizotopni termoelektrični generator, koji pretvara toplinu radioaktivnog raspada plutonijeva dioksida u električnu energiju, jedini je način da letjelica može imati struju tako daleko od Sunca. Nažalost, Amerikanci gotovo da nemaju više goriva kao što je plutonijev dioksid pa će to biti problem za buduće slične misije – rekao je Ante Radonić. Kako se misija Novi horizonti rađala u doba budžetskih restrikcija u NASA-i, pazilo se na svaki trošak. Jedan od načina na koji je smanjena cijena misije jest i to da je letjelica većinu svoga osmogodišnjeg putovanja od Jupitera do Plutona provela u stanju hibernacije, signalizirajući jednom tjedno da "spava mirno". No, Novi horizonti jednom godišnje bi bili probuđeni na 50 dana zbog provjere opreme i testiranja sustava. Iz posljednje hibernacije letjelica se probudila u prosincu 2014., kada su počele intenzivne pripreme za susret s Plutonom. Tada je počelo i odbrojavanje koje je u nekim situacijama kao nedavno poprimilo i dramatične razmjere. – Prošli vikend bila je prava drama kada je stigla vijest da je letjelica otišla u 'safe mode'. Odmah sam se upitao kako je moguće da se to dogodi baš 10 dana prije susreta s Plutonom. Onda sam vrlo brzo shvatio da je to normalno jer je bilo puno posla na letjelici i računalo je bilo preopterećeno. U ovim zadnjim danima do dolaska do Plutona letjelica mora biti aktivna te iz sve manje udaljenosti snimati Pluton i obavljati druga istraživanja – rekao je Radonić. Astronomi, ali i poklonici istraživanja svemira iz cijelog svijeta sada s nestrpljenjem iščekuju 14. srpnja. Pokraj Plutona New Horizons će proletjeti na udaljenosti oko 10.000 kilometara, a pokraj mjeseca Harona na oko 27.000 kilometara. Letjelica neće ući u Plutonovu orbitu jer bi to zahtijevalo veliku količinu goriva zbog velike brzine leta u odnosu na taj patuljasti planet, čija je masa 400 puta manja od Zemljine. – Letjelica će u utorak u 13 sati i 50 minuta prema našem vremenu proći pokraj Plutona. No, da bi signali došli do Zemlje, potrebno je 4,5 sati, a letjelica će biti potpuno okupirana istraživanjem Plutona. Da bi poslala neke podatke do nas, letjelica se mora okrenuti tako da njena nepomična antena bude usmjerena točno prema Zemlji. Slike će na Zemlju početi stizati tek sljedeći dan – pojasnio je Radonić. Istaknuo je da će letjelici New Horizons za slanje kvalitetne slike dobre rezolucije biti potrebno više od 40 minuta.

Pjege veće od Hrvatske

– To će ići sporo i bit će potrebno 16 mjeseci da sve ono što je letjelica prikupila u blizini Plutona pošalje na Zemlju jer je mala količina podataka koje ona može poslati u sekundi. Svaki dan s letjelicom je moguće održavati vezu oko osam sati: na Zemlji se za to koriste tri velike antene i svaka od njih je u određeno doba dana povoljno okrenuta prema Plutonu. No, u tih osam sati s letjelice se može poslati svega desetak slika – rekao je Radonić. No, Novi horizonti su već dosad poslali sjajne fotografije iz kojih se uviđaju razlike između Plutona i Harona. – Pluton je više crvenkast, a Haron sivkast – naglasio je Radonić. Među astronomima je zadnjih desetak dana posebno uzbuđenje izazvala fotografija koja pokazuje da na Plutonu postoje pravilne, okrugle tamne pjege od kojih je svaka površinom oko tri puta veća od Hrvatske. Znanstvenici nikada prije nisu ni na jednom planetu vidjeli slične pjege koje bi izgledale tako pravilno po obliku, površini i međusobnoj udaljenosti.

Dragocjen trenutak

– To je prava zagonetka: ne znamo što su te točke, a jedva čekamo da doznamo. Zbunjuje nas također odavno poznata, velika razlika u bojama i izgledu Plutona i njegova tamnijeg i sivljeg mjeseca Harona – izjavio je prije nekoliko dana medijima Alan Stern. Od pet Plutonovih mjeseci, čak tri su otkrivena u zadnjih 10 godina pa su NASA-ini znanstvenici očekivali da će Novi horizonti nabasati na neki novi satelit toga dosad tajanstvenog svemirskog tijela. – Jedna je skupina s pomoću Hubbleova teleskopa proučavala postoje li još neki mjeseci ili čak Plutonov prsten, što bi bilo ozbiljno jer bi postojala opasnost da se letjelica sudari s nekom česticom u samom prstenu. No, pokazalo se da je sve u redu – rekao je Radonić koji poput mnogih zaljubljenika u astronomiju grozničavo iščekuje prolazak letjelice Novi horizonti pokraj Plutona. – Uistinu, bit će dragocjen trenutak kada letjelica bude prolazila pokraj Plutona i snimala ga.

Ledena tijela

Sve je savršeno razrađeno u minutama, računalo u letjelici ima sve komande postavljene tako da u danom vremenu mora uključiti određeni instrument i postaviti letjelicu u takav položaj da bi taj instrument bio točno usmjeren – rekao je Radonić. No, prolazak letjelice Novi horizonti nije i kraj njezine misije jer ona nastavlja istraživanje tzv. Kuiperova pojasa u Sunčevu sustavu, prepunog malih ledenih svemirskih tijela. – Kad prođe još milijardu kilometara u siječnju 2019., letjelica bi trebala proći kraj jednog objekta u Kuiperovu pojasu koji u promjeru ima svega tridesetak kilometara te ga istražiti. No, sada su naše oči usmjerene prema Plutonu, koji je svijet za sebe pa s nestrpljenjem očekujemo podatke – zaključio je Ante Radonić.

JL, 12. srpnja 2015.

Idemo na Mars?
Crveni planet 2030.
kolonizirat će samci koji se nisu usrećili na Zemlji

Spektakularna NASA-ina najava o otkriću bujica slane vode na Marsu ponovno je razbuktala rasprave o slanju prvih astronauta na Crveni planet. O slanju ljudske posade na Mars mašta se još od 1969. godine, kad se misija Apollo 11 spustila na Mjesec. Bivši američki predsjednik **George W. Bush** *najavio je 2004. godine da će NASA prve astronaute na Mars poslati do 2030. godine. U međuvremenu, pojavile su se privatne inicijative poput kompanije Mars One, koja je najavila da će prve ljude na taj daleki i negostoljubivi planet poslati već 2026. godine.*

– Na temelju dosad objavljenih informacija o projektu Mars One, ne mislim da je moguć uspjeh u zadanom vremenskom roku, niti s predstavljenim planom misije – smatra dr. **Vladimir Ivković**, neuroznanstvenik na Massachusetts General Hospital i Harvard Medical School te suradnik National Space Biomedical Research Institute (NSBRI). – Cijeli je projekt podijeljen u nekoliko međusobno ovisnih cjelina: od odabira i uvježbavanja kandidata, preko slanja komunikacijskih satelita u orbitu Marsa te rovera, nastambi i zaliha na njegovu površinu, do slanja ljudskih posada. Tehnička složenost svakog od ovih koraka vrlo je velika i zahtijeva ogromna financijska sredstva te ljudske i tehničke resurse koje Mars One zasad jednostavno ne posjeduje – dodao je Ivković.

Skupljanje novca

Slično misli i **Ante Radonić**, voditelj planetarija Tehničkog muzeja Nikola Tesla u Zagrebu.

– Ne vjerujem da je ostvarivo da Mars One u idućih deset, jedanaest godina pošalje ljude na Mars. Ta se kompanija ne bavi svemirskim letovima, nego namjerava naručiti gradnju raketa i letjelicu. Sredstva planira skupiti putem TV kompanija koje bi pratile život astronauta na putu te na Marsu. Već sad imaju problema i teško će skupiti novac da ostvare svoju ideju – rekao je Radonić. Naglasio je da NASA nema konkretan program slanja astronauta na

Mars. – Ipak, grupa znanstvenika, među kojima i mnogi iz NASA-e, smatra da bi se do 2035. godine mogao ostvariti let s ljudskom posadom do Marsa, ali ne i spuštanjem. Perspektiva spuštanja na Mars je oko 2040. godine. No, ako bi se NASA oslanjala na privatne tvrtke kakva je Space X **Elona Muska**, to bi se moglo ostvariti puno brže i jeftinije – ustvrdio je Radonić.

I Vladimir Ivković smatra da je, uz postojeću infrastrukturu NASA-e i političku podršku programu, astronaute na putu prema Marsu moguće očekivati tijekom 2030-ih. – Osim toga, sve je veći interes za interplanetarne misije i kod kineske svemirske agencije (CNSA). Stoga u doglednoj budućnosti možemo očekivati i stasanje kineskog programa istraživanja Marsa, a s time i slanje ljudskih posada – naglasio je Ivković.

Naši sugovornici osvrnuli su se na najveće izazove slanja astronauta na Mars.

Hermetičko zatvaranje

– Jedan od najvećih problema je sigurnost ljudi zbog radijacije. U prosjeku to nije strašno ako se ide na put od Zemlje do Marsa, a to putovanje traje oko šest mjeseci. No, za dulji boravak na Marsu potrebno je da budete u prostorijama ispod površine da biste bili zaštićeni od kozmičkih zraka koje su jako prodorne – rekao je Radonić. Istaknuo je da je i velik problem prašina na Marsu. – To je zapravo prah sitan kao puder koji je razoran za ljudski dišni sustav. Prašina se može zaglaviti na brave i vrata te je pitanje kako držati hermetički zatvorenu prostoriju u kojoj borave astronauti – dodao je Radonić.

I dr. Ivković smatra da će najveći izazov buduće misije biti očuvanje zdravlja astronauta. – Da bi ljudi preživjeli put i boravak na Marsu, potrebno je simulirati zemaljske okolišne uvjete unutar svemirskog broda i površinskih nastambi. Od trenutka kada tijelo izložimo svemirskom okolišu, izlažemo ga potpuno novim izazovima, što rezultira promjenama u prokrvljenosti i radu mozga, živčanog sustava i osjetila, krvožilnog sustava i srca, mišića, kostiju, imunološkog sustava itd. – rekao je Ivković, koji se bavi istraživanjem promjena u radu mozga i fiziološke prilagodbe tijela u ekstremnim okolišnim uvjetima.

Nedostatak motivacije

– Tijekom više od pola stoljeća ljudskih letova u svemir razvijena su rješenja za mnoge od ovih izazova. Međutim, praktična primjena najvažnijih rješenja – poput rotirajućeg modula kojim bi se stvorilo gravitacijsko polje u kojem bi posada mogla živjeti i raditi ili oblaganja svemirskog broda masivnim štitovima od zračenja – još je neizvediva zbog visokih troškova raketnog goriva koje se koristi za slanje materijala u Zemljinu orbitu i dalje prema Marsu – ustvrdio je Ivković.

Iako je proteklih dana u medijima diljem svijeta proradila mašta te se naveliko počelo govoriti i o stvaranju prve ljudske kolonije na Crvenom planetu, naši sugovornici smatraju da smo još daleko od te realizacije toga sna. – Mislim da kolonizacija Marsa u idućih 20 godina nije vjerojatna. Najvažniji je razlog nedostatak motivacije koja bi osigurala političku potporu te financijske i proizvodne resurse – rekao je Ivković.

– Velike državne svemirske agencije rade na slanju istraživačkih misija s ljudskom posadom na Mjesec, u interplanetarni prostor, pa i na Mars, tako da već neko vrijeme govorimo i o novoj 'svemirskoj utrci'. No, utemeljenje ljudske kolonije potpuno je drukčiji koncept od istraživačkih misija te zahtijeva dugoročno rješavanje zasad još vrlo složenih tehničkih izazova bez kojih je nemoguće održavanje kolonije. Ti izazovi uključuju održivu proizvodnju zraka, goriva, električne energije, hrane te zaštite od zračenja, i to za rastući broj ljudi – naglasio je Ivković.

Ante Radonić, pak, smatra da bi kolonija na Marsu bi mogla biti ostvariva za tridesetak godina ako bi se o tome donijela čvrsta politička odluka.

– U svakom slučaju, trebat će mnogo vremena da ljudi potpuno isprobaju određene tehnologije kojima bi mogli koristiti određene resurse na Marsu. Primjerice, važno je doći do vodenog leda, a iz njega se može dobivati kisik za disanje te voda za piće, higijenu i uzgoj namirnica. Iz vode možete raditi gorivo i oksidator. Također, iz Marsove atmosfere pomoću posebnih postrojenja možete proizvoditi metan kao gorivo i kisik kao oksidator – pojasnio je Radonić.

Neki znanstvenici poput dr. **Paula Daviesa**, kozmologa sa Sveučilišta Arizona, smatraju da bi najbolji kandidati za trajni odlazak na Mars mogli biti ljudi srednje dobi, čiji bi očekivani životni vijek mogao biti još 20 godina. Davies ih je usporedio s Kolumbom i ostalim osvajačima Amerike.

– Ima dosta dobrovoljaca koji bi pristali na to. Zanimljivo da je među njima mnogo mladih ljudi kojima je valjda dosadno na Zemlji pa žele nešto spektakularnije. Oni su spremni na put u jednom smjeru bez obzira što je to opasno – rekao je Radonić. Istaknuo je da let na Mars u jednom smjeru može biti pet do deset puta jeftiniji od ekspedicije koja bi se vratila.

Međusobni sukobi

– Do sada provedena istraživanja o utjecaju izolacije, skučenog prostora te ekstremnih okolišnih uvjeta na ponašanje i psihu ljudi ukazuju da bi najbolje posade za istraživačke misije prema Marsu bile one koje bi svojim sastavom bile heterogene. Tijekom simulacija misije posade koje su se sastojale od ljudi različitih spolova, etničke pripadnosti, različitih zanimanja i vještina postizale su bolje rezultate u izvršenju zadataka, i to uz manje međusobnih sukoba – rekao je Ivković te naglasio kako bi za dugotrajne misije vjerojatno najpoželjniji kandidati bili bi sredovječni samci.

– Takve osobe donose više radnog i osobnog iskustva, a činjenica da su samci umanjuje pritisak oko romantičnih veza među članovima posade izloženih stalnim psihofizičkim zahtjevima – zaključio je Vladimir Ivković.

JL, 4. listopada 2015.

Željko Ivezić
Lov na opasne asteroide

Astrofizičar Željko Ivezić jedan je od najproduktivnijih i najcitiranijih hrvatskih znanstvenika u svijetu: iako ima svega 43 godine, objavio je oko 200 znanstvenih radova koji su citirani čak 14.640 puta.

Kada je 2006. godine, zajedno s mladim Marijem Jurićem, otkrio novu galaksiju koju "proždire" naša Mliječna staza, o Željku Iveziću pisali su i američki mediji, uključujući i ugledni New York Times. Astrofizičar Željko Ivezić jedan je od najproduktivnijih i najcitiranijih hrvatskih znanstvenika u svijetu: iako ima svega 43 godine, objavio je oko 200 znanstvenih radova koji su citirani čak 14.640 puta.

Kada je 2006. godine, zajedno s mladim Marijem Jurićem, otkrio novu galaksiju koju "proždire" naša Mliječna staza, o Željku Iveziću pisali su i američki mediji, uključujući i ugledni New York Times.

Protekli tjedan Željko Ivezić boravio je u Zagrebu, gdje mu žive majka i brat, te održao dva predavanja o projektu Large Synoptic Survey Telescope (LSST) čiji je znanstveni direktor. Riječ je o velikom projektu čija je cijena oko 800 milijuna dolara, a koji će se nalaziti u Čileu.

Profesore Iveziću, upravo se obilježava 400 godina od otkrića teleskopa, koje je izazvalo revoluciju u astronomiji. Vi ste na čelu projekta koji će rezultirati jednim od najvećih teleskopa na svijetu?

– Dosad su astronomski uređaji bili takvi da su mogli snimati samo male komadiće neba, a zahvaljujući LSST-u, imat ćemo vidno polje koje je sedam puta veličine Mjeseca. Tako ćemo u jednoj noći moći pregledati cijelo nebo, što dosad nije mogao nijedan teleskop. Zahvaljujući LSST-u, mi ćemo 10 godina svake noći snimati nebo. Tako ćemo dobiti svojevrsni film neba što će nam omogućiti da pratimo sve što se mijenja na nebu, primjerice promjenljive zvijezde i asteroide koji su možda na putu da udare u Zemlju.

Što će biti rezultat toga desetogodišnjeg snimanja neba pomoću LSST-a?

– Sve slike, dobivene pomoću LSST-a, mogu se zbrojiti u kompjutoru. Tako ćemo u završnoj mapi detektirati 20 milijardi svemirskih objekata, 10 milijardi zvijezda i 10 milijardi galaksija, što će biti najveći astronomski katalog u povijesti. Prvi put u jednom astronomskom katalogu bit će više svemirskih objekata nego što je živih ljudi na svijetu. Da bi se tu mapu moglo pri kazati s rezolucijom koja je prilagođena našim očima, trebalo bi nam tri milijuna televizora. Nadalje, ako biste gledali taj film neba, trebalo bi vam godinu dana da ga odgledate. A svake noći dobit ćemo podataka koliko ih ima u Američkoj kongresnoj knjižnici, to je 20 terabita podataka. Nakon 10 godina će biti 100.000 terabita podataka, a to je ekvivalent oko milijun današnjih laptopa.

U kojoj je fazi projekt?

– Još smo u fazi konstrukcije teleskopa, a sada na projektu radi oko 100 fizičara i 100 inženjera. Iza ovoga projekta stoji oko 20 američkih sveučilišta te nekoliko laboratorija koje financira Odjel za energiju (DOE). Počeli smo surađivati i s astrofizičarima u Francuskoj, Njemačkoj, Italiji i Srbiji, a planiramo pregovarati s Europskim južnim opservatorijem (ESO) u Čileu. Nedavno smo dobili 30 milijuna dolara od Billa Gatesa i Charlesa Simonyja dok bismo iduće godine trebali znati hoće li nas financirati Američka zaklada za znanost. Ako ne, imamo planove s privatnim donatorima. Faza konstrukcije trebala bi potrajati do 2015. godine kada bi teleskop počeo s radom.

Hoćete li surađivati s hrvatskim znanstvenicima?

– Nadam se jer postoji interes na Sveučilištu u Splitu, Opservatoriju Hvar te na Prirodoslovno-matematičkom fakultetu u Zagrebu. LSST je idealan projekt za zemlje koje ne mogu priuštiti 100 milijuna dolara za kupnju teleskopa. Svi će podaci biti javni i dostupni na internetu, a jedino što je nužno imati jesu znanje i mašta.

Spomenuli ste da će LSST otkrivati potencijalno opasne asteroide.

– Nedavno je američki Kongres donio zakon prema kojem bi NASA do 2020. godine morala otkriti 90 posto asteroida većih od 140 metara. Asteroidi manji od 140 metara ne uzrokuju velike tsunamije ako padnu u more. Asteroid veličine između nekoliko stotina metara i jednog kilometra nakon pada u ocean izàzvao bi veliki tsunami koji bi uništio život uz obale kontinenata. Asteroid veći od jednog kilometra uništio bi cijelu civilizaciju. Zato su željeli napraviti katalog opasnih asteroida. A sve to je proizašlo nakon terorističkog napada 11. rujna kada se intenzivno raspravljalo o rizicima za živote američkih građana. Tada se spoznalo da veći rizik po glavi stanovnika u jedinici vremena dolazi od potencijalno opasnog asteroida nego od terorista.

Jesu li i dinosauri izumrli od udara asteroida?

– Većina znanstvenika se slaže da je asteroid koji je pao prije otprilike 65 milijuna godina blizu Yukatana bio oko 20 kilometara velik te da je uništio dinosaure. No, ima i znanstvenika koji se ne slažu s tom teorijom.

Ima li koristi od otkrića opasnog asteroida kad ne raspolažemo tehnologijom da ga uništimo?

– Bio sam prošle godine na jednoj NASA-inoj konferenciji gdje su se razmatrale razne mogućnosti. Bilo je nekih ideja povezanih s razvojem nuklearnih bombi. No, problem je što bi to trebala biti velika nuklearna bomba i ako se nešto pogriješi kod lansiranja, bilo bi više štete nego koristi. Ima i drugih ideja. Ako se asteroid na vrijeme otkrije, onda bi se mogao lansirati svemirski brod normalne veličine kako bi putovao blizu njega. Iako je gravitacijska sila broda veoma mala, bila bi dovoljna da malo po malo promijeni orbitu asteroida te da on promaši Zemlju.

LSST će tragati i za tamnom tvari i tamnom energijom. O čemu je riječ?

– Astronomska su mjerenja tijekom posljednjeg desetljeća pokazala kako je svemir drukčiji nego što smo mislili. Od 1920. godine znamo da se svemir širi, a očekivalo se da se to širenje zbog djelovanja gravitacije usporuje. Tu je zgodna analogija s kamenom koji se baci u zrak. Kamen ide u zrak, a zatim se zbog gravitacijskog privlačenja Zemlje usporava, stane i počne padati nazad. Ako je na velikim udaljenostima jedina bitna sila gravitacija, to bi se trebalo događati sa svemirom i njegovo bi se širenje trebalo usporavati. No, suprotno očekivanjima, izmjereno je da se u zadnjih nekoliko milijardi godina svemir počeo ubrzano širiti.

Koje je objašnjenje za to?

– To još ne znamo objasniti, jedino što zasad imamo jest fenomenološki opis pomoću misterioznog fluida nazvanog tamna energija. Naša današnja promatranja ukazuju na to da vidljiva materija čini svega pet posto mase svemira, dok ostalih 95 posto čine tamna materija i tamna energija. Pritom tamne materije ima oko 25 posto, a tajanstvene tamne energije 70 posto. Jedan od ciljeva našeg projekta je da s točnošću od jedan posto mjerimo tamnu energiju, kako bismo spoznali njezina svojstva. Budemo li znali svojstva tamne energije, mogli bismo potaknuti teoretičare da objasne o čemu je riječ.

Željko Ivezić u Zagrebu je završio osnovnu i srednju školu, a zatim je na zagrebačkom sveučilištu diplomirao strojarstvo (1990.) i fiziku (1991. godine). Nakon toga je otišao u SAD gdje je 1995. godine doktorirao na Sveučilištu Kentucky. Slijedi Princeton, a od 2003. godine profesor je na Sveučilištu Washington u Seattleu. Oženjen je i otac osmogodišnje djevojčice Vedrane, a njegova supruga Pamela operna je pjevačica.

Tragate li za planetima izvan Sunčeva sustava?

– Indirektno, no nekoliko kolega na mome odsjeku radi na tome. NASA već dugo razmišlja o projektu Terrestrial Planet Finder, u sklopu kojega bi se tragalo za egzoplanetima, ali nije sigurno da će se taj projekt ostvariti zbog financijskih restrikcija. No, budući da je javnost fascinirana otkrićima planeta izvan Sunčeva sustava, vjerujem da će NASA pokrenuti taj projekt.

NASA je ljetos proslavila 50-i rođendan najavljujući povratak astronauta na Mjesec te prvi let na Mars.

– Jedan od razloga zašto se na tome inzistira je u tome što bi Kinezi uskoro mogli poslati astronauta na Mjesec. Kako bi pokazali da imaju primat, Amerikanci žele poslati čovjeka na Mars. Po meni, to su fantazije i čisto bacanje novca, pogotovo u eri krize. Stotinu puta je jeftinije poslati letjelicu s robotima na Mars nego da pošaljemo astronauta kako bi rekao 'ja sam prvi Amerikanac na Marsu'.

Što mislite o projektu Međunarodne svemirske stanice (ISS)?

– To je tehnološki, a ne znanstveni projekt. Bilo je malo znanosti iz biologije i kemije, ali za toliko novaca koliko su potrošili na svemirsku stanicu, mogli su napraviti mnogo više znanstvenih projekata. Naravno, taj je projekt važan i s političke strane jer mnogo zemalja zajedno surađuje.

Nedavno su američki predsjednički kandidati Obama i McCain odgovarali na pitanja povezana sa znanstvenom politikom. Tko je ostavio bolji dojam?

– Obama je veoma dobro odgovorio. Ako on bude izabran, moglo bi biti odlično za znanost. Bude li izabran McCain, moglo bi biti dobro ako odustane od Busheve znanstvene politike. No, ako nastavi s Bushevom politikom da treba slati čovjeka na Mjesec i Mars, to će biti trošenje novca uludo.

Znanstvenici, dakle, podržavaju Obamu?

– Mislim da je bolje reći da bi mladi i pametni ljudi željeli da pobijedi Obama.

Razmišljate li o povratku u Hrvatsku?

– Sada sam potpuno fokusiran na LSST i to mi je fascinacija. Mnogo sam razmišljao o povratku, mislim da bih mogao održati sličan tempo rada kao u SAD kada bih bio uključen u projekt kao LSST ili europski projekt Gaia. U načelu bih se vratio kada bi bilo dovoljno novaca da oformim grupu od šest ili sedam ljudi. Što se tiče znanosti, SAD je obećana zemlja. S druge strane, život u Hrvatskoj je ugodniji i sporiji, a ovdje su mi rodbina i prijatelji koji mi u SAD veoma nedostaju.

Teleskop – prvih 400 godina

Galileo je pomoću teleskopa došao do otkrića koja su uzdrmala Crkvenu sliku svijeta. Do kakvih će otkrića doći LSST kada 2015. godine počne s radom?

1608. Izumljen teleskop
Hans Lippershey, izumitelj teleskopa

1610. Galileo Galilei
Pomoću teleskopa Galileo je otkrio da na Mjesecu postoje planine, uočio Sunčeve pjege te pronašao četiri najveća Jupiterova mjeseca. To je uzdrmalo Crkvenu sliku svijeta

1671. Teleskop reflektor
Newton izumio prvi teleskop reflektor

1781. Otkriven Uran
William Herschell pomoću teleskopa otkrio planet Uran i njegova četiri satelita

2015. LSST
Početak rada Large Synoptic Survey Telescope

JL,12. listopada 2008.

Vernesa Smolčić
Zaposlit ću pet naših fizičara
da istražuju rast crnih rupa

Vernesa Smolčić (33), astrofizičarka i docentica na PMF-u, nakon deset godina istraživanja vratila se u rodni Zagreb i za jesen najavljuje svoj veliki projekt.

Na prvi pogled djelovala je kao studentica koja tek počinje svoju akademsku naobrazbu. No, izgled vara: 33-godišnja astrofizičarka dr. **Vernesa Smolčić**, docentica na Prirodoslovno-matematičkom fakultetu (PMF), **prva je znanstvenica u Hrvatskoj koja je dobila sredstva Europskog istraživačkog vijeća (ERC)** namijenjena istraživačima početnicima.

Za projekt "Istraživanje rasta zvjezdane mase i mase supermasivnih crnih rupa u galaksijama kroz kozmičko vrijeme: Utiranje puta za sljedeću generaciju pregleda neba" mladoj znanstvenici odobreno je 1,5 milijuna eura za pet godina istraživanja.

– Očekujemo da ćemo ugovor potpisati u rujnu, a ja sam presretna što sam uspjela dobiti taj grant jer je konkurencija golema – rekla je Vernesa Smolčić na početku razgovora.

Osjećaj nostalgije

Europsko istraživačko vijeće neovisno je znanstveno-istraživačko tijelo koje čine 22 ugledna europska znanstvenika. Projekti koje financira ERC najbolja su istraživanja u Europi i znanstvenici ih dobivaju isključivo na osnovi svoje izvrsnosti. Primjerice, 2012. financiranje je odobreno za samo oko 12 posto prijavljenih projekata. ERC-ove grantove dosad su dobili poznati hrvatski istraživači iz dijaspore dr. **Ivan Đikić** sa Sveučilišta Goethe u Frankfurtu i dr. **Nenad Ban** s ETH u Beču te dr. **Aleksandra Radenović** s EPFL u Lausanne i dr. **Bojan Žagrović** sa Sveučilišta u Beču koji su dobili sredstva namijenjena znanstvenicima početnicima. Prošle jeseni prvi ERC-ov grant stigao je i u Hrvatsku, a dobio ga je prof. **Stipan Jonjić** sa Sveučilišta u Rijeci.

– Svota od 1,5 milijun eura jednim će dijelom ići za opremu, drugim za znanstvena putovanja, no najveći dio ići će za zapošljavanje ljudi. Omogućava mi da zaposlim tri postdoktoranda i dva poslijediplomska studenta i tako osnujem vlastitu grupu – kazala je Vernesa Smolčić koja se nakon 10 godina znanstvenog usavršavanja u svijetu u veljači vratila u rodni Zagreb.

– Osjećaj nostalgije za domom vratio me u Zagreb gdje mi živi cijela obitelj i mnogi prijatelji – istaknula je.

Vernesa Smolčić diplomirala je fiziku na zagrebačkom PMF-u, a već tijekom izrade diplomskog rada boravila je na prestižnom Princetonu.

– Uz pomoć prof. Krešimira Pavlovskog s PMF-a i našeg poznatog astrofizičara **Željka Ivezića**, sada profesora na Sveučilištu Washington u Seattleu, uspjela sam otići na Princeton mjesec dana i napraviti mali istraživački projekt. Doslovce sam se zaljubila u posao znanstvenika. Igrati se za kompjutorom u potrazi za odgovorima na važna pitanja kao stvoreno je za mene – ispričala je Vernesa Smolčić koja je doktorirala na Sveučilištu u Heidelbergu radeći disertaciju na Institutu Max Planck za astronomiju. Zatim je dvije godine bila na postdoktoratu na prestižnom Caltechu (California Institute of Technology) i tri godine na Sveučilištu u Bonnu.

Pregledi neba

– Na Zapadu u znanosti nema stalne pozicije dok se čovjek ne dokaže. Poslijediplomski se radi na jednome mjestu, a onda se ide na prvi postdoktorat u drugu instituciju, a drugi postdoktorat na treće mjesto. Tek onda se može razmišljati o stalnom poslu. Ja sam uvijek u glavi imala ideju da se vratim u Hrvatsku i uspjela sam u svojem naumu jer sam na PMF-u dobila stalnu poziciju – ispričala je Vernesa Smolčić, a zatim pojasnila svoja istraživanja.

– Kako sam puno vani i u međunarodnim kolaboracijama, imam na pameti neke znanstvenike za koje mislim da bi bili dobri. No, bit će raspisan međunarodni natječaj vidjet ćemo tko će se javiti jer želimo izabrati najbolje kandidate – istaknula je V. Smolčić koja je ove godine dobila još jedan europski projekt, Career integration grant u vrijednosti od 100.000 eura za četiri godine.

– Imam velike planove i željela bih hrvatsku izvangalatičku astrofiziku, što je moje područje istraživanja, podići na svjetsku kompetitivnu razinu. Željela bih privući puno kvalitetnih stranih istraživala: drugim riječima Brain gain umjesto Brain drain – zaključila je Vernesa Smolčić.

– Bavim se pregledima neba koji se danas rade u modernoj astrofizici jer je to najbolji način da se dobije cjelokupna slika evolucije i stvaranja galaksija. Ti pregledi neba rade se pomoću teleskopa koji snimaju preko cijelog elektromagnetskog spektra: dakle, koriste se klasični optički teleskopi, radioteleskopi i rendgenski teleskopi. Vodim radiopreglede neba u međunarodna projekta: COSMOS i XXL – rekla je Smolčić.

JL, 14. srpnja 2013.

VIII. KLIMA

Paul Crutzen
Čovjek je postao jači od prirode

Čovječanstvo je ušlo u novu geološku eru, nazvao sam je antropocen. To je era u kojoj su ljudi i njihove aktivnosti postali dominantnija sila od prirode, kaže nobelovac Paul Crutzen (73). On je 1995., zajedno s Marijem Molinom i Sherwoodom Rowlandom, dobio Nobelovu nagradu za kemiju za objašnjenje procesa u atmosferi koji dovode do uništavanja ozonskog omotača.

Paula Cruztena, jednog od vodećih klimatskih znanstvenika na svijetu, srela sam u Belgijskoj akademiji znanosti i umjetnosti u Bruxellesu gdje je prošli tjedan održan međunarodni simpozij "Klimatske promjene: istraživački izazovi", posvećen indijskom znanstveniku Anveru Ghaziju koji je prošle godine preminuo od raka. Profesora Crutzena na početku razgovora zamolila sam da objasni naziv antropocen. Naime, taj je pojam posljednjih godina postao novi "brand" u znanosti o okolišu.

– Uveo sam to ime po analogiji na geološke ere poput pleistocena i holocena. Nazivom antropocen želio sam naglasiti da smo skrenuli iz prirodne geološke ere u razdoblje u kojem ljudska aktivnost postaje snažnija od prirode. To je razdoblje počelo s industrijskom revolucijom. Danas smo svjedoci da je u mnogim slučajevima čovjekova djelatnost nadvladala prirodne procese. Najbolji primjeri za to su ozonska rupa, globalno zagrijavanje uzrokovano emisijom stakleničkih plinova, ali i kisele kiše, zagađeni zrak u gradovima te još mnogo toga – objasnio je Paul Cruzten podastrijevši neke podatke o razmjerima nekontrolirane ljudske djelatnosti. Primjerice, količina metana u zraku u posljednjih se stotinu godina udvostručila, a razina ugljičnog dioksida narasla je za 30 posto zbog čega je prosječna temperatura na Zemlji narasla za jedan stupanj Celzijev.

Ahilova peta planeta

Je li era antropocena opasna za opstanak života na našem planetu, upitala sam ga u nastavku. – Ne bih želio govoriti tako drastičnim rječnikom, ali činjenice upozoravaju na to da moramo biti oprezni i zabrinuti zbog našeg utjecaja na prirodu. No, s druge strane, stvari nisu tako beznadne. Kad bi bile, ne bismo se bavili ovim istraživanjima. Postoje, naime, i pozitivni aspekti te nove geološke ere: možemo pobijediti i globalno zagrijavanje i zagađenje uvođenjem novih tehnologija i štednjom energije – smatra naš sugovornik koji je posljednjih godina u medijima često istupao upozoravajući na izazove nove ere antropocena.

Ipak, Paul Cruzten u javnosti je najpoznatiji po otkriću destruktivnog procesa koji uništava ozonski omotač u atmosferi. Bilo je to izvanredno otkriće. Naime, Crutzen i njegovi kolege Rowland i Molina još su 1974. godine upozorili da klorfluorugljikovodici (CFC), pučki nazvani freoni, koje su ljudi desetljećima koristili u rashladnim uređajima i kao potisne plinove u aerosol-bocama, razaraju ozonski omotač. No, svijet se nije udostojao obratiti pozornost na njihova upozorenja sve dok sredinom osamdesetih godina nije stigla i eksperimentalna potvrda: satelitske su slike pokazale da je iznad Antarktika nastala ozonska rupa. Stanjeni ozonski omotač postao je tako Ahilova peta našeg planeta.

– Ozonski je omotač bez sumnje vitalan za održavanje života na Zemlji jer blokira opasni dio Sunčeva ultraljubičastog zračenja. Tanjenje tog sloja vrlo je opasno jer, primjerice, može rezultirati povećanim brojem oboljelih od raka kože, što se već bilježi u nekim zemljama. Stanjenost ozonskog sloja najdrastičnija je u atmosferi nad Antarktikom gdje se svake jeseni otvara velika ozonska rupa. No, ozonski je omotač samo jedna od boljki našeg planeta te se stoga može reći da Zemlja ima nekoliko Ahilovih peta – tvrdi Paul Cruzten.

Prozor tolerancije

Iako s desetak godina zakašnjenja, čovječanstvo je ipak na vrijeme shvatilo upozorenja što su ih odaslali Crutzen, Rowland i Molina. Tako je 1987. godine u Montrealu međunarodna zajednica "iznjedrila" protokol koji je 1996. godine rezultirao zabranom proizvodnje klorfluorugljikovodika. – Prošlo je samo deset godina od zabrane CFC-a, a to znači da smo još na početku procesa ozdravljenja ozonskog omotača. Situacija se počinje poboljšavati, no mi i dalje to teško možemo uvidjeti. Cijeli proces 'liječenja' ozonskog sloja trajat će 50, a možda i 100 godina. No, optimist sam i vjerujem u njegovo potpuno 'ozdravljenje' već za pedesetak godina – kaže prof. Crutzen.

Naš sugovornik optimistično vjeruje da je moguće zaustaviti i opasne klimatske promjene.

– Mislim da možemo zaustaviti globalno zagrijavanje jer je ono izazvano emisijom stakleničkih plinova. Dakle, ako prestanemo emitirati te plinove, zaustavit ćemo globalno zagrijavanje. Problem je što je naše cjelokupno gospodarstvo zasnovano na dobivanju energije iz fosilnih goriva. Nađemo li druge načine dobivanja energije, 99 posto klimatskih problema će nestati. No, smanjenje emisije stakleničkih plinova ovisi o ozbiljnim političkim odlukama, a kao znanstvenik ne mogu predvidjeti što će se na tom planu događati – smatra Paul Crutzen.

Dodao je i da kod globalnog zagrijavanja u 21. stoljeću postoji "prozor tolerancije", porast temperature od dva stupnja Celzijeva, odnosno 0,2 stupnja na desetljeće.

– Zagrijavanje za više od dva stupnja Celzijeva moglo bi se smatrati beznadnim jer bi zbog toga počelo topljenje leda na Grenlandu, što bi u konačnici dovelo do rasta razine mora za šest metara. No, led na Grenlandu se već sada tanji brzinom od oko pet centimetara na godinu – upozorio je Crutzen. On je veliki zagovornik Protokola iz Kyota, iako smatra da taj međunarodni sporazum, koji industrijski razvijene zemlje obvezuje da od 2008. do 2012. godine smanje emisiju stakleničkih plinova za 5,2 posto u odnosu na 1990. godinu, nije jako učinkovit.

Mikrobi i voda

– Protokol iz Kyota je samo prvi korak u pravom smjeru, ali to je uistinu jako, jako mali korak. Želimo li obuzdati globalno zagrijavanje, morat ćemo mnogo snažnije zauzdati emisiju stakleničkih plinova – napomenuo je.

Zanimalo me smatra li prof. Crutzen da je moguć scenarij kao u filmu "Dan poslije sutra" u kojem uslijed sloma Golfske struje dolazi do iznenadnog stvaranja novog ledenog doba u sjevernoj hemisferi. – Nisam gledao taj film, ali mi je poznat njegov sadržaj. Mislim da takva prijetnja sada nije realna. Nije, ipak, tako strašno – odgovorio je uz smijeh. Upitala sam na posljetku profesora Cruztena jesu li klimatske promjene pogubne za čovječanstvo u 21. stoljeću.

– Ne zabrinjavaju me samo klimatske promjene, nego i nagomilano nuklearno oružje. Što ako ono dospije u ruke terorista? Opasnost mogu biti i mikrobi, primjerice ako se pojavi neki novi od kojeg će umrijeti mnogo ljudi. Jako me zabrinjava problem opskrbe pitkom vodom koji će biti jedan od najvećih problema ovoga stoljeća. Ipak, teško je predviđati opasnosti jer realni je problem nesigurnost naših predviđanja – zaključio je Paul Crutzen.

Čudesni zaštitnik ozon

Način na koji se Zemlja štiti od Sunčeva opasnog ultraljubičastog zračenja ubraja se među velika prirodna čuda. Djelovanjem Sunčevih zraka na kisik u Zemljinoj atmosferi nastaje ozon (troatomna molekula kisika) koja potom štiti sav život na Zemlji. Međutim, tijekom proteklih šezdesetak godina čovječanstvo je u rashladnim uređajima i kao potisne plinove za aerosol-boce uvelike koristilo kemijske tvari klorfluorugljikovodike (CFC), popularno zvane freoni, koji u Zemljinoj stratosferi (na visinama od oko 25 kilometara) uništavaju ozon. Naime, razgradnjom freona u području ozonskog omotača oslobađaju se atomi klora koji razaraju ozon. To je vrlo drastičan proces jer jedan atom klora uništi sto tisuća molekula ozona.

Paul Crutzen

Paul Crutzen rođen je u Amsterdamu 1933. godine u nizozemskoj obitelji njemačko-poljskog podrijetla. Diplomirao je tehničke znanosti na Sveučilištu u Amsterdamu 1954. godine, a doktorirao meteorologiju na sveučilištu u Stockholmu. Niz godina radio je u Max Planck Institutu za kemiju u Mainzu. Najveći se dio njegovih istraživanja odnosi na kemijske procese u stratosferi. Sedamdesetih je godina, zajedno s Marijem Molinom i Scherwoodom Rowlandom, otkrio da se uslijed emisije klorfluorougljikovodika (CFC) u stratosferi uništava ozonski omotač. Njihov rad u početku nije ozbiljno shvaćen, ali su satelitske snimke iz 1985. godine potvrdile njihovo otkriće. Trojica su znanstvenika dobila 1995. godine Nobelovu nagradu za kemiju.

JL, 30. lipnja 2006.

Michael Mann
Ispovijest optuženog stručnjaka

Početkom prosinca 2009. godine pozornost svjetske javnosti bila je usmjerena na Kopenhagen, gdje se očekivao početak povijesne Klimatske konferencije. Oko 15.000 delegata, političara, biznismena, nevladinih aktivista i novinara iz 192 zemlje stigli su u glavni grad Danske kako bi iznjedrili novi klimatski sporazum koji je trebao naslijediti Protokol iz Kyota.

A onda je uslijedio šok: nekoliko dana prije početka konferencije u javnost je prodrlo više od 1000 e-mailova što su ih britanski znanstvenici pod vodstvom **Philla Jonesa** sa Sveučilišta East Anglia razmjenjivali s poznatim američkim klimatologom **Michaelom E. Mannom** s Državnog sveučilišta Pennsylvania i njegovim kolegama.

Neke od hakiranih poruka ili njihove dijelove klimatski su skeptici odmah u javnosti predstavili kao ključni dokaz da se manipuliralo s podacima i da znanstvenici nemaju dokaze o globalnom zagrijavanju, pogotovo ne da je ono prouzročeno ljudskom aktivnošću.

Bila sam tih dana u Kopenhagenu gdje se sjena hakiranih e-mailova opasno nadvila nad klimatske pregovore koji su naposljetku rezultirali fijaskom.

Obični ljudi, u posljednjih deset godina senzibilizirani za globalno zagrijavanje, postali su zbunjeni, što su jako dobro iskoristili klimatski negatori i skeptici "jašući" u stranim, ali i hrvatskim medijima na valu novoprobuđene sumnje.

Prijetnje smrću

Za Phila Jonesa i, posebice, Michaela Manna nastupili su teški dani. Dotad hvaljeni i nagrađivani klimatolog Michael Mann (46) odjednom je postao meta optužbi za znanstveno nepoštenje, a pokrenuta je i kampanja da ga se otpusti sa Sveučilišta Pennsylvania. Mann se suočio čak i s prijetnjama smrću.

Ipak, nekoliko neovisnih istraga ne samo da ga je oslobodilo optužbi za znanstveno nepoštenje nego i potvrdilo njegove radove o opasnostima globalnog zagrijavanja. Izašavši iz "klimatskog rata" kao pobjednik, Michael

Mann o svemu tome napisao je knjigu "The Hockey Stick and the Climate Wars: Dispatches from the front lines", koja upravo izlazi iz tiska.

– Mislim da javnost zaslužuje saznati istinu o napadima na klimatske znanstvenike koji se u Americi vode još od kraja devedesetih. Želio sam da američka javnost sazna kako je prekinut nacionalni dijalog o klimatskim promjenama i kako su iza toga stajali neki političari i korporacijski interesi – rekao mi je prof. Mann, direktor Znanstvenog centra za Zemlju na Državnom sveučilištu Pennsylvania. Naglasio je kako je ovih dana i tjedana jako zauzet putovanjima i intervjuima o svojoj knjizi.

Michael Mann diplomirao je fiziku i primijenjenu matematiku na Sveučilištu California u Berkeleyju, a doktorirao geologiju i geofiziku na Yaleu.

Podaci iz koralja

– Moj interes za velike znanstvene probleme doveo me do istraživanja klime na Zemlji. Većina mog istraživanja fokusirana je na klimatske promjene u prošlosti kako bismo mogli bolje razumjeti koji čimbenici utječu na klimu na Zemlji, uključujući i čovjekovo ispuštanje stakleničkih plinova – priča mi Mann.

On je postao poznat krajem devedesetih kada je u vodećim znanstvenim časopisima objavio dva zapažena rada o "hockey stick" grafu (taj slikoviti naziv upotrebljava se jer graf podsjeća na palicu za hokej).

– Moji kolege i ja analizirali smo podatke iz koralja i drugih izvora koji su nam omogućili da procijenimo kakve su bile temperature na Zemlji posljednjih stoljeća. Otkrili smo da su temperature danas više nego što su bile u posljednjih 1000 godina. Kasnija su istraživanja to potvrdila i mi znamo da je Zemlja danas najtoplija u posljednjem mileniju – pojasnio je Mann.

"Hockey stick" graf, koji pokazuje prilično stabilnu temperaturu na Zemlji gotovo 900 godina, a zatim njezin nagli rast, postao je ikona klimatskih promjena.

Napadi na istraživače

Međudržavni panel za klimatske promjene (IPCC), organizacija Ujedinjenih naroda koja okuplja 3000 klimatologa iz cijelog svijeta, uvrstio je "hockey stick" graf u svoj dramatični izvještaj iz 2001. godine.

Mann je dugo bio jedan od najvažnijih klimatologa u IPCC-u, koji je zajedno s **Alom Goreom** 2007. godine dobio Nobelovu nagradu za mir za doprinos podizanju svijesti o opasnostima globalnog zagrijavanja.

Istodobno, klimatski skeptici vodili su rat protiv Manna optužujući ga da "hockey stick" graf ništa ne govori o tome što je uzrokovalo rast temperature na Zemlji te da je koristio krivu metodologiju. No, kasnija su istraživanja potvrdila da je graf u osnovi točan.

– Godinama sam čuvao bilješke o tome što se meni i mojim kolegama događalo otkako smo 1998. godine objavili 'hockey stick' graf. No, nisam ni pomišljao da će napadi na naša istraživanja i napadi na klimatske znanstvenike u širem smislu od toga vremena samo ojačati – rekao je Mann.

Razgovor smo nastavili o Climategateu. Zanimalo me u kojoj je mjeri ta afera utjecala na neuspjeh klimatske konferencije u Kopenhagenu.

Propala konferencija

– Konferencija je uglavnom propala zbog političkih razloga. Po onome što smo doznali od sudionika konferencije, hakirani e-mailovi nisu bili glavni ulog u pregovorima iako je Saudijska Arabija bila prva zemlja koja ih je stavila na dnevni red. Ta je zemlja podmuklo tvrdila da su ukradeni e-mailovi potvrdili da je globalno zagrijavanje prijevara – rekao je Mann.

Znate li danas tko je hakirao e-mailove koje ste razmjenjivali s kolegama, upitala sam Manna.

– Još ne znamo koji su pojedinci ili organizacije odgovorni za krađu e-mailova. Britanska policija i američko ministarstvo pravosuđa i dalje provode istragu. Izvjesno je, međutim, da je onaj tko ih je ukrao e-mailove pažljivo proučio, zatim izvukao dijelove prepiske izvan konteksta te ih krivo interpretirao i objavio uoči velike UN-ove klimatske konferencije. To pokazuje jasnu političku motivaciju – rekao je Mann.

– Također, poznato je da skupine koje dobivaju dosta sredstava iz industrije fosilnih goriva troše mnogo vremena i napora u promociji ukradenih e-mailova te u osobnim napadima na znanstvenike uključene u prepisku, među kojima sam i ja – dodao je Mann.

Je li istina da je dobivao prijetnje smrću, pitala sam Manna.

Oduzimanje titula

– Da, stizale su mi prijetnje smrću, baš kao i mnogim mojim kolegama klimatolozima. Političari i ideološke skupine koje šire laži o nama znanstvenicima trebaju imati na umu da oni implicitno ohrabruju takvu vrstu nasilja nad nama – naglasio je Mann, koji je vodio mučnu borbu s nekim američkim političarima.

Jedan od njih, republikanac Ken Cuccinelli, državni odvjetnik u američkoj saveznoj državi Virginia, zatražio je da se Mannu oduzmu sve znanstvene titule.

– Cuccinelli je želio politički poentirati napadajući me kao klimatologa još dok sam od 1999. do 2005. godine radio na Sveučilištu Virginia. Tražio je da mi se oduzmu e-mailovi i korespondencija koju sam u to doba vodio sa znanstvenicima.

Zahtijevao je da mi se oduzmu znanstvene titule, ali ni Sud ni Sveučilište nisu na to pristali. A on je pritom potrošio mnogo novca poreznih obveznika – ispričao je Mann.

Zanimalo me kako je afera Climategate promijenila njegov život.

Uzbuđeni znanstvenici

– Moji kolege i ja žestoko smo napadani u medijima, na internetu, ali i u osobnim kontaktima. Ukradeni e-mailovi osnažili su negatore klimatskih promjena i dali im novo oružje u napadu na klimatologe. Također, političarima, koji su već neprijateljski raspoloženi prema klimatolozima, to je otvorilo prostor za diskreditaciju cjelokupne klimatske znanosti – rekao je Mann i istaknuo da je žestoki marš negatora globalnog zagrijavanja donio i neke pozitivne promjene.

– Budući da su napadi na nas znanstvenike bili tako žučni, došlo je do buđenja u široj znanstvenoj zajednici, koja je postala svjesna važnosti komunikacije s javnošću kako bi ljudi shvatili što radimo – rekao je Mann, čiji je znanstveni opus nakon Climategatea provjeravalo nekoliko neovisnih znanstvenih povjerenstava.

– Svaki put kada su znanstvenici provjeravali naša više od desetljeća stara istraživanja, zaključili su da su naši originalni zaključci o globalnom zagrijavanju valjani. Od objave naših rezultata vođeni su deseci sličnih istraživanja i sva su završila ne samo reafirmacijom naših zaključaka nego i tvrdnjama da se sadašnje globalno zagrijavanje odvija tempom bez presedana – rekao je Mann.

JL, 18. ožujka 2012.

Ken Caldeira
Ako ne želimo pomrijeti, moramo umjetno promijeniti klimu Zemlje

Ako elementi nežive prirode mogu biti negativci, onda je ugljični dioksid pravi negativac, moto je Kena Caldeire, poznatog američkog klimatskog znanstvenika iz Carnegie Institutea u Kaliforniji, kojega je britanski New Scientist 2008.godine uvrstio na popis deset znanstvenih junaka.

Caldeira, koji ima i naše korijene jer je njegov djed bio Hrvat Josip Čačić, jedan je od glavnih zagovornika geoinženjeringa, niza metoda hotimičnog manipuliranja Zemljinom klimom, od ispuštanja sumpornog dioksida u atmosferu i "gnojenja" oceana pa do stvaranja svemirskog suncobrana. Iako je kontroverzan, znanstvenici sada razmatraju geoinženjering kao plan B za spas planeta u slučaju da ne uspijemo zaustaviti globalno zagrijavanje.

Neuspjela konferencija

– Geoinženjering je poduzimanje mjera na velikoj skali kako bi se smanjila šteta izazvana emisijom stakleničkih plinova. Postoje dvije glavne vrste geoinženjeringa. Jedna ide za uklanjanjem stakleničkih plinova iz atmosfere i relativno je nekontroverzna, ali može biti skupa. Druga vrsta geoinženjeringa ide za ublažavanjem klimatskih promjena. No, neke od tih metoda mogu biti rizične i kontroverzne. Takva je, primjerice, refleksija Sunčevih zraka natrag u svemir koja je, međutim, relativno jeftina i izvediva – rekao mi je Caldeira kada sam mu se javila zaintrigirana viješću da je prošli tjedan u Limi održan sastanak 60 vodećih svjetskih stručnjaka za geoinženjering. Taj je sastanak organizirao Međudržavni panel za klimatske promjene, UN-ova organizacija koja okuplja oko 3000 klimatskih znanstvenika.

– Bio sam u organizacijskom odboru tog sastanka, ali zbog poremećaja zračnog prometa, prouzročenog erupcijom peruanskog vulkana, nisam mogao prisustvovati skupu. Cilj skupa bio je isporučiti najkvalitetnije informacije onima koji donose političke odluke. Naime, oni su organizacija koja razmatra znanstvene informacije, a ne donosi političke odluke – objasnio je

Caldeira koji je na neuspjeloj konferenciji u Kopenhagenu u prosincu 2009. godine vodio zasjedanje o geoinženjeringu.

Milijarde leća u svemiru

No, Ken Caldeira nije uvijek bio sklon uvjeravanju političara na osnovi znanstvenih argumenata. Naime, kada su 12. lipnja 1982. godine u New Yorku održani najmasovniji prosvjedi u američkoj povijesti, među 750.000 prosvjednika bio je i Caldeira, tada 25-godišnji kompjutorski geek i lijevo orijentirani ekološki aktivist. Dok su prosvjednici uzvikivali parole protiv predsjednika Reagana i politike nuklearnog naoružavanja, Reaganov savjetnik i izumitelj hidrogenske bombe Edward Teller s tada 41-godišnjim astrofizičarem Lowellom Woodom raspravljao je u Lawrence Livermore National Laboratory u blizini San Francisca. Tellerove i Woodove ideje inspirirale su tada Reagana za stratešku inicijativu Ratovi zvijezda. Iako su bili na suprotnim stranama, Lowell Wood i Ken Caldeira danas su na istoj poziciji geoinženjeringa.

– Geoinženjering sam počeo istraživati 1998. godine nakon što sam čuo jedno predavanje Wooda o toj temi. Na početku sam mislio da je to luda ideja i da ne može biti učinkovita. Međutim, naše simulacije sugeriraju da bi se refleksijom Sunčevih zraka daleko od Zemlje mogla ublažiti glavnina klimatskih promjena – istaknuo je Caldeira. Sheme koje uključuje geoinženjering na prvi pogled nalikuju na scenarij za znanstveno-fantastični film. Primjer je ideja o svemirskom suncobranu američkog astronoma Rogera Angela koji je predložio da se u tzv. Lagrangeovoj točki na oko 1,5 milijuna kilometara udaljenosti od Zemlje postavi 16 bilijuna staklenih leća. Da bi se postavile u orbitu, morali bismo sa Zemlje tijekom deset godina svakih pet minuta lansirati rakete. One bi zatim formirale jedan cilindrični oblak čiji bi promjer bio jednak Zemljinu ekvatoru, a protezao bi se na dužini od 100.000 kilometara. Angel tvrdi da bi to divovsko ogledalo, teško oko 20 milijuna tona, blokiralo dva posto Sunčeva zračenja usmjerenog prema Zemlji.

Druga je ideja gnojenja oceana željezom. U osnovi te metode jest zamisao da se potakne rast fitoplanktona koji bi apsorbirali suvišni ugljični dioksid. Cvat fitoplanktona može se postići gnojenjem južnih mora željezom. Naime, bez željeza nema produkcije fitoplanktona. Znanstvenici su došli na ideju da se u južna mora plovi tankerima, baca željezo i tako izazove njihov cvat.

Hlađenje hemisfere

Najučinkovitija, ali i najkontroverznija jest ideja o ispuštanju sumpornog dioksida u stratosferu, koju je 1974. godine prvi lansirao ruski znanstvenik Mihail Budiko. Rashladni učinak sumpornog dioksida, koji reflektira Sunčeve zrake u svemir,opaža se tijekom snažnih vulkanskih erupcija. Primjerice, tijekom eksplozije vulkana Mount Pinatubo na Filipinima 1991. godine u atmosferu je izbačeno 20 milijuna tona sumpornog dioksida, što je dovelo do hlađenja sjeverne hemisfere za 0,6 Celzijevih stupnjeva. Klimatski rizik Tu je ideju 2006. godine ponovno aktualizirao nobelovac Paul Crutzen koji je predložio da se pomoću balona u stratosferu svake godine ispusti nekoliko milijuna tona sumpornog dioksida, što bi čovječanstvo stajalo oko 50 milijardi dolara godišnje. No, sumporni dioksid poznati je zagađivač atmosfere koji dovodi do stvaranja kiselih kiša, a mogao bi djelovati i na već oštećeni ozonski omotač.

– Sve naše kompjutorske simulacije pokazuju da bi se klimatski rizik mogao smanjiti refleksijom Sunčevih zraka natrag u svemir. Međutim, realni je svijet mnogo kompliciraniji od modela – naglasio je.

Kao primjer je naveo unošenje žabe Cane Toads u Australiju. Ta je žaba 1935.godine uvezena u Australiju kako bi suzbila nametnike na plantažama šećerne trske u Queenslandu. No, problem je u tome što Cane Toads živi više od 20 godina, nema prirodne neprijatelje, brzo se razmnožava i jede sve što joj se nađe na putu.

– Naposljetku se pokazalo da je Cane Toads mnogo veći problem od suzbijanja nametnika zbog kojih je uvezena u Australiju. Taj primjer zorno pokazuje da je veoma teško predvidjeti što će se dogoditi kada se uplićemo u kompleksne prirodne sustave. Iako je klimatski inženjering potencijalno opasan, neki tvrde da jedino te manipulacije mogu naglo zaustaviti rast temperature. No, Caldeira se ne slaže.

Negiranje činjenica

– Geoinženjering ne može biti brzo rješenje, ali može biti plan koji ćemo razvijati ako zagrijavanje dovede do velikih kriza na globalnoj razini – rekao je Caldeira.

Upitala sam ga što misli o klimatskim skepticima koji tvrde da globalno zagrijavanje nije prouzročeno ljudskim aktivnostima, nego prirodnim varijacijama u Sunčevu zračenju.

– Skepticizam je dobar. Ali, nije dobro negirati činjenice. Mnogi negatori klimatskih promjena poriču činjenice jednostavno zato što one ne podupiru njihove sebične interese ili političke pozicije. – rezolutno je rekao Caldeira koji smatra da sljedećih desetljeća nećemo moći zaustaviti globalno zagrijavanje.

– Možemo početi mijenjati naš energetski sustav u sljedećih 20 do 30 godina, ali za revolucionarne promjene bit će potrebno barem pola stoljeća ili više. Vrlo je vjerojatno da će tijekom cijelog 21. stoljeća Zemlja biti sve toplija – zaključio je Ken Caldeira.

Jedna od opcija jest da posijemo umjetne oblake iznad oceana

Bojenje krova u bijelo

Bojite krovove u bijelo jer ćete tako dati doprinos borbi protiv globalnog zagrijavanja – savjetuje nobelovac Steven Chu, Obamin ministar energetike. Zgrada s bijelim krovom reflektira Sunčeve zrake, stoga je zagrijavanje slabije pa rashladni uređaji troše manje energije za hlađenje. Bojenjem zgrada i krovova u bijelo mogao bi se postići učinak ekvivalentan tome da 11 godina svi automobili budu maknuti s cesta.

Umjetno drveće

Američki geofizičar Klaus Lackner je 2002. godine dizajnirao sintetsko drvo, strukturu koja nalikuje "stativama s roletama". Umjetno drvo godišnje može ukloniti 90.000 tona ugljičnog dioksida, što je ekvivalent emisiji 20.000 automobila. "Usisani" ugljični dioksid zatim se može skladištiti duboko pod zemljom. Lackner smatra da bi 250.000 umjetnih stabala moglo usisati cjelokupnu svjetsku godišnju emisiju ugljičnog dioksida.

'Sijač oblaka'

Britanac Stephen Salter i Amerikanac John Latham predložili su koncept "sijača oblaka" pomoću kojega bi se oko Zemlje na umjetan način mogli stvoriti oblaci koji bi učinkovito reflektirali Sunčevo zračenje natrag u svemir. "Sijači oblaka" su zapravo cilindri instalirani na nekoj vrsti katamarana, a rotiraju se uz pomoć elektromotora i podižu čestice morske vode u zrak kako bi stvorile stratokumuluse. Flota od 1500 "sijača oblaka" – koji bi bili pozicionirani u vodama zapadne Afrike te u Pacifiku, zapadno od Perua – mogla bi četiri posto povećati refleksiju oblaka. Ukupna cijena flote "sijača oblaka" procijenjena je na oko tri milijarde dolara.

JL, 3. srpnja 2011.

Keith Briffa
Nije moguće zaustaviti globalno zagrijavanje

Kada sam u petak ujutro oko 8.30 stigla pred sjedište UNESCO-a u pariš-koj Aveniji de Suffren, dočekalo me užurbano mnoštvo od nekoliko stotina novinara iz cijeloga svijeta.

Iako je ostalo još sat do početka konferencije za novinare, na kojoj je Me-đudržavni panel za klimatske promjene (IPCC) trebao predočiti najnovije zabrinjavajuće spoznaje o globalnom zagrijavanju, konferencijska je dvora-na već bila ispunjena, a oko mene su se motali novinari poznatih svjetskih medija, poput BBC-a, CBS-a, New York Timesa, Guardiana, Le Mondea, Corriere della Sera… Rigidnim i čvrstim, dosad znanstveno najutemelje ni-jim klimatskim izvještajem, predstavnici IPCC-a u petak ujutro odaslali su snažnu poruku cjelokupnom čovječanstvu: globalno zagrijavanje najvjero-jatnije je rezultat čovjekove aktivnosti, a u 21. stoljeću temperatura bi mogla narasti od optimističnih 2,5 do katastrofičnih 6,4 Celzijeva stupnja.

Jedan od vodećih znanstvenika, koji su tijekom šest godina istraživanja vo-dili IPCC-ovu studiju, bio je i prof. Keith Briffa (55), klimatolog sa Sveu-

čilišta East Anglia u Norwichu, koje je našoj javnosti poznato po tome što je zajedno s Britanskim meteorološkim institutom početkom ove godine najavilo da će 2007. godina biti dosad najtoplija godina. S Keithom Briffom razgovarala sam nakon konferencije za novinare: bilo je predviđeno da razgovara s novinarkom New Scientista, ali kako se ona izgubila u sveopćoj strci i gužvi, UN-ova press služba "dodijelila je" prof. Briffu meni.

Upitala sam ga na početku, na temelju čega IPCC sada tvrdi s 90-postotnom vjerojatnošću da je globalno zagrijavanje rezultat ljudske djelatnosti kad je još prije nekoliko godina vladalo mišljenje da je vjerojatnost za takvu tvrdnju tek nešto veća od 60 posto.

– Nakon šest godina rada došli smo do niza preciznih modela koji nude vrlo snažne dokaze da je rast stakleničkih plinova, odgovornih za globalno zagrijavanje, rezultat čovjekove aktivnosti. Osim rasta temperature i učestalih klimatskih ekstrema, opažaju se smanjenje ledenog pokrivača na Grenlandu i Arktiku, promjene u salinitetu i kiselosti oceana i još mnogo toga. Znanstveno gledano, jedna od najuzbudljivijih spoznaja novog izvještaja su dokazi o tome da je globalno zagrijavanje vrlo vjerojatno prouzročeno ljudskom aktivnošću – rekao je prof. Briffa, naglasivši da je IPCC-ov izvještaj "Klimatske promjene 2007. godine: Fizikalna znanstvena baza" rezultat rada oko 3000 znanstvenika iz cijelog svijeta.

Zbog širokog konsenzusa o problemu globalnog zagrijavanja, u svijetu je sve manje skeptika poput američkog klimatologa Richarda Lindzena i danskog statističara Bjorna Lomborga, autora bestselera "The Sceptical Environmentalist".

– Koliko mi je poznato, Bjorn Lomborg ne sumnja u to da se na Zemlji događa globalno zagrijavanje, ali izražava skepsu prema tehničkim pitanjima vezanima uz našu borbu s tim problemom. Što se tiče Lindzena, mogu naglasiti da je u našem izvještaju mnogo čvrstih dokaza koji podupiru tvrdnje o globalnom zagrijavanju. Inače, skepticizam je važan za znanost, biti skeptičan pitanje je zdravlja u znanosti jer mi znanstvenici moramo stalno sumnjati – odgovorio je Keith Briffa.

Za razliku od dosadašnjih, najnoviji IPCC-ov izvještaj razmatra više klimatskih modela rasta temperature u 21. stoljeću.

– Vjerojatno je da će temperatura porasti između 2 i 4,5 Celzijeva stupnjeva, najbolja je procjena oko 3 Celzijeva stupnja, dok je vrlo nevjerojatno da bi zagrijavanje moglo biti slabije od 1,5 Celzijevih stupnjeva. Ipak, ne možemo isključiti niti zagrijavanje veće od 6 Celzijevih stupnjeva jer to ovisi o scenariju emisije ugljičnog dioksida u atmosferu, ali i nizu drugih čimbenika – rekao je Keith Briffa.

Upitala sam ga što će se dogoditi u slučaju da se ostvari katastrofični rast temperature od 6,4 Celzijeva stupnja.

– Da, rast temperature od 6,4 Celzijeva stupnja loše zvuči, no važno je naglasiti da je to vrlo ekstremni scenarij. To bi dovelo do vrlo jakog topljenja ledenjaka i značajnog rasta razine mora. Osim značajnog broja učestalih ekstremnih klimatskih događaja, posljedice bi se vidjele i u vrlo snažnim promjenama u režimu padalina u cijelom svijetu. Primjerice, neka bi tropska područja postala sušna, dok bi uvjeti koji danas vladaju u tropskim područjima zavladali u krajevima gdje je danas umjerena klima – pojasnio je prof. Briffa.

Možemo li zaustaviti globalno zagrijavanje, upitala sam ga nakon toga.

– Ako mislite kratkoročno, na razini nekoliko idućih desetljeća, moram vam reći da nije moguće zaustaviti globalno zagrijavanje. Čak i kada bismo stabilizirali razinu ugljičnog dioksida i ostalih stakleničkih plinova na razini iz 2000. godine, temperatura bi nastavila rasti brzinom od 0,1 Celzijev stupanj po desetljeću, što znači da će u idućih pola stoljeća narasti za barem 0,5 Celzijevih stupnjeva. Ipak, mi možemo djelovati; donoseći pravilne odluke danas, možemo utjecati na život društva u budućnosti – ustvrdio je Keith Briffa.

Prije nekoliko mjeseci nobelovac Paul Crutzen, koji je zajedno s kolegama Rowlandom i Molinom otkrio ozonsku rupu, iznio je prijedlog da se u atmosferu ispuste milijuni tona sumpornog dioksida, koji bi doveo do hlađenja atmosfere. No, sumporni je dioksid, također, veliki zagađivač atmosfere i povezan je sa stvaranjem kiselih kiša.

Upitala sam prof. Briffu što misli o tom kontroverznom prijedlogu.

– Moje je osobno mišljenje da bi se takvim činom moglo ublažiti zagrijavanje u budućnosti, ali bi bilo praćeno nizom novih nepoznanica i nesigurnosti – kratko je odgovorio.

Zatim sam ga upitala je li zabrinut zbog sadašnjih spoznaja o globalnom zagrijavanju te smatra li to najvećom prijetnjom ljudskoj civilizaciji danas.

– Svako normalno ljudsko biće mora biti zabrinuto zbog klimatskih promjena, pa sam tako zabrinut i ja. S druge strane, svaki pojedinac ima vlastite strahove i brige pa mi je teško reći što je najveća prijetnja čovječanstvu. U svakom slučaju, klimatske promjene predstavljaju ozbiljan problem zbog kojega moramo biti zabrinuti za budućnost – rekao je Keith Briffa.

Na posljetku, upitala sam ga što misli kako će vodeći svjetski političari djelovati u budućnosti.

– Nisam političar pa ne mogu o tome suditi, no kada je riječ o globalnom zagrijavanju, svaka politička odluka mora biti donesena na temelju znanstvenih spoznaja. Mislim da je znanstvena baza našeg izvještaja sada mnogo snažnija i da političarima daje mnogo bolji uvid koji bi scenarij emisija u budućnosti mogao omogućiti najbolju kontrolu stakleničkih plinova. Dakle, sada je na našem društvu da odluči kako će djelovati, no ohrabrujuće zvuči da je posljednjih godina došlo do velikih promjena u ponašanju ljudi. Posebice je ohrabrujuće to što su mladi ljudi problem globalnog zagrijavanja shvatili kao jedan od najvećih problema današnjice – rekao je na posljetku Keith Briffa.

Znanstvena karijera dr. Briffe

Keith Briffa (55) profesor je na Sveučilištu East Anglia u Norwichu gdje radi od 1972, godine. Njegova specijalnost je paleoklimatologija, tj. istraživanje klimatskih prilika koje su na Zemlji vladale u davnoj prošlosti. Naime, gledajući u prošlost, znanstvenici mnogo mogu zaključiti o sadašnjoj i budućoj klimi. Zajedno sa svojim kolegom Timothy Osbornom, Keith Briffa je prošle godine u časopisu Science objavio istraživanje u kome je pokazao da su druga polovica 20. stoljeća najtopliji period u zadnjih 1300 godina. Rezultate toga istraživanja IPCC je objavio kao dio netom objavljenog izvještaja "Klima 2007.godine".

JL, 3. veljače 2007.

IX. NEUROZNANOST

Paško Rakić
Što sam otkrio o najvažnijoj stvari na svijetu – mozgu

Danas se vraćam u Ameriku, a za nekoliko dana ponovno letim u Europu. Idem u Švedsku, gdje ću održati tri predavanja", kaže mi neuroznanstvenik **Paško Rakić**, profesor na Yaleu i dobitnik prestižne nagrade Kavli koja je pandan Nobelu. Po nekima, Paško Rakić najveći je živući hrvatski znanstvenik: objavio je više od 400 znanstvenih radova citiranih oko 50.000 puta. Iako je napunio 82 godine, radi punom snagom te objavljuje tempom na kojem bi mu pozavidjeli i upola mlađi znanstvenici.

Rekorder Yalea

– Bio sam 37 godina šef Odjela za neurobiologiju na Yaleu, a zadnjih 10 godina i direktor Instituta Kavli na Yaleu. Tih 37 godina je najduže razdoblje da je netko bio na čelu jednog odjela u povijesti Yalea, koji je staro i ugledno sveučilište. Sada sam odstupio, ali ne i kao profesor, dapače povećat ću svoju grupu jer imam više vremena za znanost. Mislim da će se moja produktivnost u idućih nekoliko godina još pojačati – priča mi Rakić i s osmijehom dodaje da ga zdravlje zasad dobro služi jer redovito igra tenis. – Nisam ja jedini koji u ovoj dobi intenzivno radi. Znam nekoliko nobelovaca koji su pet godina stariji od mene i rade punom snagom. I njima i meni veće je zadovoljstvo raditi nego sjediti uz obalu mora. Naravno, nekad je dobro odmarati se, ali ne dugo – dodao je Rakić.

Rođen je 1933. godine u Rumi u Srijemu, gdje se njegov otac, Istranin iz okolice Pule, doselio 1924. godine. – **Tesla** je bio Srbin iz Hrvatske, a ja sam Hrvat iz Srbije – istaknuo je jednom prilikom Rakić koji je na Sveučilištu u Beogradu diplomirao i doktorirao medicinu. Karijeru je počeo kao neurokirurg u Beogradu, ali je tijekom Fulbrightove stipendije na Harvardu spoznao da je Amerika obećana zemlja za znanstvenike. Od 1968. do 1978. radio je na Harvardu, a od 1978. godine je na Yaleu. Član je američke Nacionalne akademije znanosti (NAS), a bio je i predsjednik američkog Društva za neuroznanosti koje okuplja više od 35.000 znanstvenika i stručnjaka.

Neuronske mreže

Prof. Rakića upoznala sam 2000. godine na jednom kongresu u Rovinju i tada, baš kao i sada, s velikom strašću i entuzijazmom pričao mi je o istraživanjima mozga, "najsloženije stvari u svemiru".

– Da, ja sam svoju karijeru posvetio istraživanjima mozga, točnije moždanog korteksa koji nas razlikuje od ostalih životinja. Jer, mi nemamo bolju jetru ili leđnu moždinu od životinja, nego korteks. Prošle godine sam gostovao na Svjetskom festivalu znanosti u New Yorku, gdje nam je voditelj Alan Alda postavio pitanje: što je najvažnija stvar na svijetu. Na tome panelu bilo je i pet nobelovaca, uključujući astrofizičare koji su otkrili da se svemir širi zbog Velikog praska. Po njima je to bilo najvažnije. A ja sam rekao: 'Kako ste došli do toga? Koristili ste mozak, točnije korteks'. Prema tome, najvažniji je moždani korteks koji nama daje mogućnosti i sposobnosti za naše teorije, ali i ograničenja. Mi ćemo razumjeti svemir onoliko koliko nam naš korteks dozvoljava jer nije savršen. Onda sam na panelu zaključio: 'Ja istražujem najvažniju stvar na svijetu' pa su se mnogi složili – ispričao je Rakić. Ovaj briljantni neuroznanstvenik praktički cijelu karijeru istražuje kako se od embrionalnih živčanih stanica tijekom razvitka stvaraju složene, međusobno gusto povezane neuronske mreže koje čine moždani korteks ljudi. Naime, za razliku od mnogih drugih organa, živčane stanice se tijekom razvoja ne stvaraju lokalno u korteksu, nego u specijalnim proliferatičnim centrima, odakle migriraju na udaljena, no precizno predodređena mjesta u korteksu. Jedna od tema Rakićevih istraživanja jest kako se regulira ta migracija jer ako stanice ne dođu na pravo mjesto u pravo vrijeme, korteks će biti organizacijski i funkcionalno nenormalan.

– Moždani korteks je povezan i s velikim javnozdravstvenim problemima današnjice, kao što je primjerice Alzheimerova bolest. Naravno, reći ćete da su tumori još veći problem. No, kad čovjek ima rak mozga, umire za dvije godine, svejedno je pritom je li milijarder ili beskućnik. A s Alzheimerovom bolesti se živi jako dugo. Alzheimerova bolest spada u razvojne probleme mozga. Danas možemo kod djeteta kad se rodi ili čak prije nego što se rodi predvidjeti hoće li Alzheimerovu bolest dobiti u 50-oj ili, primjerice, 54-oj godini – pojasnio je Paško Rakić.

Miševi i ljudi

U Hrvatskoj danas od Alzheimerove bolesti boluje oko 80.000, a u svijetu oko 25 milijuna ljudi, dok predviđanja govore da će do 2020. godine biti čak 43 milijuna oboljelih. Zanimalo me što je razlog takvom golemom porastu: starenje ljudi ili postoje i druge mogućnosti poput povezanosti s virusom herpesa.

– Mislim da je najvažnije to da se živi dulje. Pritom ne tvrdim da ne postoje i druge mogućnosti koje pridonose razvoju bolesti. Što dulje živite, imate veću šansu da obolite. Ideja je, ako svi živimo dulje od 100 godina, svi ćemo imati Alzheimera. No, postoji i rani oblik bolesti, kada ljudi dobiju Alzheimera u 50-oj godini ili čak ranije. Taj oblik Alzheimera je uvjetovan obiteljskim genetskim nasljeđem – istaknuo je Rakić. Naglasio je da je i autizam razvojni poremećaj mozga. – To je cijeli spektar poremećaja u korteksu koji je zadužen za socijalnu komunikaciju. Uzroci toga mogu biti brojni: možda je netko kao plod tijekom majčine trudnoće bio izložen virusnom oboljenju, visokoj temperaturi, rengenskom zračenju ili je majka pila alkohol i uzimala kokain. Kad smo prije 15 godina razgovarali u Rovinju, mislili smo da je dovoljno naći gen ili kombinaciju nekoliko gena za autizam. No, sada znamo da i autistična i normalna djeca imaju iste gene, ali razlika je u tome kako koji gen radi – pojasnio je Rakić. Naglasio je da se 2000. godine, kada je u Bijeloj kući na spektakularan način predstavljena mapa ljudskog genoma, smatralo da čovjek ima oko 85.000 gena.

– Danas se misli da ljudi imaju oko 26.000 gena, dakle gotovo koliko i miš. No, sada znamo da u igri nisu samo geni nego i regulatorni elementi, pojačivači i promotori gena kojih ima na milijune. Ti regulatorni elementi odlučuju gdje i kad se neki eksponira te postaje aktivan. Tu se čovjek razlikuje od drugih modela kao što su miševi ili štakori. Ili čimpanze s kojima dijelimo 99,6 posto gena. No, čimpanza nije napisala **Danteovu** tragediju, niti je napisala Devetu simfoniju, niti je poslala čovjeka na Mjesec. Konačno, ni vi niste intervjuirali čimpanzu, zar ne? Barem se nadam da niste – našalio se Rakić.

Automobil i mozak

Što je najvažnija spoznaja iz neuroznanosti u posljednjih četrdesetak godina, upitala sam.

– To su me pitali i na Festivalu znanosti u New Yorku, no nisam htio izdvojiti nijednu pojedinačnu spoznaju. To je kao da me pitate da kažem samo jednu stvar koja razlikuje Europu od Amerike. Jer, razlike su mnoge. Toliko smo mnogo naučili u neuroznanosti zadnjih godina, ali ne možemo izdvojiti jednu stvar. No, žalosno je da djeca u školi ne uče dovoljno o mozgu. Primjerice, pitao sam studente medicine na Yaleu što je to 'pulvinar' u mozgu i nisu znali. Onda sam ih pitao što je svjećica u automobilu i svi su znali. Rekao sam: 'Pa vi znate više o automobilu nego o svom mozgu. Pulvinar je velik kao svjećica, a vi ne znate da je u mozgu. Spremniji ste da budete mehaničari nego liječnici'. Vidite, taj dio u mozgu miš nema, a nijedan student to nije znao – rekao je Rakić.

Primijetila sam da se krajem 1980-ih, kad sam se počela baviti novinarstvom, još nije znalo proizlazi li naš um iz mozga. Danas znamo da su pamćenje, mišljenje i emocije, sve ono što čini naš um, rezultat biokemijskih reakcija u mozgu.

– Sve to proizlazi iz našeg mozga. Ova civilizacija, književnost, filozofija i umjetnost proizvod su mozga. Da, i religija je proizvod mozga. Mi smo izmislili religiju, nije ona nas. Naposljetku, miš nije religiozan. Mi stvaramo ideje i borimo se protiv njih: moždani korteks je odgovoran za ratove i za terorizam. I rat, i mir, i sreća, i ljubav su produkt mozga. I kad umrete, nema ništa više od toga – naglasio je Rakić.

A što je s inteligencijom, je li ona uglavnom genetski uvjetovana, upitala sam.

– Ljudi me često pitaju koliko posto genetika, a koliko okoliš utječu na našu inteligenciju. Tako me jednom prilikom poznati psiholog **Mike Gazzaniga** pozvao da održim predavanje na kongresu kognitivnih neuroznanstvenika. Rekao je: 'Znam, ti vjeruješ u gene. No, koliko su oni važni kod inteligencije, 50 ili 75 posto?'. Ja mu na to kažem: 'Geni su 100 posto.' Gazzaniga će na to: 'Kako možeš tako reći, znači da okoliš nema nikakve veze?' Na to sam mu rekao: 'Ali, i okoliš je sto posto' – rekao je Rakić te naveo primjer **Arthura Rubinsteina**, jednog od najvećih pijanista u povijesti.

Umjetna inteligencija

– On je bio genetski predisponiran za pijanista. Njegov je talent bio 100 posto genetski, ali da mu majka nije kupila klavir i slala ga na satove, on ne bi znao svirati. Znači, 100 posto je i klavir pridonio, dakle, 100 posto okoliš. Geni stvaraju sposobnost, a okoliš koristi tu mogućnost. I jedno i drugo je važno. Što vrijedi da ste talentirani za matematiku ako vas nitko nije naučio? Ali, vrijedi i obrnuto. Mene je majka slala na satove klavira, ali nisam postao svjetski poznat pijanist jer nisam bio talentiran za to – naglasio je Rakić.

Upitala sam naposljetku svoga sugovornika kako gleda na razvoj umjetne inteligencije? Naime, futurolozi poput **Raya Kurzweila** tvrde da se približavamo singularitetu, trenutku kad će umjetna inteligencija nadmašiti ljudsku.

– Osobno mislim da se kompjutor ne može uspoređivati s ljudskim mozgom. Mozak nije samo kompjutor. Nisam upoznao nijedan kompjutor koji se zaljubio u drugi kompjutor i napravio neku glupost zbog toga. Ne znam ni da kompjutor može doživjeti orgazam. Mislim da je usporedba kompjutora i ljudskog mozga neprikladna, ali atraktivna je jer ljude privlači misliti na taj način. Ali, ja ne mislim da je kompjutor čovjek – kaže Rakić.

Paško Rakić boravio je u Zagrebu u povodu obilježavanja 25. godišnjice Hrvatskog instituta za istraživanje mozga (HIIM). – Razočaran sam činjenicom da hrvatski mediji nisu popratili tu važnu obljetnicu. Meni nije bilo teško doći iz Amerike i održati predavanje u čast godišnjice te odati priznanje **Ivici Kostoviću** koji je utemeljio taj institut. Došli su još neki ugledni neuroznanstvenici, uključujući **Nenada Šestana** koji je, također, na Yaleu i vrlo je uspješan. Nastavljamo suradnju s kolegama iz HIIM-a, Šestan s **Milošem Judašem**, a ja s Kostovićem i mladom suradnicom **Željkom Krsnik**. Uskoro ćemo objaviti tri zajednička rada – rekao je Rakić te naglasio da ga s akademikom Kostovićem veže i dugogodišnje prijateljstvo. Ispričao je i jednu zanimljivu anegdotu.

Pištolj na glavi

– Kad je Ivica 1975. godine došao u Boston, dočekao sam ga aerodromu u svom Volvu. Onda smo krenuli prema Harvardu pokraj Fenwaya, gdje je Muzej lijepih umjetnosti. Stao sam na semaforu, a na stražnja vrata auta uletio je jedan Afroamerikanac i stavio mi pištolj na glavu. Rekao je: 'Vozi ili ću te ubiti'. Krenuo sam, no opkolila su nas tri policijska auta i naoružani policajci su počeli pucati na nas. Vjetrobran se razbio u komadiće, a ja sam otvorio vrata i iskočio. Volvo je produžio s Kostovićem i zatim udario u parkirani auto – prisjetio se Rakić koji je poslije doznao da je bila riječ o zabuni. – Trojica Afroamerikanaca su opljačkala jednu trgovinu u Bostonu, sjeli su u Toyotu i krenuli prema Fenwayu. Tamo su se razbježali, a jedan od njih uletio je u moj auto. Istodobno je u Muzeju bio irski predsjednik koji je govorio lokalnim Ircima da ne pomažu IRA-i. On je već ranije dobio prijetnje smrću. Policija je bila oko muzeja i dobila je dojavu da tri opasna i naoružana čovjeka jure prema Muzeju. Mislili su da smo to mi pa su pucali na moj Volvo. Kostović mi je poslije rekao: 'Paško, ja sam mislio da se to događa samo u Kodžaku' – ispričao je Rakić.

JL, 21. rujna 2015.

Nenad Šestan
Moj zadatak: otkriti tajnu našeg mozga

Moja glavna motivacija u znanosti jest otkriti što nas ljude čini jedinstvenima u životinjskom svijetu i zašto bolujemo od neuropsihijatrijskih bolesti. Odgovor na to krije se u moždanoj kori, svega pet milimetara debelom dijelu mozga, koji nas razlikuje od ostalih životinja, rekao mi je neurobiolog Nenad Šestan (40), izvanredni profesor na Sveučilištu Yale, kada smo se u četvrtak našli u predvorju jednog zagrebačkog hotela.

Rodom iz Zemunika Donjeg pokraj Zadra, Nenad Šestan je 1995.godine, nakon diplome na Medicinskom fakultetu u Zagrebu, otišao na Yale, gdje je doktorirao kod poznatog znanstvenika Paška Rakića. U dosadašnjoj karijeri Šestan je objavio 27 radova koji su citirani preko 2000 puta, a dobitnik je i niza međunarodnih nagrada i priznanja. No, posebno priznanje došlo je iz Bijele kuće: naime, ovaj sjajni znanstvenik za svoja je istraživanja ljudskog mozga dobio 15 milijuna dolara iz tzv. "science stimulus package" koji je američki predsjednik Barack Obama jednokratno "ubrizgao" u znanstvena istraživanja.

– Predsjednik Obama je nakon dolaska na vlast zaključio da znanost treba više novca kako bi se stimulirala ekonomija, a to je izazvalo negodovanje republikanaca. Nacionalni Institutu za zdravlje (NIH) dobio je poticaj od 10 milijardi dolara te je raspisan natječaj za projekte visokog rizika, ali i potencijalno visoke isplativosti. Meni se posrećilo i dobio sam najveći "grant" na Yaleu, iako na sveučilištu ima mnogo boljih i uspješnijih znanstvenika od mene. No, američki sustav je takav: nagrađuje kreativnost i nove ideje, bez obzira na to tko ste i odakle dolazite.

Cijena superiornosti

Jedan od ciljeva vašeg istraživanja jest identificirati gene uključene u razvoj ljudskog mozga, za koji nobelovac James Watson kaže da je najsloženija stvar u svemiru.

– To smatra većina neuroznanstvenika. Ljudski mozak ima 100 milijardi stanica, neurona, a svaki od njih stvara i do 10.000 sinaptičkih veza. Samo u moždanoj kori ima 22 milijarde neurona koji stvaraju oko 150 kilometra veza. To je nevjerojatna kombinatorika i misterij koji istražujemo: kako 22.500 gena, koliko ih ima svaki pojedinac, čini čovjekov mozak tako jedinstvenim, jer, iste gene ima i miš. Iako dijele mnogo jednakih principa i organizacija, naš i mozak miša očigledno su različiti. Mozak miša čak ima bolje senzore pa može živjeti u potpunome mraku.

No, naš mozak ima neuronske mreže koje druge životinje nemaju, a one nam omogućuju govoriti, svirati klavir, pisati i apstraktno razmišljati. To ne može nijedna druga životinja, uključujući i našeg najbližeg rođaka, čimpanzu. Mi pokušavamo rasvijetliti gdje i kada se tijekom razvoja mozga čovjeka i primata pojavljuje pojedini gen i kako se to regulira.

Vaša grupa na Yaleu bavi se i neuropsihijatrijskim bolestima?

– Da, naš fokus je na autizmu, shizofreniji i Tourettovu sindromu, u čiji je nastanak uključen veliki broj gena. Mislimo da je naša sklonost razvoju tih bolesti posljedica evolucije ljudskog mozga. Tijekom nekoliko milijuna godina evolucije čovjeka, najveća se razlika dogodila u našem mozgu. Ljudska beba je slična bebi čimpanze, no nakon nekoliko mjeseci već vidite veliku razliku, a ona nastaje na kognitivnom planu: djeca nauče hodati, govoriti, pisati, a to nijedna životinja ne može. No, taj razvoj smo platili time što smo postali skloni neuropsihijatrijskim i neurološkim oboljenjima poput autizma, shizofrenije i Alzheimerove bolesti. Te bolesti su cijena činjenice da smo kognitivno superiorna vrsta.

Geni i bolesti

Posljednjih godina velika se istraživanja posvećuju autizmu. Što smo saznali?

– Autizam je otkriven prije šezdesetak godina i dugo je bio tajanstvena bolest. Autistična djeca često imaju nevjerojatan talent u nekoj disciplini, primjerice glazbi ili matematici. Međutim, svi autisti imaju poremećene socijalne kontakte s okolinom, koja je jako važna za naš razvoj. Dugo se mislilo da je za nastanak autizma kriva loša majka, no posljednjih godina počelo se otkrivati gene koji su povezani s tim poremećajem. Danas znamo da je i autizam povezan sa stotinjak gena čije mutacije povećavaju predispoziciju za tu bolest.

Je li i shizofrenija genetska bolest?

– Shizofrenija se smatra genetskom bolesti, no nije prouzročena mutacijom jednog gena nego vjerojatno kombinacijom mutacija nekoliko stotina gena. Ti geni povećavaju predispoziciju za razvoj bolesti, što je važno jer onda drugi čimbenici, poput stresa, povećavaju vjerojatnost obolijevanja. To pokazuju i epidemiološke studije. Primjerice, tijekom izraelsko-arapskog rata,1967.godine, djeca žena koje su u to doba bile u drugom mjesecu trudnoće, imala su veću predispoziciju da obole od shizofrenije kad su odrasli. Geni su važni, ali nisu jedini čimbenik te bolesti.

Slučaj Terri Schiavo

Bavite se i istraživanjem Alzheimerove bolesti, koja sa starenjem populacije na Zapadu postaje sve veći zdravstveni problem?

– Da bismo jednog dana shvatili tu bolest, morat ćemo više znati o ljudskom mozgu. Iako već dugo znamo koji su geni i molekularni mehanizmi povezani s Alzheimerovom bolešću, i dalje ne možemo izliječiti tu bolest jer lijekovi koji su učinkoviti na mišu ne djeluju kod čovjeka. Prije nekoliko godina dogodio se veliki fijasko kompanije Elan, koja je napravila transgeničnog miša s lezijama mozga sličnim kao u Alzheimerovoj bolesti. Elanovi znanstvenici razvili su terapiju koja je pomogla mišu, ali kad su to prenijeli na čovjeka, bilo je neuspješno. I to nije jedini primjer da terapija, koja je bila učinkovita na miševima, kod čovjeka nije podjednako ili uopće djelotvorna. To je veliki problem farmaceutskih kompanija.

Kada je 1990. godine u SAD-u bilo proglašeno desetljeće mozga, znanstvenici nisu znali izviru li emocije, inteligencija, pamćenje, ukratko sve ono što čini naš um, iz biokemijskih reakcija u mozgu?

– Tu više nema nikakvih dvojbi, um proistječe iz biokemijskih reakcija u mozgu. Za mene postoje dva velika misterija znanosti. Prvi, tko smo i što smo, tj. kakvo je naše podrijetlo kao vrste. Drugi problem je kako se dobiva misao u mozgu. Cijelo teoretsko područje u neuroznanosti bavi se time, no još uvijek nemamo ni dobru sliku ni teoriju o tome kako iz akcije živčanih stanica nastaje misao.No, nedvojbeno je da naša svijest nastaje iz reakcija u moždanoj kori. Razmotrimo slučaj Terri Schiavo, koji najbolje pokazuje kako različito misle znanstvenici i opća javnost. Živjela je uz pomoć aparata za disanje i hranjenje, a kako je njezino moždano deblo radilo, micala je oči i pomalo je micala ruke. No, više nije bila osoba jer njezina moždana kora nije radila, pa nije imala ni misli ni svijest. Njezina obitelj i dobar dio javnosti nikako nisu mogli prihvatiti činjenicu da Terri Schiavo zapravo ne postoji.

Je li religija rezultat evolucije ljudskog mozga kao što je to, primjerice, glazbeni talent?

– Da, mislim da je religija posljedica evolucije ljudskog mozga. Dio znanstvenika u mojem području misli da je religija nastala kao rezultat razvitka kompleksnog mozga koji ima sposobnost apstraktnog mišljenja, i naše želje da objasnimo pojave oko nas. Međutim, kako i što nastaje u mozgu, to još nije dovoljno jasno.

Opasnost zloporaba

Neurobiolgija nam mnogo otkriva o nama, ali nosi i etičke dvojbe. Primjerice, nedavno je objavljena studija o tome kako bi skan mozga djeteta mogao predvidjeti hoće li u budućnosti postati delinkvent.

– Znanstvenici su u velikom broju studija našli mutacije na genima, tzv. polimorfizme koji povećavaju sklonost agresivnom ponašanju. Primjerice, nedavno je završila studija u Finskoj, u koju su bile uključene osobe koje su, zbog svog impulzivnog ponašanja i određenih kriminalnih aktivnosti, u zatvoru. Genetska studija pokazala je da dio njih ima specifičan polimorfizam, varijantu gena zbog kojeg imaju predispoziciju postati impulzivni. Hoće li svaka osoba s tim polimorfizmom biti impulzivna? Vjerojatno hoće, ali mi smo kognitivna bića i mnogo se može napraviti odgojem. Geni su važni, ali ne možete razviti ljudsko biće samo na temelju DNK. Primjer su tzv. "feral children",djeca odrasla u divljini sa životinjama, a takvih je primjera dokumentirano više od 100 u posljednjih 200 godina. Ta djeca nikad nisu razvila normalan govor i socijalne vještine, što pokazuje kako su odgoj i okoliš u kojem odrastamo važni. Iako je ono što nas pravi čovjekom u DNK, morate imati određenu okolinu da bi to došlo do izražaja. 1Vrtoglavi razvoj biomedicinskih znanosti otvara vrata brojnim zloporabama? – Opasnost od zloporabe jest veliki etički problem moderne znanosti. Primjerice, što ako se neko osiguravajuće društvo domogne podataka o vašoj genetskoj sekvenci, te sazna kojim ste bolestima skloni i poveća premiju? Nažalost, to je gotovo neizbježno i mislim da će se zdravstvena osiguranja pokušati dokopati tih podataka, što je veliki problem.

Futurolozi tvrde da će umjetna inteligencija idućih desetljeća nadmašiti ljudsku. Što vi mislite?

– To su razlozi zbog kojih sam otišao u neuroznanosti. Naime, početkom osamdesetih, kao dječak sam dobio National Geographic, u kojem su bili razgovori sa Marvinom Minskym, "ocem" umjetne inteligencije, i Herbertom Simonom, dobitnikom Nobela za ekonomiju. Njih dvojica pričala su tada o mikročipovima te kako ćemo jednog dana misli staviti u kompjutore. To me fasciniralo: i sad čuvam taj National Geographic. Čvrsto vjerujem da će se to jednoga dana, ali vrlo daleko, i dogoditi.

Kraj seksa

Može li naš mozak i dalje evoluirati?

– Mislim da ćemo za sto godina imati dobar uvid u to kakve će mogućnosti osoba imati na temelju određenih gena. Onda ćemo na temelju toga pokušati birati djecu i bebe neće dolaziti na svijet zahvaljujući seksu, nego će se u epruveti birati željena svojstva. Nisam siguran da je to dobro i ne znam kakve će to posljedice imati za društvo. To se sigurno neće dogoditi za moga ili vašega života, ali uvjeren sam da će se to kad-tad dogoditi. Onda će se pokušati manipulirati i s mozgom. Kao što sam rekao, ljudski mozak je u nekim stvarima superioran, a u nekima nije, pa tako, primjerice, mnoge životinje bolje vide. Možda će netko napraviti ljudski mozak.

Najpametniji čovjek na svijetu radi u jednom baru

Je li inteligencija genetski uvjetovana? Što mislite o IQ testovima koji su kontroverzna tema zbog činjenice da neke etničke i rasne skupine postižu bolje rezultate od drugih?

– Genetika utječe na razvoj mozga pa stoga i na inteligenciju, ali testovi inteligencije jedna su od najvećih zabluda. Oni su vrlo linearni i kulturološki usmjereni jer preferiraju osobe koje su imale dobru edukaciju. Tako će osoba koja je završila gimnaziju vjerojatno imati veći IQ nego ona koja je završila neku lošiju školu. S druge strane, što bi se dogodilo kad bi nas dvoje iz ovoga ugodnoga miljea netko prebacio u pustinju Kalahari? Mislim da bismo umrli za tri dana jer ne znamo kako tamo naći vodu i hranu. Gledajući nas, Bušman iz Kalaharija zaključio bi da smo glupi. Slažem se s većinom znanstvenika u tome da ne postoji jedna, nego više vrsta inteligencija. Uostalom, čovjek koji je postigao jedan od najboljih svjetskih IQ rezultata, radi kao izbacivač u jednom baru.

JL, 28. svibnja 2011.

Dimitri Krainc
Upotrijebio sam eliksir mladosti

Otkako je prošli tjedan ugledni časopis Science Transnational Medicine objavio otkriće da bi se neizlječiva bolest progerija mogla liječiti "eliksirom mladosti" rapamicinom, telefon ne prestaje zvoniti u uredu hrvatskog znanstvenika dr. Dimitrija Krainca. Naime, Krainc i slavni Francis Collins, direktor američkog Nacionalnog instituta za zdravlje (NIH) i voditelj projekta Ljudski genom, zajednički su došli do otkrića koje bi moglo utjecati na živote oko 250 mališana u svijetu koji boluju od progerije.

– Iznenađen sam tolikom medijskom pozornošću. Dao sam intervjue za ABC News, CNN, Boston Globe, koji je članak objavio na naslovnici, Technology Review, britanski Times, Daily Mail i još mnogo drugih – rekao je Krainc, profesor neurologije na Harvard Medical School u Bostonu.

Istraživanje progerije

– Radim kao kliničar, a bavim se i temeljnim istraživanjima, što je na američkim fakultetima česta pojava. U fokusu istraživanja moje skupine su neurodegenerativne bolesti poput Parkinsonove i Huntingtonove. Proučavamo kako ukloniti štetne nakupine proteina u neuronima te usporiti njihovu degeneraciju kod Parkinsonove i Huntingtove bolesti – pojasnio je Krainc i naglasio kako unazad nekoliko godina intenzivno istražuje progeriju. Riječ je o rijetkoj i neizlječivoj genetskoj bolesti izazvanoj mutacijom na jednom genu. Djeca oboljela od progerije stare šest do osam puta brže od ostalih, izgledaju kao starci i umiru sa 12-13 godina.

Studiranje u Zagrebu

– Prije otprilike tri godine primijetili smo kako se u stanicama nakuplja protein progerin koji uzrokuje progeriju. Taj rezultat je zainteresirao Francisa Collinsa koji se već godinama bavi istraživanjima progerije. Naša suradnja bila je vrlo produktivna i ugodna i zbog toga jer dijelimo uvjerenje da je istraživanje rijetkih bolesti jako bitno. Prvo, treba pomoći bolesnicima koju boluju od tih oboljenja jer farmaceutske kompanije često smatraju da se ne 'isplati' tražiti lijekove za rijetke bolesti. Drugo, rijetke bolesti pomažu u istraživanjima čestih bolesti. Tako istraživanje progerije pridonosi razumijevanju procesa starenja te Alzheimerove i Parkinsonove bolesti – ispričao je Krainc, koji je jedan od svjetski uspješnih bivših studenata Sveučilišta u Zagrebu.

– Osnovnu i srednju školu završio sam u Sloveniji, a Medicinski fakultet upisao sam u Zagrebu. Moja je majka Zagrepčanka i godinama sam slušao kako je Medicinski fakultet u Zagrebu najbolji u regiji. Majka je bila u pravu jer su moje osobne uspomene na zagrebački MF vrlo pozitivne. Bio sam uvijek zahvalan nastavnicima za odličnu edukaciju, a tijekom boravka u Zagrebu zavolio sam i ljude. Stoga uvijek nastojim održavati kontakte s kolegama, mnogobrojnim prijateljima, kao i svojom obitelji u Hrvatskoj – ispričao je Krainc koji je nakon diplome otišao na znanstveno usavršavanje na prestižni Harvard te Massachusetts General Hospital.

Emigrantske teme

– U Americi sam shvatio da nisam imao dovoljno praktičnog znanja u odnosu na mlade američke stažiste. No, glede teorije, čak mogu reći da je moje znanje bilo šire, tj. znao sam dosta onoga 'što ne treba'. Američki studenti znaju vrlo dobro sve ono što je potrebno za rad u bolnici, ali izvan toga su malo 'tanki'. Nakon studija liječnici u SAD trebaju biti sposobni raditi samostalno i zato se ovdje naglasak stavlja na praktično. Kao mladi liječnik u Bostonu početkom devedesetih godina upoznao je slavnog ruskog književnika i nobelovca Aleksandra Solženjicina.

– Solženjicin je tada živio u Vermontu, a upoznali smo se i često razgovarali dok se liječio na Massachusetts General Hospital. Solženjicin je jako patio za Rusijom, a kako sam i ja bio emigrant, imali smo niz zajedničkih tema o životu u SAD-u i politici. Sjećam se da je jednom prilikom rekao da se 'patnja isplati samo za domovinu' i ta mi se rečenica urezala duboko u pamćenje – prisjetio se Krainc koji se u jesen 2003. vratio u Hrvatsku. Tada je postao predstojnik Neurološke klinike KBC-a Zagreb te profesor na Medicinskom fakultetu. Bio je i voditelj Centra za funkcionalnu genomiku, koji je bio zajednički projekt KBC-a i MF-a. No, njegov povratak bio je neuspješan, a jedan od razloga bio je i političke prirode. Krainc je došao zadnjih mjeseci vlade Ivice Račana i nova ga je HDZ-ova vlada percipirala kao "SDP-ov kadar".

– Pokušao sam se vratiti na MF i KBC, ali nije išlo. Razlozi su mnogobrojni, ali ukratko rečeno, u ovom trenutku ne postoji iskreni interes institucija i njihovih čelnika da se ljudi vraćaju iz inozemstva. Bio sam uistinu zaprepašten do koje mjere promjene u politici utječu na strukturu vlasti u bolnicama i na fakultetima. Nisam bio politički aktivan, zanima me samo struka. Moje je mišljenje da ovakva politizacija koči napredak hrvatske medicine – ispričao je Krainc koji je ipak optimističan.

– Vjerujem da je mlada generacija doktora i nastavnika vrlo informirana o svjetskim trendovima u medicini te da su promjene na bolje u Hrvatskoj neizbježne i zbog pridruživanja EU. Mislim da je dobro za mlade liječnike ili znanstvenike iz Hrvatske da odlaze u inozemstvo na usavršavanje. Bar dvije godine vani, ali nakon toga se treba vratiti. To je jedini način da hrvatska medicina i znanost napreduju – ustvrdio je Krainc, koji je ipak ostao vezan za Hrvatsku i to svojim angažmanom za splitski MedILS.

MedILS mora 'preživjeti'

– Suradnja s MedILS-om ide dobro, i relativno često dolazim. U stalnom sam kontaktu s kolegama koji rade u mojoj splitskoj grupi. Uspio sam opremiti laboratorij tako da možemo raditi bar osnovne pokuse, a to mi je bitno zbog edukacije mladih kolega koji žele tamo raditi. Ono što se tamo još ne može raditi rješavamo tako da kolege dođu u Boston na kraće vrijeme naučiti tehnike koje onda pokušavamo primijeniti na MedILS-u. Bez obzira na probleme, vjerujem da je MedILS kao institucija bitan za Hrvatsku te da moramo napraviti sve da 'preživi' – rekao je Krainc, istaknuvši kako je u čestom kontaktu i s kolegama i pacijentima iz Hrvatske.

Druženja vikendima

– Gotovo svakodnevno dobivam pisma iz Hrvatske u kojima me ljudi mole za savjet ili pomoć. Uvijek mi je drago kada im mogu pomoći – ispričao je Krainc. Život u Americi ima, dakako, prednosti, ali i mane.

– Postoje jasni kriteriji i 'fair play', čak ako nemate baš nikakvu vezu možete uspjeti kao bilo koji domaćin pa i više, ovisno o svojim sposobnostima i zalaganju. Bez obzira na to što sam još uvijek stranac u SAD-u, nisam nikada osjetio bilo kakvu diskriminaciju. Međuljudski odnosi na poslu dosta su neformalni i općenito prijateljski te zapravo nema hijerarhije kao kod nas – rekao je Krainc, naglasivši da u Americi jako puno radi i ima vrlo malo slobodnog vremena.

– U mom slučaju to znači da sve slobodne trenutke provodim uz obitelj što je naravno veliki užitak. Uz dvije curice, od 12 i 10 godina, uvijek je zanimljivo pa nastojim što više vremena provesti s njima i suprugom. Dolazim kući oko 17 sati te obavezno večeramo zajedno, a tijekom vikenda odlazimo na izlete i posjećujemo prijatelje. Osim posla i obitelji zapravo nemam vremena ni za što drugo. Naravno, velika je mana što smo previše udaljeni od svojih roditelja te šire obitelji i domovine, ali to barem djelomično rješavamo čestim posjetama i Hrvatskoj i Sloveniji – zaključio je Dimitri Krainc.

JL, 7. srpnja 2011.

Postoji li slobodna volja?
Neuroznanost: "To je iluzija"

Da su naše misli, osjećaji i iskustva rezultat električnih i kemijskih reakcija u našem mozgu, danas više nema dvojbe među neuroznanstvenicima. Ljudski mozak ima 100 milijardi stanica, neurona, a svaki od njih stvara i do 10.000 sinaptičkih veza

U kultnom filmu Stanleyja Kubricka "Dr. Strangelove" ludi nuklearni znanstvenik, kojeg meastralno glumi Peter Sellers, uporno pokušava obuzdati svoju desnu ruku koja pokazuje nacistički pozdrav. Iako je Strangelove bivši nacistički znanstvenik, on zapravo boluje od neurološkog poremećaja sindroma tuđe ruke (Alien Hand Syndrome). Riječ je o rijetkom neurološkom poremećaju u kojem bolesnik svjedoči kako jedna njegova ruka ima "vlastitu volju". Kada ljevicom želi spustiti čašu, desnica je želi podići, kad ljevica kopča dugmad košulje, desnica ih otkopčava, a u dramatičnim slučajevima jedna ruka davi vlasnika dok ga druga spašava, pa nesretnik za svaki slučaj mora spavati s neposlušnom rukom vezanom za krevet. "Bolest je doista neobična, ali je objašnjenje jednostavno i uzrok leži u ozljedama bolesnikova mozga. Iako je u pitanju jezivo i posve nepoželjno zapažanje, mi smo strojevi s mozgom. Nemamo ono što smatramo slobodnom voljom", tvrdi fizičar dr. Michael Brooks u svome bestseleru "13 stvari koje nemaju smisla".

Da ljudi nemaju slobodnu volju, tvrde danas mnogi neuroznanstvenici. Oni smatraju kako slobodna volja nije ništa drugo nego obična iluzija čiji je smisao da se čovjek dobro osjeća. "Mi vjerujemo da možemo slobodno odlučivati na temelju razumnih argumenata. No sa znanstvenog stajališta mozak je složeni sustav bez središnjice koja bi sve mogla organizirati. Svaka mentalna aktivnost posljedica je neurobioloških procesa", rekao je za Deutsche Welle poznati njemački neuroznanstvenik Wolf Singer, koji tvrdi kako zbog organizacije čovjekova mozga naše odluke uglavnom nastaju podsvjesno. "Mi tek kasnije tom procesu pridajemo neku namjeru pa onda vjerujemo da smo mogli i drukčije odlučiti. No to nije istina", dodao je Singer.

Slobodna volja je filozofski termin u kojem su misli i ponašanje neke osobe određeni vlastitom voljom, a ne vanjskim čimbenicima. Pitanje slobodne volje

279

u središtu je filozofskih, religijskih i etičkih rasprava koje se vode već više od dvije tisuće godina.

"Vjerojatno nema filozofa koji se na ovaj ili onaj način nije pozabavio tim pitanjem ili nekim njegovim aspektom. No kad baratamo tim pojmom, trebamo biti oprezni s obzirom na to da je pojam slobodne volje nešto što smo naslijedili iz antike – podrijetlo mu vjerojatno treba tražiti u stoičkoj filozofiji – i nije jasno koliko je on, i u kojem obliku, danas uopće potreban", kaže dr. Filip Grgić, ravnatelj Instituta za filozofiju u Zagrebu i voditelj projekta "Free Will, Causality and Luck" koji financira Hrvatska zaklada za znanost.

"Možda nam on zapravo predstavlja teret, budući da se iz suvremenih rasprava često može steći dojam da stavovi ovise o tome kako se početno definira sloboda: da li kao, recimo, sposobnost djelovanja u skladu sa svojim željama bez postojanja vanjskih zapreka ili kao sposobnost izbora između otvorenih alternativnih mogućnosti", istaknuo je Grgić.

Newtonovi zakoni klasične mehanike upućuju na determinizam u svemiru, gdje svaki uzrok ima svoju posljedicu. Na osnovi Newtonove mehanike može se zaključiti da je slobodno donesena odluka u potpunosti predodređena akcijama koje joj prethode. No kvantna fizika pokazuje kako je ponašanje subatomskih čestica nepredvidivo. Rezultat toga je da fizikalne sile poput elektromagnetske i gravitacije ne mogu u potpunosti određivati budućnost na račun prošlih događaja, ostavljajući tako mali prostor za nasumično ponašanje. Ipak, mnogi filozofi sumnjaju u to da se nasumično ponašanje sićušnih čestica može prevesti kao slobodna volja, jer kvantni efekti nemaju takvu moć u širim razmjerima.

No neki su pokusi u 80-im godinama pojačali sumnje u postojanje slobodne volje. Najpozantiji je eksperiment što ga je 1983. napravio Benjamin Libet, američki psiholog sa Sveučilišta California u San Franciscu. On je ispitanike zamolio da sjede neko vrijeme i da u jednom trenutku, kad to požele, pomaknu prst. Na osnovi elektroencefalograma (EEG), Libet je registrirao signal u mozgu, tzv. potencijal spremnosti (koji su znanstvenici otkrili još šezdesetih godina), 30 desetinki sekunde prije nego su ispitanici najavili da će pomaknuti prst. Dakle, njihov je mozak bio spreman i prije nego što su ispitanici bili svjesni toga, iz čega je Libet zaključio da slobodna volja ne postoji. Libetov eksperiment bio je jednostavan pa su ga njegovi sljedbenici kasnije razradili. Tako je 2010. godine skupina neurokirurga i neuroznanstvenika sa sveučilišta Harvard i California u Los Angelesu ponovila Libetov eksperiment, ovaj put umetnuvši elektrode u mozak kako bi bilježile aktivnost pojedinih neurona. Zabilježili su potencijal spremnosti 1,5 sekundi prije odluke.

Neuroznanstvenik John-Dylan Haynes iz Instituta Max Planck za ljudske kognitivne i znanosti o mozgu, smatra da se neke odluke mogu predvidjeti i sedam sekundi unaprijed. Koristeći funkcionalnu magnetsku rezonanciju (fMRI) i kompjutorske programe, Haynes i njegovi suradnici 2007. uspjeli su otkriti namjere ispitanika u čak 70 posto slučajeva.

Tijekom eksperimenta ispitanici su morali razmišljati o zbrajanju i oduzimanju, a od njih se tražilo da zadrže svoje matematičke odluke sve dok se na monitoru računala ne prikažu dva broja. Dok su ispitanici razmišljali o rezultatu matematičke radnje, fMRI skener pratio je aktivnost njihova mozga, a znanstvenici su na temelju toga iznosili predviđanja o njihovim intencijama.

Naime, računalo je bilo programirano tako da prepoznaje određene uzorke aktivnosti u mozgu koji obično prate specifične misli. Znanstvenicima je tako prvi put pošlo za rukom "čitati namjere" ispitanika. Eksperimenti John-Dylan Haynesa mnoge su podsjetili na film "Minority Report" u kojem policajci predkriminalne jedinice uhićuju potencijalne ubojice prije nego što počine zločin.

No tezu da je naš osjećaj slobodne volje zapravo samoobmana lansirao je pokojni američki psiholog Daniel Wegner, autor knjige "Iluzija slobodne volje". Wegner je na osnovi svojih istraživanja ustvrdio kako je osjećaj koji ljudi imaju – da svjesno donose odluke – zapravo iluzija stvorena u mozgu.

Prema njegovim istraživanjima, mozak nesvjesno donosi odluku, a djelić sekunde kasnije obavještava drugi – svjesni dio – što je učinio. Na taj način nama se čini da kontroliramo stvari. Istovremeno mozak odgađa slanje motoričkih signala rukama, nogama ili ustima.

"Stavovi filozofa koji odbacuju slobodnu volju su suptilniji i raznovrsniji. U najširem smislu riječi, poricatelji slobodne volje su oni koji prihvaćaju fizikalni ili metafizički determinizam, tzv. tvrdi deterministi. Danas ih uglavnom nazivamo skepticima u pogledu slobodne volje ili moralne odgovornosti, budući da su u pogledu istinitosti determinizma agnostici, a razloge za odbacivanje slobodne volje i moralne odgovornosti nalaze drugdje", rekao je Filip Grgić.

"Većina suvremenih filozofa su tzv. kompatibilisti – smatraju da su slobodna volja i istinitost determinizma spojivi te niječu da je slobodna volja iluzija, dok određen broj zastupa tzv. libertarijansko gledište, prema kojemu imamo slobodnu volju, a determinizam nije istinit", dodao je Grgić.

Neki neuroznanstvenici, poput Aarona Shurgera iz Nacionalnog instituta za zdravlje i medicinska istraživanja u Saclayu u Francuskoj, tvrde kako je Libetov potencijal spremnosti neka vrsta "neuronskog šuma". Kad taj šum dostigne vrhunac, prelazi prag i pretvara se u odluku. Shurger tvrdi kako je konstantni neuronski šum uključen u svako donošenje odluke.

Primjerice, mnogima je u sjećanju bizarna internetska rasprava iz ožujka ove godine oko boje haljine čiju je fotografiju škotska pjevačica Caitlin Mc-Neill postavila na svoj Tumblr. Činjenica da su mnogi vidjeli haljinu kao plavu i crnu, a drugi kao bijelu i zlatnu, pokazuje kako neuronski šum vodi do različitih zaključaka o boji.

"Shurger je zanimljiv. Mogli biste reći da je njegova teorija kompatibilna sa slobodnom voljom budući da je prelazak praga odluka da se djeluje. No mislim da je on s pravom oprezan oko toga je li taj proces svjestan", rekao je za britanski popularno-znanstveni magazin Focus britanski neuroznanstvenik Patrick Haggard, profesor na University College London koji je surađivao s pokojnim Benjaminom Libetom.

"No jedno je sigurno: znanost više ne prihvaća dualističke ideje koje podržavaju religije i filozofi, poput Renéa Descartesa, da duša ili um mogu egzistirati neovisno o našem mozgu ili tijelu", dodao je Haggard.

Da su naše misli, osjećaji i iskustva rezultat električnih i kemijskih reakcija u našem mozgu, danas više nema dvojbe među neuroznanstvenicima. Ljudski mozak ima 100 milijardi stanica, neurona, a svaki od njih stvara i do 10.000 sinaptičkih veza. Kad budemo i na teorijskoj i na praktičnoj razini razumjeli kompleksnost tih veza, moći ćemo odgovoriti i na pitanje kako zapravo radi mozak.

Neuroznanstvenici sada istražuju dva područja u mozgu koja nam, tako se barem pretpostavlja, daju osjećaj kontrole nad onim što radimo.

Čini se tako da posteriorni parijetalni korteks ima ulogu u planiranju i nadgledanju naših aktivnosti. A medijalni frontalni korteks je aktivan prije pokreta. Kad znanstvenici stimuliraju taj dio mozga električnim impulsima, pacijenti izvješćuju o osjećaju koji ih prisiljava da pomaknu ruke. "To pomalo zvuči kao volja", kaže Haggard.

U međuvremenu, filozofi prate najnovija istraživanja u neuroznanosti kako bi ih primijenili u svojim dugotrajnim raspravama oko slobodne volje.

"Rezultati neuroznanosti iznimno su važni. No tu imamo nekoliko delikatnih pitanja. Prije svega, neuroznanstvenici – ali ne samo oni nego, primjerice, i socijalni psiholozi – često znaju pomalo brzopleto ustvrditi kako je slobodna volja iluzija, iako nije jasno kako se takav zaključak uopće može izvesti iz njihovih studija. Jer prilično je dalek put od tvrdnje da je moja odluka da izvedem krajnje jednostavnu radnju, kao što je pomicanje prsta ili pritiskanje gumba A ili gumba B, donesena nesvjesno pa da stoga nije slobodna, do tvrdnje da su sve moje odluke takve, primjerice odluka da prihvatim poziv da za Globus govorim o slobodnoj volji", komentirao je Filip Grgić.

JL, 24. srpanj 2015.

X. ANTROPOLOGIJA
I EVOLUCIJSKA PSIHOLOGIJA

Svante Paabo
Neandertalci su mogli govoriti

Mi danas znamo da su neandertalci bili bliski modernim ljudima. Oni su zapravo naši najbliži rođaci. Kada se gleda na razini kromosoma, onda su neki dijelovi moga genoma bliži neandertalcima nego vama. Također, to vrijedi i za vas: neki su dijelovi vašeg genoma bliži neandertalcima nego meni – rekao mi je prof. **Svante Paabo**, direktor Instituta Max Planck za evolucijsku antropologiju u Leipzigu, kada smo se u četvrtak predvečer našli u lobiju hotela Palace.

Paabo je u Zagreb stigao kako bi sudjelovao na međunarodnom simpoziju "Darwin 2009", koji je, u povodu 200-e godišnjice rođenja Charlesa Darwina i 150-e godišnjice od objavljivanja njegova epohalnog djela "Podrijetlo vrsta", održan u Hrvatskoj akademiji znanosti i umjetnosti (HAZU).

Svante Paabo (54) velika je znanstvena medijska zvijezda, a posljednjih tjedan dana mediji diljem svijeta ekstenzivno su izvijestili o najnovijem uspjehu njegove skupine. Naime, Svante Paabo, na čelu međunarodne skupine znanstvenika, objavio je prvi nacrt kompletnog genoma neandertalca na osnovi analize 38.000 godina starih fosilnih ostataka iz Vindije koje se čuvaju u Zavodu za geologiju i paleontologiju kvartara HAZU.

Fascinantni hominidi

Neandertalci su se pojavili prije otprilike 300.000 godina, a izumrli prije otprilike 30.000 godina. Živjeli su u Europi i dijelu Azije: na prostoru od Atlantika do Uzbekistana i od sjeverne Europe do Bliskog istoka. Otkad su 1856. godine u njemačkom u rudniku Neanderthal otkriveni prvi ostaci tih izumrlih hominida, neandertalci ne prestaju zaokupljati našu pozornost i maštu.

– Mislim da je fascinantno za nas razmišljati da su ne tako davno živjeli ljudi koji su s jedne strane bili vrlo različiti od nas, a s druge strane vrlo slični. Primjerice, ovdje u Hrvatskoj neandertalci su živjeli još prije 30.000 godina. To je oko 2000 generacija, a to nije tako mnogo. Jedno od intrigantnih pitanja koje postavljamo jest: što bi se dogodilo da su neandertalci nastavili živjeti tih 2000 generacija. Gdje bi bili danas: u zoološkom vrtu ili bi živjeli u gradovima zajedno s nama? Mi to ne znamo, no fascinantno je o tome razmišljati – rekao je Paabo.

Svante Paabo jedan je od osnivača paleogenetike, znanstvene discipline koja se koristi metodama molekularne genetike kako bi se stekao uvid u evoluciju prvih pripadnika vrste Homo sapiens, kao i njihovih bliskih srodnika neandertalaca.

Suradnja akademija

– Moderni ljudi i neandertalci potječu od zajedničkog pretka, a na evolucijskom putu razdvojili su se prije oko 300.000 godina – rekao je Paabo. No, jesu li se moderni ljudi i neandertalci mogli miješati?

– To zapravo ne znamo. Neki znanstvenici na osnovi nekih fosilnih ostataka prepoznaju hibride između dvije vrste i tvrde da su se miješali. Drugi, pak, ne vide da su se miješali. Kad se pogleda na genetskoj razini, može se vidjeti u genetskim varijacijama današnjih Europljana da je neandertalski doprinos vrlo malen, ako ga uopće ima – pojasnio je Paabo. On i njegovi suradnici, među kojima i mladi hrvatski znanstvenik Tomislav Maričić, razvili su nove tehnologije istraživanja što je rezultiralo prvim nacrtom kompletnog genoma neandertalaca.

– Tomislav Maričić, odnosno Tomi kako ga zovemo u našem laboratoriju, jedan je od junaka našeg istraživanja jer su njegovi doprinosi radu bili među najvećima. Akademici Ivan Gušić, Pavao Rudan i Željko Kućan zaslužni su jer su pridonijeli da se potpiše ugovor o suradnji između HAZU i Akademije Brandenburg u Berlinu – naglasio je Paabo.

Tijekom rada na "knjizi života" neandertalaca, on i njegovi suradnici bili su posebno fokusirani na gene koji su izuzetno važni za noviju ljudsku evoluciju. Jedan od njih je gen FOXP2, koji je povezan s govorom i jezikom. Upitala sam prof. Paaboa jesu li neandertalci mogli govoriti.

– Mi znamo da gen FOXP2 stvara protein koji je kod neandertalaca identičan proteinu koji imaju moderni ljudi. Za razliku od neandertalaca, čimpanze pokazuju razlike u genu FOXP2. Dakle, sa stanovišta gena FOXP2 nema razloga tvrditi da neandertalci nisu mogli govoriti. Postoji mnogo ostalih gena koji su povezani s govorom i jezikom i koji bi se mogli razlikovati kod modernih ljudi i neandertalaca – pojasnio je Paabo, koji je 2005. godine sudjelovao u dekodiranju genoma čimpanze.

– Čimpanze su, također, naši rođaci, ali mnogo udaljeniji od neandertalaca. Potječemo od zajedničkog pretka, no do razdvajanja je došlo prije pet do sedam milijuna godina, što znači da smo deset puta udaljeniji od čimpanzi nego od neandertalaca – naglasio je Paabo koji smatra da je jedna od najvećih zagonetki neandertalaca vezana za njihovo izumiranje.

Knjiga života

Upitala sam ga jesu li neandertalci umrli zbog klimatskih promjena, kako to tvrde neki znanstvenici u novijim studijama.

– Nisam uvjeren da su izumrli zbog klime. Pojavili su u razdoblju prije 300.000 do 400.000 godina i preživjeli su tri ledena doba tako da mi se ne čini vjerojatnim da su izumrli zbog klimatskih promjena. Nitko zapravo ne zna zašto su izumrli neandertalci – naglasio je Paabo koji je nakon simpozija u HAZU otputovao u Dubrovnik. – Tijekom vikenda u Dubrovniku se održava sastanak konzorcija različitih svjetskih skupina koje se bave istraživanjem neandertalaca kako bismo zajedno analizirali naše rezultate. To su grupe iz Amerike, Njemačke, Engleske te naši hrvatski suradnici – rekao je Paabo. Upitala sam ga naposljetku kakvi su planovi njegove skupine za buduća istraživanja?

Veliki ciljevi za budućnost

– Veliki cilj u idućih nekoliko godina jest sekvenciranje genoma neandertalaca s mnogo većom preciznošću, 10 do 20 puta kvalitetnije nego sada. Također, planiramo sekvencirati genom bonoba, pigmejske čimpanze. Jedan od najboljih načina da saznamo o našoj evoluciji je taj da upoznamo i genome naših bliskih srodnika srodnika poput neandertalaca, te da ih usporedimo s genomom čimpanze i njezina najbližeg srodnika, bonoba – zaključio je Svante Paabo.

U Leipzigu razvijam novu molekularnu tehnologiju

Jedan od najbližih suradnika Svante Paaboa jest i mladi hrvatski znanstvenik Tomislav Maričić. On je nakon završenog studija molekularne biologije na Prirodoslovno-matematičkom fakultetu u Zagrebu želio nastaviti baviti se evolucijskom genetikom u nekom vrhunskom svjetskom laboratoriju.

– Prije tri godine javio sam se za rad u grupi dr. Paaboa u Institutu za evolucijsku antropologiju u Leipzigu. Pozvali su me na razgovor u kojem sam bio jedini doktorski kandidat koji nije imao pripremljenu 'powerpoint prezentaciju' jer sam bio pripremljen za 'oralnu prezentaciju' koju su bili zahtijevali preko e-maila. No, oni to nisu doživjeli kao nedostatak te su mi ponudili rad na doktoratu – rekao je Tomislav Maričić koji je 2006. godine stigao u Laboratorij Svante Paaboa baš kad počeo je Projekt sekvencioniranja genoma neandertalca.

– Sada radim na novoj molekularnoj tehnologiji koja bi nam omogućila ekonomično i brzo sekvencioniranje genoma svih izumrlih vrsta. Uz pomoć te tehnologije, ako bude radila kao što se iz početnih eksperimenata da naslutiti, doći ćemo do mnogo kvalitetnijeg neandertalskog genoma nego što je ovaj kojim sada raspolažemo – pojasnio je Tomislav Maričić.

Izolirao DNK iz 2400 godina stare mumije
U djetinjstvu je Svante Paabo bio fasciniran egipatskim mumijama i arheologijom.

Poput mnogih modernih znanstvenika, Svante Paabo je neka vrsta znanstvenog nomada. Rođen je u Švedskoj, a strast prema drevnim populacijama otkrio je još u djetinjstvu kada su ga fascinirale egipatske piramide i mumije. Kao 13-godišnjaku, majka mu je ispunila želju da posjeti Egipat što je samo produbilo njegove djetinje snove.

– Imao sam jako romantične ideje o arheološkim iskapanjima i egipatskim mumijama te sam u Uppsali najprije počeo studirati egiptologiju. No, pokazalo se da taj studij nema mnogo veze s mojim romantičnim idejama pa je to bilo razočaravajuće. Onda sam počeo studirati medicinu i molekularnu genetiku – prisjetio se Paabo. Iako je odustao od egiptologije, Svante Paabo svjetski je poznat postao kada je 1985. godine, kao doktorand Sveučilišta Uppsala, izolirao DNK iz 2400 godina stare egipatske mumije što je objavljeno na naslovnici vodećeg svjetskog znanstvenog časopisa Nature.

Pet je godina proveo u laboratoriju pokojnog Alana Willsona, slavnog molekularnog genetičara sa Sveučilišta California u Berkeleyu.

– Onda sam poželio vratiti se u Europu. Iz nekoliko razloga prihvatio sam ponudu za posao u Njemačkoj. Odlučio sam otići na nekoliko godina u Njemačku jer mi se to činilo dobro mjesto za rad. Nisam imao čvrstu namjeru živjeti u Njemačkoj, no tamo sam već gotovo 20 godina – rekao je Paabo kojega je prije dvije godine magazin Time proglasio jednom od 100 najutjecajnijih osoba na svijetu.

– To je arbitrarna lista koju su radili urednici magazina, a ona uključuje i ljude poput Osame bin Ladena. Dakle, naći se na listi najutjecajnijih ljudi na svijetu ne mora nužno imati pozitivan predznak – nasmijao je Paabo.

JL, 22. veljače 2009.

Steve Jones
Adam i Eva nikad se nisu sreli!

Za Bibliju se kaže da je "najveća priča ikad ispričana". No, poznati britan-ski genetičar **Steve Jones**, profesor emeritus na University College London, odlučio je Sveto pismo, točnije rečeno neke njegove dijelove, "prepričati" sa stanovišta moderne znanosti pa je tako nedavno objavio knjigu "The Serpent's Promise: The Bible Retold as Science".

– Prema nekim prosudbama, Bibliju bi se moglo smatrati prvim znanstve-nim udžbenikom u ljudskoj povijesti jer pokušava objasniti svijet oko nas, a ne postavlja samo pravila za vjernike. Niz pitanja koja se postavljaju u Knji-zi postanka su vrlo moderna pitanja, poput porijekla života i početka dobra i zla. Kako je nastao svemir, koji je smisao seksa i zašto starimo, pitanja su koja se nisu promijenila, ali odgovori jesu. No, bilo je i prije Biblije mistič-nih radova koji su pokušavali objasniti svijet – rekao mi je Steve Jones, koji je knjigu posvetio svom pradjedu koji je 40 godina bio svećenik u Walesu.

Istraživao ličke puževe

Ono što je u kozmologiji **Stephen Hawking**, za Britance je u genetici Steve Jones. Jedan od najboljih popularizatora znanosti na Otoku, Steve Jones autor je BBC-jeve serije "U krvi" i pisac niza popularno-znanstvenih knjiga iz znanosti od kojih su tri prevedene na hrvatski: "Jezik gena", "Y: porijeklo muškarca" i "Genetika za početnike". Kada je prije gotovo 50 godina radio svoj doktorat, proučavao je puževe u Lici.

– Proveo sam mnogo vremena u Hrvatskoj i jako se dobro sjećam toga doba jer su to bile formativne godine moga života. Oduševila netaknuta priroda Like – ispričao mi je Steve Jones u proljeće 2009. godine kada je gostovao na Festivalu znanosti u Zagrebu posvećenom **Charlesu Darwinu** i teoriji evolucije.

Istina o velikom potopu

Tada mi je Jones rekao da je nereligozan čovjek.

– Pogreška koju rade mnogi religiozni ljudi jest da smatraju da ono u što vjeruju mora biti istina. To se najbolje vidjelo tijekom inkvizicijskog suđenja

Galileju. Znanstvenici ne vjeruju ni u što dok ne provjere neku teoriju – ustvrdio je Jones koji se svojim javnim istupima bori protiv širenja vjerskih škola u Velikoj Britaniji zbog čega je u posljednje vrijeme imao sukobe s mladima islamske vjeroispovijesti. Primjerice, kada je Jones nedavno je na Sveučilištu Lincoln održao predavanje o razlikama između ljudi i čimpanzi, tri mlada muslimana gurnula su ga i kut i počela vikati na njega. Također, kada je držao predavanje u jednoj školi u Islingtonu (sjeverni London), jedna skupina učenika demonstrativno je ustala i napustila njegovo predavanje.

Zanimalo me je li knjiga "The Serpent's Promise" namijenjena vjernicima ili nevjernicima.

– I jednima i drugima. I neću se obazirati ako vjernici spale knjigu, ali nakon što je najprije kupe – odgovorio je Steve Jones, čija je omiljena znanstvena tema evolucija za koju tvrdi da je na Zapadu prestala.

U svojoj knjizi "Almost Like a Whale" iz 1999. godine, Steve Jones iznio je moderno tumačenje Darwinova epohalna djela "Podrijetlo vrsta", a sada, pak, sa stanovišta moderne znanosti objašnjava Bibliju. To su mu istodobno dodirne točke i s **Richardom Dawkinsom**, njegovim još slavnijim sunarodnjakom i najpoznatijim svjetskim ateistom, kojega nazivaju "Darwinom pitbulom" zbog žestoke obrane teorije evolucije. Kako je Dawkinsova knjiga "Iluzija o Bogu" iz 2006. godine, u kojoj o religiji raspravlja kao nusproduktu evolucije ljudskog mozga, postala svjetski bestseler prodan u više od 3,5 milijuna primjeraka, zamolila sam Jonesa da je usporedi s njegovom "The Serpent's Promise".

– To su dvije posve različite knjige. Ja sam ateist i slažem se s mnogo toga što Dawkins kaže, a i volio bih da se moja knjiga proda barem upola dobro kao njegova. No, " The Serpent's Promise" nije napad na religiju nego samo pokušaj da se iznese moderan pogled na to što znanost kaže o nekim temama iz Biblije poput porijekla života ili velikog potopa. To je, na moje iznenađenje, ozlovoljilo mnoge od kritičara – rekao je Jones. Očito mu se nisu svidjele neke kritike te mi je poslao opširno pismo što ga je uputio jednom od kritičara njegove knjige u Guardianu.

Zanimala su me neka moderna znanstvena objašnjenja događaja poput Velikog potopa, jednog od najvećih biblijskih mitova. Jones tvrdi kako Veliki potop nije bio uzrokovan Božjom ljutnjom na ljude nego klimatskim promjenama prije 10.000–20.000 godina.

– Veliki potop mogao bi biti sjećanje na kraj zadnjeg ledenog doba iako je to gotovo nemoguće dokazati, a bilo je i mnogo poplava od tada. Veliki potop nije samo biblijska tema nego se pojavljuje u više od 300 mitova, od Amerike do Australije, uključujući i starogrčku legendu o poplavi na Ogigiji – rekao je Jones.

Kad smo se već dotakli Velikog potopa iz koga se Noa sa svojom obitelji izvukao pomoću arke, sjetila sam se Noina djeda Metuzalema, koji je najstariji lik u Bibliji. Iako je Noa živio 600 godina, nije dostigao svoga djeda Metuzalema koji je doživio čak 969 godina. Što danas, kada se naš očekivani životni vijek produlje tempom od šest sati na dan, možemo naučiti od Metuzalema, upitala sam Jonesa.

– Pa mislim da vjerojatno nikad nećemo dostići njegovu životnu dob. Iako 120 godina, koliko preporučava sam Bog, može biti dostignuto – rekao je Jones koji stvarnim Metuzalemom smatra golog sljepaša koji živi u subsaharskoj Africi. Taj glodavac velik je kao miš, ali živi osam puta dulje: može doživjeti 30 godina, a da pritom ne oboli od raka i srčanih oboljenja.

Kao genetičar, Steve Jones posebno se bavi pitanjem seksa te mitom o Adamu i Evi. Da su se Adam i Eva pojavili na Zemlji prije 6000 godina te živjeli istodobno kad i dinosaurusi, danas još uvijek vjeruje čak 100 milijuna stanovnika Amerike, zemlje koju smatramo znanstvenom Mekom.

–Vratimo li se na Knjigu postanka, sjetit ćemo se da se u Edenu prvi pojavio Adam i to nekim mehanizmom koji nije jasan. Zatim je iz njegova rebra nastala Eva. Također nije jasno zašto je Adam muško, a Eva žensko, ali pretpostavljamo da možemo živjeti s tim. No, jasna metafora jest da je Eva zapravo bila klon – piše Jones koji u "The Serpent's Promise" rekonstruira genetsku prošlost vrste Homo sapiens na osnovi Y kromosoma (koji se prenosi s oca na sina) i mitohondrijske DNK (koja se prenosi s majke na djecu).

Jesu li postojali stvarni Adam i Eva od kojih potječemo svi mi moderni ljudi, upitala sam ga.

– Ako slijedite mušku i žensku liniju daleko u prošlost, na kraju dođete do univerzalnog muškarca i univerzalne žene, koji su preci svih nas na Zemlji. Muško stablo ima svoje korijene u srednjoj Africi prije oko 100.000 godina. Tragajući za Evinim rođendanom, došli smo do zaključka da je živjela prije oko 200.000 godina u južnoj Sahari. Dakle, Eva i Adam živjeli su u različita vremena i na različitom mjestu. I nisu se nikad sreli – ustvrdio je Steve Jones. U "The Serpent's Promise" bavi se i prehranom te tvrdi da je "Biblija opsjednuta hranom". Rekonstruira i pošasti za koje se u Svetom pismu tvrdi da su bile "Božja kazna".

– Te su pošasti najvjerojatnije bile zarazne bolesti koje su se pojavile kada su ljudi promijenili način života i počeli živjeti u gradovima – ustvrdio je Jones koji se bavi i važnim vjerskim blagdanima. Zašto je Crkva izmislila blagdane poput Velikog petka i Uskršnje nedjelje, upitala sam.

– Ti su blagdani simbol smrti i ponovnog rađanja, a vjerojatno su naslijeđeni iz brojnih takvih rituala koji su česti kod predkršćanskih religija poljodjelaca na Srednjem istoku koji su uočili da se njihovi usjevi ponovno rađaju svakog proljeća – rekao je Jones.

Poput njegovih ranijih knjiga, i "The Serpent's Promise" puna je zanimljivih priča i duhovitih opservacija. Tako primjerice, Steve Jones tvrdi kako se župnici i agenti koji prodaju životna osiguranja bavim istim poslom.

– I jedni i drugi uvjeravaju ljude da se odreknu neposrednih zadovoljstava, a pritom svima koji se sada odluče uložiti obećavaju osiguranje protiv nesigurne budućnosti – zaključio je Steve Jones.

JL, 16. lipnja 2013.

Jesse Bering
Demencija, moždani udar ili multipla skleroza mogu uzrokovati nimfomaniju

U novoj knjizi ugledni evolucijski psiholog Jesse Bering tvrdi da je ljudski penis jedno od najboljih oruđa stvorenih evolucijom

Ljudski je penis impresivno oruđe koje se razvilo tijekom stotina tisuća godina evolucije čovječanstva, tvrdi dr. **Jesse Bering**, poznati američki evolucijski psiholog i znanstveni publicist.

Taj dinamični 37-godišnjak, koji je prije nekoliko godina napustio uspješnu akademsku karijeru kako bi se posvetio znanstvenoj publicistici, poznat je po svojim izvanrednim esejima o kontroverznim pitanjima u psihologiji. Njegova prva knjiga "The Belief Instinct: The Psyshology of Souls, Destiny and the Meaning of Life", u kojoj se bavi evolucijom religije, postala je bestseler, a Američko udruženje knjižnica proglasilo ju je jednom od 25 top-knjiga 2011. godine.

Zatvoreno poglavlje

Bering je prije desetak dana objavio novu knjigu, provokativnog naziva "Why is the Penis Shaped Like That?", zbirku 30 nadahnutih eseja, objavljenih uglavnom u Scientific American i Slate, u kojima se bavi provokativnim temama poput oblika penisa, stidnim dlakama, svrhom ženskog orgazma, homoseksualnošću, kanibalizmom, suicidom itd.

Do Beringa sam došla postavši njegova prijateljica na Facebooku, a ubrzo se ispostavilo da imamo zajedničke poznanike. Iako u jeku turneje po Americi, gdje svaki dan u drugom gradu predstavlja svoju novu knjigu, Jesse Bering rado je pristao na intervju za Nedjeljni.

Zanimalo me zašto je napustio izvanrednu akademsku karijeru: Bering je, naime, vrlo mlad postao profesor psihologije na Sveučilištu Arizona, a zatim i direktor Instituta za spoznaju i kulturu Kraljevskog sveučilišta Belfast.

– Moja motivacija da postanem znanstvenik potekla je iz duboke osobne potrebe da tragam za odgovorom na pitanje postoji li Bog. No, spoznao sam kasnije da me ne zanima potrošiti idućih 30 godina proizvodeći studiju za studijom samo da bih stigao do istog generalnog odgovora: Bog je složena kognitivna iluzija. Stoga sam pišući svoju prvu knjigu, 'The Belief Instinct', naposljetku bio spreman zatvoriti to poglavlje svojeg života – rekao je Bering koji, čini se, uživa u novom zanimanju znanstvenog publicista.

Kritične točke

– Sada kao znanstveni publicist pokrivam mnogo različitih tema mimo psihologije religije. Spreman sam tragati za odgovorom na apsolutno svako pitanje o ljudskoj prirodi, a da pritom ne budem vezan uz jedno specifično područje. To mi omogućava da intelektualno putujem od jednog do drugog kraja, što je za mene jako važno – priznao je Bering, koji sebe opisuje kao nevjernika i egzistencijalista.

– Živimo vrlo prolazne i smrtne živote koji su naposljetku potpuno apsurdni i besmisleni, ali istodobno fascinantni i zabavni. To su za mene kritične točke, jer u svemu što pišem želim ljude podsjetiti da je ovo naš jedini život – dodao je Bering, koji posljednjih godina pokušava odgovoriti na neke od zagonetki ljudske seksualnosti. Jedna od njih je i tajna falusa koji su znanstvenici detaljno proučili tek u posljednjih desetak godina i spoznali da se uvelike razlikuje od penisa naših najbližih rođaka u životinjskom svijetu.

– Muškarci u prosjeku imaju mnogo veći penis od ostalih primata, uključujući i naše najbliže srodnike čimpanze. Prema evolucijskom psihologu **Gordonu Gallupu**, ljudski penis uistinu je jedan oblik vrlo specijaliziranog oruđa. Ovakav oblik muškog penisa isklesan je prirodnim odabiranjem kako bi se potisnula sperma svakog muškarca koji je u proteklih 48 sati, koliko u prosjeku sperma preživljava, imao seksualni odnos s njegovom partnericom – rekao je Bering.

– Što je snaga i dubina kojom muškarac gura penis u vaginalni kanal veća, to je učinkovitije izbacivanje sperme drugog muškarca. Stoga je veličina penisa bitna i za muškarca. Istraživanja pokazuju kako je takvo energično ponašanje muškarca tijekom seksualnog odnosa češće ako je par neko vrijeme bio razdvojen, primjerice kada je partner bio na poslovnom putu ili u prošlosti u lovu. Tada, naime, ima manju mogućnost nadzora nad ženinim ponašanjem pa se povećava mogućnost da partnerica bude s drugim muškarcem. Naravno, takvo muškarčevo ponašanje u seksu ne događa se na svjesnoj razini nego je rezultat evolucije tijekom desetaka tisuća generacija – pojasnio je Bering.

U knjizi "Why is the Penis Shaped Like That" Bering ističe kako se sve ljudske misli i ponašanja, uključujući i seksualno, zasnivaju na lokaliziranim procesima u mozgu.

– Promjene u određenim dijelovima mozga ili utjecaj nekih droga i lijekova može preoblikovati neurokemijsko funkcioniranje što značajno utječe na seksualno ponašanje. Bolesti i oštećenja često slabe seksualni nagon, no neke neurodegenerativne bolesti i poremećaji dovode do hiperseksualnosti. Demencija, moždani udar, Touretteov sindrom, epilepsija sljepoočnog režnja, bipolarni poremećaj, multipla skleroza itd. kod nekih pacijenata mogu biti okidač za tako nekontroliranu požudu i putenost da bi u odnosu na njih i Markiz de Sade bio čedan – rekao je Bering koji je u knjizi opisao neke slučajeve hiperseksualnosti. Među njima je i slučaj žene koja je patila od Kluver-Bucy sindroma, poremećaj ponašanja izazvan ozljedama amigdale, male bademaste strukture duboko u mozgu što ima središnju ulogu u procesuiranju emocija. Kluver-Bucyjev sindrom očituje se u hiperseksualnosti i spolnoj želji prema predmetima, primjerice dijelovima namještaja.

– Opisao sam slučaj jedne prethodno dostojanstvene žene. Pogođena Kluver-Bucyjevim sindromom toliko se promijenila da je navaljivala na članove svoje obitelji kako bi s njima seksualno općila. Kada je primljena u bolnicu, počela je s izvoditi felacio jednom starom muškarcu u nesvjesnom stanju. Takvi čudni slučajevi stavljaju na kušnju naše sposobnosti moralnog rezoniranja. Naime, skloni smo na seksualne odluke gledati kao na slobodnu volju, a one su ponekad determinirane našim fizičkim mozgom – naglasio je Bering koji zastupa tezu o četiri spolne orijentacije: heteroseksualnosti, homoseksualnosti, biseksualnosti i aseksualnosti.

– Odnedavno, neki znanstvenici smatraju da kod naše vrste homo sapiens postoji i četvrta seksualna orijentacija koju karakterizira odsustvo seksualne žudnje. Takve ljude smatramo aseksualcima. Za razliku od biseksualaca, koje privlače i muškarci i žene, aseksualci su podjednako ravnodušni prema oba spola. Zanimljivo je istraživanje Anthonyja Bogaerta za Sveučilišta Brock iz 2004. godine koje je obuhvatilo 18.000 Britanaca. Tijekom ankete 185 ispitanika, odnosno jedan posto, je izjavilo da nikad nisu osjetili da ih seksualno privlači neka osoba. Jedan posto populacije nije tako mali broj ljudi kad se uzme u obzir da se u istoj anketi oko tri posto ispitanika izjasnilo homoseksualcima – rekao je Bering istaknuvši kako znanstvenici sada pokušavaju odrediti je li aseksualnost biološki ili socijalni fenomen.

Sam Bering javno ističe svoju homoseksualnost.

Spomenula sam mu zatim podatke iz baze velikog istraživanja o stavovima u sklopu International Social Survey koje je 2008. godine obuhvatilo 60.000 ljudi iz 39 zemalja, uključujući i Hrvatsku. To je istraživanje pokazalo kako 65,8 posto hrvatskih ispitanika smatra kako je stupanje u istospolne odnose uvijek krivo.

– Možda bi trebalo uzeti u obzir da nije pojedinac homoseksualne orijentacije taj koji je 'bolestan' nego društvo u kome on ili ona živi. Evolucijski biolozi gledaju na homoseksualnost kao prirodnu varijantu ljudske seksualnosti. Nadalje, psihijatri diljem svijeta više ne tretiraju homoseksualnost kao mentalnu bolest. Također, psiholozi su spoznali da biti 'straight', 'biseksualan' ili 'gay' nije stvar izbora nego jedna nepromjenjiva značajka koja je proizvod genetskih i neuroloških poremećaja – pojasnio je Bering dodavši kako mu nije jasno zašto su ljudi toliko konfuzni oko stava prema spolnoj orijentaciji. – Ako ste heteroseksualac, možete li vi naprosto jednog dana odlučiti kako će vas privlačiti ljudi istog spola i da ćete osjećati erotsku želju da budete s njima? Slično je s homoseksualcima, ono ne mogu izabrati da će odjednom prestati osjećati da ih privlače osobe istog spola. Reći da 'gay nije O.K.' je samo prazna retorika koja odražava jedan sebični pogled na svijet. Prema tome nazoru za heteroseksualce je u redu što su oni takvi kakvi su, ali homoseksualci nisu u redu. Iz moje pozicije, to je vrlo okrutna pozicija – zaključio je Bering.

JL, 22. srpnja 2012.

Barbara King
Životinje stvaraju međusobne veze kao i ljudi

Hidesaburo Ueno, profesor agronomije na Sveučilištu Tokio, svakoga dana odlazio je na posao u pratnji svoga psa Hachika. Na željezničkoj bi stanici Hachiko, koji je pripadao poznatoj japanskoj pasmini akita, ispratio svoga gospodara i zatim ga dočekao na povratku s posla. Bio je to ustaljeni ritual sve do jednog dana 1925. godine, kada se prof. Ueno nije vratio vlakom s posla jer je umro od moždanog udara koji je doživio dok je držao predavanje studentima. Nakon njegove smrti, Hachika je preuzeo drugi gospodar, no pas je svaki dan bježao na stanicu Shibuya i čekao profesora.

Kako je Hachiko uporno svaki dan dolazio, počeo je privlačiti pozornost putnika koji su tamo redovno prolazili. Pas je svaku večer dolazio u isto vrijeme, baš kad je vlak stizao na stanicu, i taj je ritual potrajao punih deset godina, sve dok 1935. godine Hachiko nije uginuo. Na stanici Shibuya podignut mu je spomenik koji svake godine posjećuju tisuće ljubitelja pasa. Ova dirljiva priča prema kojoj je snimljeno nekoliko filmova, uključujući i "Hachiko" s **Richardom Gereom** u glavnoj ulozi, zoran je primjer žalovanja kod pasa. Da psi oplakuju mrtve, znaju mnogi vlasnici četveronožnih ljubimaca. No, malo je poznato da **pripadnici niza vrsta u životinjskom svijetu tuguju nakon smrti svojih bližnjih**: znanstvenici su tako posljednjih godina istražili žalovanja kod majmuna, slonova, mačaka, kornjača, a spoznali su da čak i vrane imaju rituale oplakivanja.

Godine istraživanja

– Životinje stvaraju međusobne veze kao i ljudi. Zašto one ne bi žalovale? – propituje američka znanstvenica dr. Barbara King u svojoj novoj knjizi "How Animals Grieve", koja je nedavno objavljena u Americi i već pokupila niz hvalospjeva. Barbara King, profesorica antropologije na College of William and Mary u saveznoj državi Virginiji, poznata je po knjigama "Being With Animals", "The Dynamic Dance" i "Evolving God" koju ju je američka udruga biblioteka proglasila jednom od deset najboljih knjiga o religiji.

– Godinama istražujem svijest i komunikaciju kod naših najbližih živućih srodnika, majmuna. Što sam ih dulje proučavala i što sam više znanstvene literature čitala o njima, bila sam snažnije fascinirana dubinom majmunskih osjećaja. Primjerice, čimpanze mogu biti vrlo brutalne, ali također mogu iskazivati veliku empatiju i sućut – rekla mi je **Barbara King**. Proučavajući majmune, ona se počela pitati o dubini emocija kod ostalih životinja izvan kruga primata.

– Dok sam proučavala znanstvenu literaturu, saznala sam zanimljive informacije koje sam sve zajedno povezala u mojoj novoj knjizi. Spoznaja da različite životinje, uključujući slonove, dupine, životinje na farmama i kućne ljubimce, mogu voljeti i žalovati, za mene je bila izvor osjećaja duboke povezanosti s njima – ispričala je King.

– Mislim da bismo se trebali zamisliti kako postupamo prema životinjama. Drugim riječima, životinjama dugujemo poštovanje i sućut, a kada ih zatvaramo u biomedicinske laboratorije ili ih koljemo na farmama, moramo biti svjesni da to povrjeđuje životinje koje žive uz njih i njihove obitelji baš kao što takvi postupci osakate nas i naše obitelji – dodala je King koja je velika obožavateljica mačaka.

Udomila je šest mačaka, a sudjeluje i u akcijama njihova spašavanja.

U prvom poglavlju knjige Barbara King opisala je slučaj duboko povezanih sijamskih mački Carson i Wille koje su živjele u kući njezinih prijatelja. Kada je Carson uginula, Willa je to teško podnijela: danima je hodala kućom i obilazila mjesta na kojima se njezina najbolja prijateljica najčešće zadržavala. Pritom je ispuštala zvuk nalik plaču kod ljudi. Koji su znaci žalovanja kod kućnih ljubimaca, upitala sam je. – Kada ugine pas, mačka ili zec, a u kući je još jedan kućni ljubimac, kod druge se životinje mogu zamijetiti znakovi depresije, povlačenja u sebe, gubitka apetita i slično. To dodatno može zabrinuti vlasnika koji je već tužan zbog gubitka jednog ljubimca. Naravno, najbolji lijek je mnogo ljubavi i pažnje prema preostaloj životinji – pojasnila je King. – Iz razgovora s vlasnicima kućnih ljubimaca spoznala sam da ponekad pomaže kada se u kuću, nakon određenog perioda žalovanja, donese nova, mlađa životinja. Tada se između dvije životinje gradi veza. No, to ne pomaže uvijek – dodala je King.

Zanimalo me koje su životinje "svjetska klasa" u žalovanju.

– Dosad smo najviše spoznali o žalovanju kod slonova i uvidjeli smo da je ono vrlo duboko. Slonovi mogu tugovati ne samo za svojim bliskim srodnikom nego i za matrijarsima različitih obitelji. Oni čuvaju tijela mrtvih, gurkaju ih ili ih ponekad zibaju. Katkad, mogu brinuti o kostima svojih mrtvih srodnika ili partnera. Ipak, još je prerano da bismo napravili usporedbu među životinjama, jer još ne znamo dovoljno.

Istraživanja oplakivanja mrtvih kod životinja još su u povojima – naglasila je King.

Ona je u knjizi opisala i smrt slonice Eleanor koja je 2003. godine uginula u jednom nacionalnom parku u Keniji. Eleanor je bila matrijarh svoga krda i šest mjeseci ranije je rodila. No, bila je bolesna i uginula je. Posljednjih sati života s njom je bila slonica Grace. Ona je tulila i gurkala Eleanor pokušavajući je povući svojim kljovama.

Kad je drugog jutra Eleanor uginula, druga slonica Maui joj je prišla i počela zibati. Idućih tjedan dana, Eleanorino mladunče i ženke iz krda pazile su na njezino mrtvo tijelo. Mladunče je njuškalo majčino tijelo pokušavajući ga pomaknuti. Zatim je krenulo sisati ostale mlade sloniće. Ali, mlijeko nije poteklo niti se njegova majka pomakla i mladunče je također uskoro uginulo.

Razumiju li životinje smrt, upitala sam moju sugovrnicu. – To je teško znati. Prije svega, ponašanje tijekom žalovanja jako se razlikuje među pripadnicima iste vrste. Primjerice, u knjizi sam opisala neke kućne mačke koje su tugovale, dok moja mačka nije pokazala znakove žalosti za svojim mrtvim prijateljem. Opisala sam neke majke dupina koje su jasno promijenile svoje ponašanje i bile jako potrešene smrću svoje djece. Ali nisu se svi dupini ponašali tako – rekla je King koja je u knjizi opisala zanimljivu anegdotu o mužjaku gorile iz jednoga zoološkog vrta.

– Njegova je družica preminula i pokušavao ju je oživjeti na razne načine. Čak joj je donosio i njezinu omiljenu hranu. Onda je u jednom trenutku spoznao da njegova prijateljica više ne odgovara. U tom trenutku je zajaukao. Ne znam je li to bila istinsko shvaćanje koncepta smrti, no mislim da je on spoznao da više nema svoju družicu – rekla je King.

Zanimalo me žaluju li životinje kao ljudi kada izgube bližnju osobu. – Ne baš sasvim kao mi, jer je naše žalovanje kanalizirano putem jezika i simboličkih rituala. No, mislim da životinje mogu tugovati podjednako kao ljudi. Kada tražim dokaze za to, tragam za promjenama u ponašanju kod životinja: možda ne mogu jesti ili pokazuju izraze lica ili govor tijela koji izražava veliku žalost. Ponekad sam na takve dokaze nalazila kod zečeva baš kao i kod čimpanzi: životinja se ne bi oporavila od tuge i također bi uginula – objasnila je King.

– Ono što je različito u našoj tuzi jest doseg žalovanja. Ljudi mogu tugovati za potpunim strancima, uključujući i osobe koje nikad nisu srele. Mi možemo podići monumentalna arhitektonska zdanja i sveta mjesta na kojima kolektivno tugujemo. Također, mi pišemo o našoj žalosti, plešemo je, radimo umjetnost od toga. To što anticipiramo našu vlastitu smrt potpuno je jedinstveno u životinjskom svijetu, barem tako pokazuju sve dosadašnje znanstvene spoznaje o ponašanju životinja – ustvrdila je King.

Koje je evolucijsko objašnjenje žalovanja kod životinja, upitala sam naposljetku moju sugovornicu

– Nema jedinstvenog objašnjenja. Mi čak ne znamo je li žalovanje adaptivno. Uistinu, za divlje životinje, koje su suočavaju s predatorima, pokazivanje fizičke i emocionalne ranjivosti koja često prati tugovanje može biti jako opasno. Naime, predatori tragaju za takvim znakom slabosti. Moguće je da period žalovanja omogućava životinji da se "isključi" i obnovi energiju nakon ozbiljnog emocionalnog udarca. Ili je, možda, žalovanje samo cijena koju sve životinje plaćaju za snažne veze koje se stvaraju srodstvom, prijateljskom i ljubavlju – zaključila je Barbara King.

JL, 14. travnja 2013.

XI. NAGRADA
ZA EUROPSKU ZNANSTVENU
NOVINARKU GODINE

Suzana Barilar

TANJA RUDEŽ
Najbolja znanstvena novinarka u Europi

Novinarka Jutarnjeg lista **Tanja Rudež** najbolja je znanstvena novinarka u Europi. Rudež je osvojila prestižnu nagradu "Europski znanstveni novinar godine" koju dodjeljuje Britansko udruženje znanstvenih pisaca (AMSW).

Nagrada je tim važnija jer je ovo prvi puta da AMSW dodjeljuje nagrade za najbolje europske novinare koji prate znanost. Do sada je to ugledno Udruženje, osnovano 1947. koje je nagrade za pisanja o znanosti i tehnologiji počelo dodjeljivati prije čak 40 godina, nagrađivalo samo novinare u Britaniji i Irskoj.

Novinarka Tanja Rudež pobjednik je u kategoriji najboljeg europskog novinara, drugoplasirani je nezavisni novinar iz Nizozemske, a trećeplasirani je novinar iz *Nature*a. Osvajanjem nagrade Rudež je ušla u krug s kolegama iz nekih od najutjecajnijih medija u svijetu poput BBC-a, Guardiana, New Scientista koji su osvojili nagrade u ostalim kategorijama.

– Ovo je vrhunac moje karijere znanstvene novinarke i potvrda mog životnog mota da se sa puno rada i znanja te strašću prema poslu može doći i do ovakvog priznanja – izjavila je Rudež. Nagradu je osvojila za tri teksta objavljena u subotnjem prilogu *Jutarnjeg lista* Magazin – o **eboli, klimatskim promjenama** te **o odljevu mozgova**. A za nagradu ABSW-a nominirao ju je ogranak znanstvenih novinara Hrvatskog novinarskog društva.

– Ovo je nagrada i za moju redakciju u kojoj sam 17 godina i koja pruža podršku mojem pisanju o znanosti – kaže Rudež koja je inače, inženjerka fizike. Diplomirala je 1987. godine na Prirodoslovno matematičkom fakultetu u Zagrebu i od tada se bavi novinarstvom. No, prvih godina je paralelno radila i u školi kao profesorica fizike. Posljednje 22 godine bavi se isključivo novinarstvom, a od 1998. je u *Jutarnjem listu*.

– Svi u redakciji ponosni smo na Tanjin uspjeh. Ona je zasigurno jedna od najuspješnijih novinara u Hrvatskoj koji sustavno prate znanost – rekao je **Goran Ogurlić**, glavni urednik Jutarnjeg lista.

Nagradu za najbolje europskog novinara Rudež će primiti 25. lipnja u Londonu kada će biti predstavljeni pobjednici u svim kategorijama.

JL, 5. lipnja 2015.

Tanja Rudež
MOJ DAN U ROYAL SOCIETY
O svečanosti na kojoj sam proglašena najboljom znanstvenom novinarkom

Nekad su u ovom poslu dominirali muškarci. Ako je suditi prema ovom skupu, i znanstveno novinarstvo zahvatio je val feminizacije

Sunčano jutro nagovještavalo je prvi pravi ljetni dan u Londonu. Na Piccadilly Circusu vladala je užurbanost, ali ne još i uobičajena dnevna hektika, jedinstvena kombinacija multikulturalnosti, živosti i pozitivne energije, zbog čega mislite da je taj središnji londonski trg centar svijeta. Duž Regent Streeta spustila sam se do Carlton House Terrace 6-9, otmjenog zdanja gdje se nalazi Royal Society (Kraljevsko društvo), britanska akademija znanosti. Osnovan 1660. godine, Royal Society jedna od najprestižnijih znanstvenih institucija na svijetu čiji su članovi poput **Isaaca Newtona, Charlesa Darwina, Alberta Einsteina** i **Stephena Hawkinga** svojim teorijama oblikovali svijet u kojemu živimo.

Sijedi muškarac

– Došla sam iz Hrvatske na ljetnu školu za znanstvene novinare – rekla sam tamnoputom portiru koji me je odmah uputio u Marble Hall, dvoranu dekoriranu u venecijanskom stilu, odmah uz glavni ulaz Royal Societyja. Kako sam došla 20-ak minuta prije početka, u dvorani je bilo svega nekoliko ljudi. Uzela sam bedž, stala uz prozor i vratila se 12 godina unazad kad sam prvi put posjetila Royal Society. Bilo je to u povodu 50. obljetnice otkrića strukture DNK, kada je nobelovac **James Watson** priredio veliku konferenciju. U međuvremenu, Watson je 2007. godine naprasno umirovljen zbog svoje izjave da su "crnci manje inteligentni nego bijelci".

Neke su prostorije u Royal Societyju, poput biblioteke koja posjeduje fascinantnu zbirku knjiga, slika i predmeta, renovirane. Na čelu te ugledne znanstvene institucije posljednjih je pet godina nobelovac sir **Paul Nurse**, molekularni genetičar koji je u dobi od 56 godina saznao da su ljudi koje je smatrao svojim roditeljima zapravo njegovi djed i baka, a pokojna sestra biološka majka. Za biološkim ocem i danas traga. Kako već godinama želim intervjuirati Sir Paula, pomišljam kako bi bilo sjajno da ga sretnem u predvorju.

No umjesto nobelovca Nursea, prišao mi je simpatični sijedi muškarac s nao-čalama koji se predstavio kao **Martin Ince**, predsjednik Britanskog udruženja znanstvenih pisaca (ABSW). – Čestitam vam na nagradi. Žiri je bio jako čvrst u svojoj odluci da vas proglasi najboljom europskom znanstvenom novinarkom – rekao mi je Ince, a ja sam osjetila kako me preplavljuje val radosti i ponosa. Britansko udruženje znanstvenih pisaca osnovano je još 1947. godine i već 40 godina dodjeljuje nagrade novinarima u Velikoj Britaniji i Irskoj. Ove su godi-ne prvi put odlučili nagraditi i nekog od europskih znanstvenih novinara.

Dok smo čavrljali, ljudi su pristizali pa smo se uputili na prvo predavanje koje je održala dr. **Connie St. Louis**, profesorica znanstvenog novinarstva na lon-donskom City Universityju.

– Da biste bili dobar znanstveni novinar, zadržite zdrav skepticizam. Idite van raditi priče umjesto da komunicirate sa sugovornicima e-mailom – rekla je, među ostalim, dr. Connie St. Louis. Njezin je tvit prilikom nedavne Svjetske konferencije znanstvenih novinara u Južnoj Koreji pokazao razornu snagu društvenih mreža. Naime, ona je putem Twittera prenijela neumjesnu šalu no-belovca **Tima Hunta** (72) koji se pohvalio da je "muški šovinist te da djevojke trebaju biti u odvojenom laboratoriju od muškaraca". To je izazvalo veliki skan-dal u britanskoj akademskoj zajednici, zbog čega je nobelovac Hunt odstupio s pozicije počasnog profesora na University College London (UCL).

Uz šampanjac i kanapee

Nakon toga zaredala su predavanja i diskusije o istraživačkom znanstvenom novinarstvu, otvorenim podacima (open data) i freelance znanstvenom novi-narstvu... U pauzi predavanja, čekiram mejlove, te na Facebooku komentiram kako je tamošnji password za bežičnu mrežu " Newton+apple", pričam sa su-dionicima konferencije... Ima nas 80-ak, u dobi od 20 do 70-ak godina. Jedna umirovljenica mi kaže da je došla kako bi vidjela kojim smjerom znanstveno novinarstvo ide danas. Nekad su članke uglavnom pisali znanstvenici, a do-minirali su muškarci. No, ako je suditi prema ovoj ljetnoj školi i znanstveno novinarstvo zahvatio je val feminizacije.

Prema nekim procjenama, u Velikoj Britaniji ima barem 1000 aktivnih znan-stvenih novinara. – Samo dva magistarska studija na Imperial College i City University u Londonu godišnje 'proizvedu' 60-70 novih znanstvenih pisaca. Većina sveučilišta, nevladinih organizacija, kao i istraživačkih tvrtki i ustanova sada ima ljude koji pišu o njihovim istraživanjima kao PR/znanstveni pisci – objašnjava mi **Mićo Tatalović** (32), urednik vijesti s područja okoliša i znanosti o životu u uglednom popularno-znanstvenom tjedniku New Scientist. Iako nije otišao s planom da ostane, ovaj mladi Riječanin u Engleskoj je već 15 godina. Tamo je završio treći razred srednje škole, te studirao na najboljim europskim sveučilištima Oxford i Cambridge, gdje je magistrirao zoologiju da bi zatim na

Imperial Collegeu završio studij komunikacija u znanosti. Tatalović je nedavno izabran i za potpredsjednika ABSW-a. Primjećujem kako su na ljetnoj školi znanstveni novinari uglavnom "slobodnjaci" (free lance).

– Zbog krize u poslovnom modelu novina, novinarskih poslova je puno, puno manje, a ljudi rade više za manje novca. Većina freelance novinara ipak ima fiksniji angažman s barem jednim ili dva klijenta. No do stalnog posla u medijima dolazi se jako teško – rekao je Tatalović.

Prosječna godišnja plaća znanstvenog novinara u novinama kreće se oko 22.250 funti (oko 237.000 kuna), a iskusnija i poznatija imena zarade između 35.000 i 40.000 funti (374.000 i 427.000 kuna), što s obzirom na visoke engleske cijene ne osigurava lagodan život. – Ako se odlučite za posao znanstvenog novinara, sigurno se nećete obogatiti – rekao je **Mark Peoplow**, doktor kemije i magistar znanstvenih komunikacija te bivši urednik u Nature i Chemistry World, koji je 2013. godine postao "slobodnjak".

U zanimljivim razgovorima i diskusijama došli smo i do vrhunca tog četvrtka 25. lipnja: svečane dodjele ABSW-ovih nagrada. Većina sudionika novinarske škole napustila je Royal Society, a umjesto njih Marble Hall napunili su nominirani novinari iz britanskih medija. Među prisutnima zamijetila sam i zvijezde britanskog i svjetskog znanstvenog novinarstva poput Palaba Ghosha s BBC-ja, **Stevea Connora** iz Independenta, **Simona Singha**, nagrađivanog autora nekoliko popularno-znanstvenih knjiga. Kao moja podrška stigli su prof. **Boris Le-**

nhard s Imperial Collegea i dr. **Martina Mijušković** iz Instituta za istraživanje raka. Uz šampanjac i kanapee pratili smo veselje ostalih laureata dok nije stigao i vrhunac, kada je Connie St. Louis kao predsjednica žirija najavila da se ove godine prvi put dodjeljuje nagrada za europskog znanstvenog novinara.

Veselo i opušteno

Pritom je istaknula i ostale nominirane u toj kategoriji, među kojima je bio i kolega **Nenad Jarić Dauenhauer** s T-portala. Iako sam danima imala tremu, ona je u tom trenutku nestala i ja sam jednostavnim riječima zahvalila na ukazanom priznanju. Razmijenila sam zatim čestitke s drugoplasiranim **Jop De Vriezom**, nizozemskim freelance novinarom te suradnikom Sciencea i New Scientista, te trećeplasiranim **Ewenom Callawayem**, novinarom Naturea.

– Gdje se mogu pročitati vaši članci? – pitao me Callaway, nova nada britanskog znanstvenog novinarstva, iako su moji članci (prevedeni na engleski), baš kao i njegovi, dostupni na web portalu ABSW-a, i morao ih je vidjeti. No sve je oko mene bilo veselo i opušteno, a ja sretna i ponosna pa nisam nimalo zamjerila mladom Callawayu. Naposljetku, bio je to jedan kraljevski dan u mom životu, moj dan u Royal Societyju.

JL, 7. srpnja 2015.

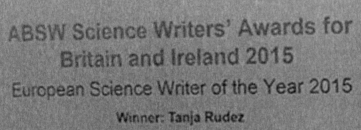

Bilješka o tekstovima

Izdavač
KruZak d.o.o.

Za izdavača
Kruno Zakarija

Adresa izdavača
KruZak d.o.o.
Naserov trg 6
10020 Zagreb

Tel.
+385 98 23 55 27

E-mail
kruzak@kruzak.hr

http://
www.kruzak.hr

Tisak
Element d.o.o.

Objavljivanje ove knjige pomoglo je
Ministarstvo znanosti, obrazovanja i sporta Republike Hrvatske